数学ガール
フェルマーの最終定理

Mathematical Girls / Fermat's Last Theorem

結城 浩

Hiroshi Yuki

●ホームページのお知らせ

本書に関する最新情報は、以下の URL から入手することができます。

`http://www.hyuki.com/girl/`

この URL は、著者が個人的に運営しているホームページの一部です。

あなたへ

この本の中には、小学生にもわかるものから、数学者を 350 年以上悩ませたほどの難しいものまで、さまざまな問題が出てきます。

登場人物たちの考える道すじは、言葉や図で示されることもありますが、数式を使って語られることもあります。

もしも、数式の意味がよくわからないときには、数式はながめるだけにして、まずは物語を追ってください。テトラちゃんとユーリが、あなたと共に歩んでくれるでしょう。

数学が得意な方は、物語だけではなく、ぜひ数式も合わせて追ってください。そうすれば、物語の奥に隠された別のおもしろさが味わえるでしょう。

もしかしたら、あなた自身を包む大きな物語に気づくかもしれませんね。

C　O　N　T　E　N　T　S

プロローグ

整数は神が作った。それ以外は人が作った。
——クロネッカー

整数の世界。

僕たちは数える。鳩を数え、星を数え、休みまでの日にちを指折り数える。子供のころ「ちゃんと肩までつかりなさい」と言われ、熱いお風呂をがまんして、十まで数えたっけ。

図形の世界。

僕たちは描く。コンパスで円を描き、三角定規で線分を描き、不意に正六角形が現れて驚く。傘を引きずってグラウンドを走り、長い長い直線を描く。振り返れば丸い夕日。さよなら三角、また明日。

数学の世界。

整数は神が作った、とクロネッカーは言った。整数と直角三角形とを結びつけたピタゴラスにディオファントス。さらに一ひねりしたフェルマー。その茶目っ気が、三世紀以上も数学者を悩ませた。

誰でもわかるのに、誰にも解けない、史上最大のパズル。それを解くためには、すべての数学が投入されなければならなかった。単なるパズルとあなどるなかれ。

僕たちの世界。

《ほんとうの姿》を探す旅を僕たちは歩む。失われたものが見出され、消えうせたものが現れる。そのような消失と発見、死と復活を僕たちは体験する。命と時間の重みと共に。

　　成長の意味を考え、発見の意義を思う。
　　孤独の意味を問い、言葉の意義を知る。

記憶はいつも、おぼろげな迷い道。くっきりと思い出すのは――かがやく銀河。あたたかい手。ほのかにゆれる声。栗色の髪。だから、僕は、そこから語り出そう。

あの、土曜日の午後から――

第1章
無限の宇宙を手に乗せて

ではみなさんは、そういうふうに川だと云《い》われたり、
乳の流れたあとだと云われたりしていた
このぼんやりと白いものがほんとうは何かご承知ですか。
——宮沢賢治『銀河鉄道の夜』

1.1 銀河

「お兄《にい》ちゃん、きれいだねえ」とユーリが言った。
「そうだね。いくつあるのか、数え切れないね」と僕は答えた。

ユーリは中学二年生。僕は高校二年生。
彼女は僕を《お兄ちゃん》と呼ぶ。でも僕は彼女の兄ではない。
僕の母とユーリの母は姉妹。つまり、僕は彼女の従兄《いとこ》になる。
近所に住む彼女は、三歳年下。小さいころから僕と一緒によく遊んでいた。ユーリは僕のことを慕《した》っている。彼女も僕も一人っ子だからかな。
彼女は、僕の部屋に本がたくさんあるのも気に入っている。休みの日には、彼女は僕の部屋に入り浸り、本を読む。
その日も、僕たちは一緒に星の図鑑を見ていた。大判の図鑑で、写真がたくさん載っている。ベガ、アルタイル、デネブ。プロキオン、シリウス、ベ

テルギウス……。星の写真っていうのは、いわば光点の集まりにすぎないんだけど、規則性がありそうな、なさそうな、その美しさに僕たちは夢中になっていた。

「夜空を見上げる人には《星を数える人》と《星座を描く人》の二タイプがあるんだって。星を数える人と星座を描く人、お兄ちゃんはどっち？」

「数えるほうかなあ」

1.2　発見

「お兄ちゃん、高校の勉強って難しい？」栗色のポニーテールを揺らして図鑑を本棚に戻しながら、ユーリが言った。

「勉強？　それほど難しくないよ」僕は眼鏡を拭きながら答えた。

「でも、ここにある本ってみんな難しそう」

「それは学校の勉強というよりも、好きで読んでる本だから」

「好きで読んでる本のほうが難しいって、変なの」

「好きで読む本はいつも、自分の理解の最前線だからね」

「いつもながら、数学の本が多いなあ……」ユーリは本を順番に眺めていく。高い棚の背表紙を読もうとして懸命に背伸びしている。華奢《きゃしゃ》な体形に、細いブルージーンズがよく似合っている。

「ユーリは数学、嫌い？」

「数学？」振り向くユーリ。「うーん、好きでもないし、嫌いでもないかな。お兄ちゃんは——好きなんだよね」

「うん、お兄ちゃんは数学、好きだよ。学校の授業が終わった後も、図書室で数学やってる」

「へー……」

「図書室は学校の端っこにあって、夏は涼しいし、冬は暖かい。僕は図書室が大好きだな。そこに行くときには、お気に入りの本を持っていく。だいたいは数学の本だ。それからノートと、シャープペン。そこで、数式を書く。そして、考える」

「ふーん……宿題でもないのに、数式を書くの？」

「うん。宿題は休み時間に済ませて、放課後は数式をいじる」
「それって……楽しいのかなあ……」
「図を描くこともあるよ。ときどき、美しいものを発見する」
「え？ 自分でノートに書いているのに美しいものを発見するの？」
「うん。発見するんだよ。不思議なことに」
「……ユーリも、そういうの、教えてもらいたいにゃあ」
この従妹《いとこ》、甘えてくるときにはなぜか猫語なのだ。
「いいよ、いまやってみようか」

1.3 仲間はずれ探し

机にノートを広げて手招きする。ユーリは、椅子を引きずってきて、僕の左側にちょこんと座る。一瞬、シャンプーの香りがした。ユーリはシャツの胸ポケットから取り出したセルフレームの眼鏡を掛ける。
「あれ？ これ、お兄ちゃんの字？」
ユーリはノートをのぞき込んで叫んだ。あ、ミルカさんの——
「うん。これはね、お兄ちゃんの友達が書き込んだクイズなんだ」
「へー。きれいな字。まるで女の子の字みたい」
女の子の字だからね、と僕は心の中で答える。

仲間はずれはどの数？

101	321	681
991	450	811

「お兄ちゃん、これはどんなクイズなの？」
「うん。これは**仲間はずれ探しクイズ**なんだ。ここに六個の数があるよ

ね。101, 321, 681, 991, 450, それから 811 だ。この数のうち、たった一つだけ《仲間はずれ》がある。それを探すクイズ」

「簡単じゃん。450 でしょ」

「うん、正解。仲間はずれは 450 だ。理由は何かな？」

「450 だけが 1 で終わってない。他の五個の数はぜんぶ 1 で終わっている」

「その通り……じゃ、次のクイズはどうかな？　これも僕の友達から出されたものだ」

仲間はずれはどの数？

11	31	41
51	61	71

「え……。全部 1 で終わっているよ」

「うん、はじめの《仲間はずれ》とは違うルールなんだよ。クイズごとに仲間はずれの理由が違うんだ」

「……わかんない。お兄ちゃんはわかるの？」

「うん、すぐにわかった。51 が仲間はずれだ」

「え！　なんで？」

「51 だけが**素数**《そすう》じゃない。$51 = 3 \times 17$ と素因数分解できるから、51 は合成数。でも、他はすべて素数だ」

「わっかるかぁ、そんなのぅ！」

「じゃ、次のクイズはどうだろう」

仲間はずれはどの数？

100	225	121
256	288	361

「うーん。お兄ちゃん、これは256が仲間はずれだね。他は数字が二つ並んでる。100の00とか、225の22とか、288の88とかね。並んでるでしょ？」

「え？ でも、121は並んでないよ」

「うー、それは1が二つ出てきているからいいんだよ」

「でも、361はどうする？」

「うー……」

「このクイズ、仲間はずれは、288だよ」

「なんでなんで？」

「288だけが**平方数**《へいほうすう》じゃない。つまり、288だけが整数の二乗の形になっていない」

$$100 = 10^2 \qquad 225 = 15^2 \qquad 121 = 11^2$$

$$256 = 16^2 \qquad 288 = 17^2 - 1 \qquad 361 = 19^2$$

「……ねえ、お兄ちゃん。わかるほうがおかしいよ。そんなの」

「これは？ お兄ちゃんは、これ解くのに一日かかった」

仲間はずれはどの数？

239	251	257
263	271	283

「一日も考え続けられるほうが驚きだよ」とユーリが言った。
そこへ、母がココアを持ってきた。
「あ、すみません。ありがとうございます」
「足のほうは大丈夫？」と母がユーリに尋ねる。
「ええ」
「足って？」僕が訊《き》いた。
「たまに、足のかかとのあたりがとっても痛くなるんだよ」とユーリが言った。
「成長痛かしらねえ……」
「大丈夫ですよ。来週、病院に行くことになってますし」
「そう？　……それにしてもこの部屋、もっとユーリちゃんの好きそうな本があればいいのに」
母は僕の本棚をぐるりと眺めて言った。
「いいえ、私、お兄ちゃんの本棚、好きですよ……あ、このココア、とてもおいしいです！」
「よかった。晩ご飯も食べてってね」
「はーい。いつもすみません」
「何か食べたいものある？」母は、僕たちを交互に見た。
「そーですねー。ヘルシーな感じのものがいいです」
「それでいて、スパークリングなもの」と僕が言った。
「それでいて、エキゾチックなもの」とユーリがくすくす笑う。
「それでいて、ジャポネスクなもの」と僕も笑う。
「おい、子供たち……。君たちはお母さんを何だと思っているのかね。

——ようし、そのたいへん具体的で一貫性のある要望にみごと応えてみせましょう」

母はそう言って部屋を出ていった。僕たちは拍手で見送る。

1.4 時計巡回

「もうクイズはいいよ。《美しい発見》の話はどうなったの！」

「じゃあね、**時計巡回**《じゅんかい》の話をしよう」

「うん」

「こうやって、円を描いて——円ってわかるよね」

「もちろん」

「円を描いて、時計に見立てる。12 時のところから始めて、2 つめごとに線を結んでいく。つまり——まず、12 から 2 へ線を引く。次に、2 から 4 へ引く。続いて、4 から 6、6 から 8 って進むんだ。わかる？」

「わかるよ」

「ずっと進むとどうなるかな」

「ぐるっと 12 まで戻って、六角形ができる」

「そうだね。ぐるっと回って六角形。2, 4, 6, 8, 10, 12 を結んで、1, 3, 5, 7, 9, 11 は飛ばしたことになる」

「うん、わかる。偶数を結んで、奇数を飛ばしたんだね」ユーリが頷《うなず》いた。

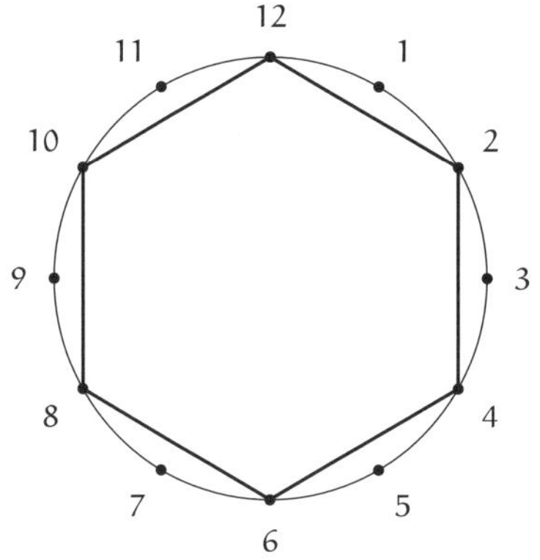

2 つめごとに線を結んだ

「そう。あ、ユーリ、偶数奇数わかるんだ」

「ねえ、お兄ちゃん！　さっきから……ユーリのこと馬鹿にしてない？」彼女は頬をふくらませた。

「してないしてない——じゃ、次に、もう一つ時計を描こう。さっきは 2 つめごとに線を結んだ。今度は、3 つめごとに結ぶことにしよう。すると、3, 6, 9, そして 12 と戻ってくる」

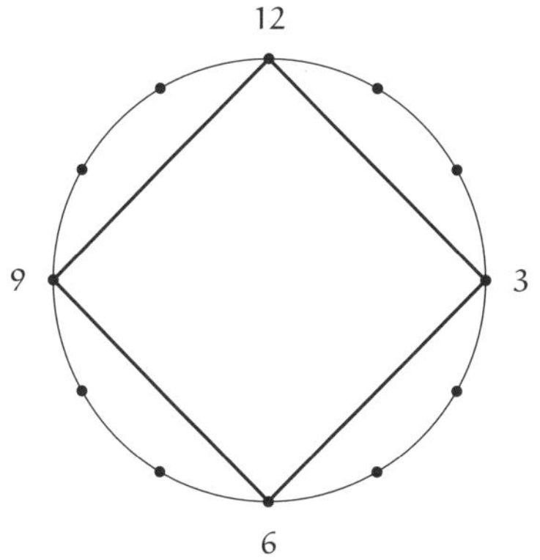

3 つめごとに線を結んだ

「こんどは菱形《ひしがた》ができたね、お兄ちゃん」

「次は《**ステップ数**》を 4 にしよう」

「ステップ数？」

「《4 つめごとに結ぶ》ことを《ステップ数が 4》と呼ぶことにする。——ステップ数が 4 のとき、4, 8, そして 12 がつながる」

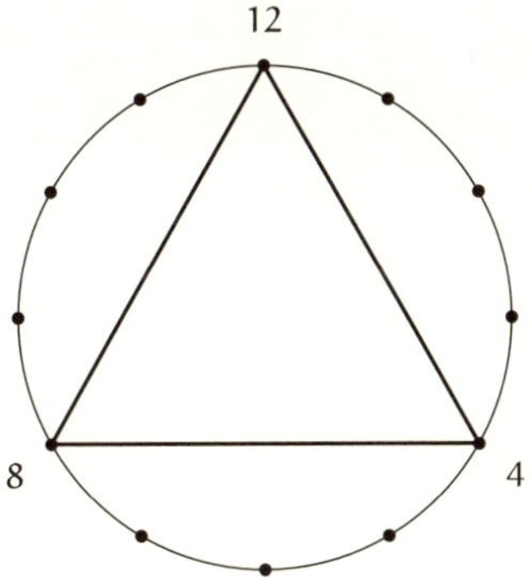

4 つめごとに線を結んだ（ステップ数は 4）

「三角形ができた」

「じゃ、次だよ。今度は 5 つめごとに進んでみよう。つまり——」

「つまり、ステップ数は 5 だね」

「そう。今度はおもしろいよ。5, 10, 3, 8, 1, 6, 11, 4, 9, 2, 7, そして 12 に戻る」

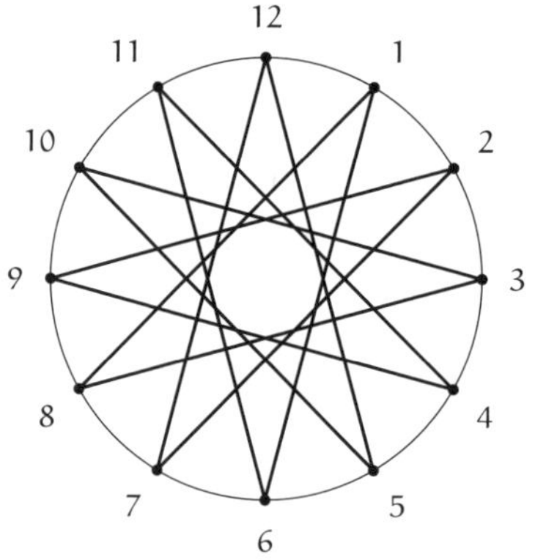

5 つめごとに線を結んだ（ステップ数は 5）

「おっとー！　これは意外。おもしろいね。きれいに回ったー」

「そうだね。ユーリがいま言った《きれいに回った》というのは、《すべての数を巡回した》という意味だよね」

「うん、そう。一周回ったときにぴったり 12 に戻れなくて、ずれる。そのずれが動いて——やっと最後に 12 に戻る。で、結局、すべての数を通る」

「そうだね。時計の文字盤上にあるすべての数を巡回することを《**完全巡回**》と呼ぶことにしよう。ステップ数が 5 なら、完全巡回できる」

「わかった」

「今度のステップ数は 6 だ」

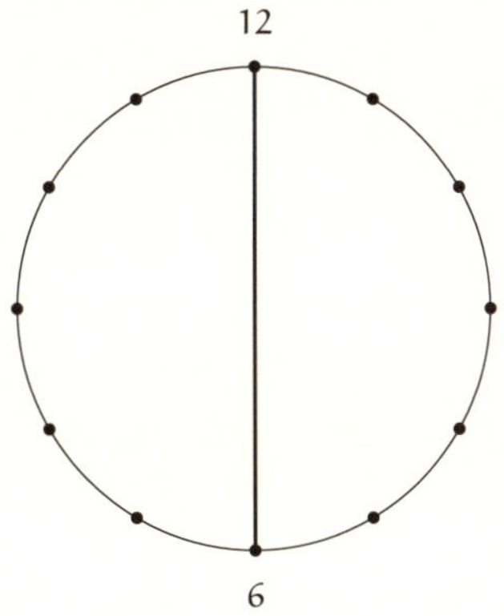

6 つめごとに線を結んだ(ステップ数は 6)

「ステップ数が 6 だと、つまんないな。6 と 12 だけじゃん」

「じゃ、今度はユーリが描いてごらん。お兄ちゃんは見てるから」

「うん、わかった。やってみるよ――ええと、ステップ数は 7 だよね。12 から始めて、7 つずつ右回りに進む。まず 7 に来て、次は、ええと、2 か。2 の次は 9 で……9, 4, 11, 6, 1, 8, 3, 10, 5, 12 あ、きれいに――すべての数を回れたね。完全巡回だ!」

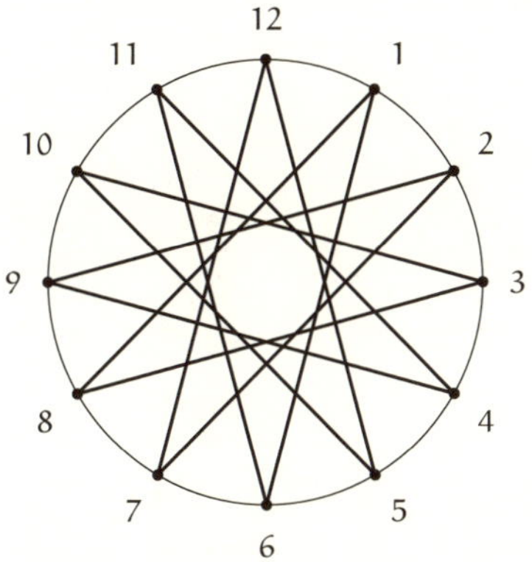

7 つめごとに線を結んだ(ステップ数は 7)

「何か気づいたことある？」

「何かって？」

「何でも」

ユーリは図を見て考え込む。

僕は彼女のまじめな横顔を見る。栗色の髪を後ろでくくっているユーリ。眼鏡がよく似合う、真剣な中学二年生。

「うーん、わかんない」

「さっきのステップ数5と7の図を並べてみよう」

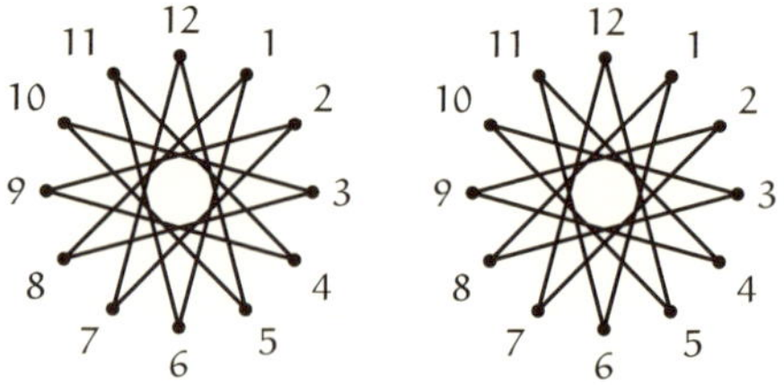

ステップ数5と7

「ん？……あっ、逆順だね！　えーとねー。7つずつ右に進むっていうのは、ちょうど5つずつ左に進むのと同じなんだ」

「そう。じゃ今度はステップ数8だと――」

「あ、だめだめ、お兄ちゃん。描いちゃだめえ！　ユーリがやる！　これはステップ数4の逆なんだよ」

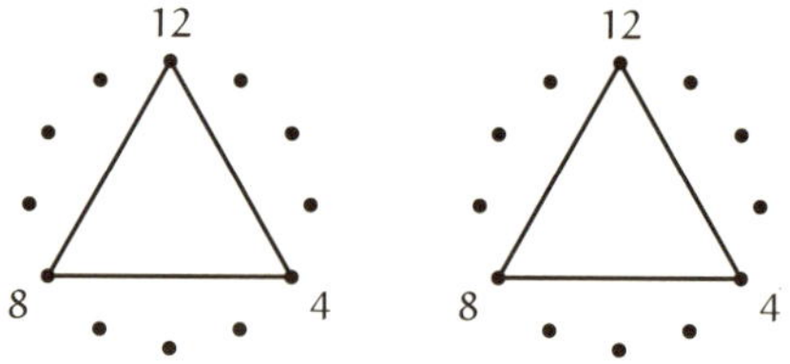

ステップ数4と8

「そうだね」

「残り全部、ユーリが描くよ」

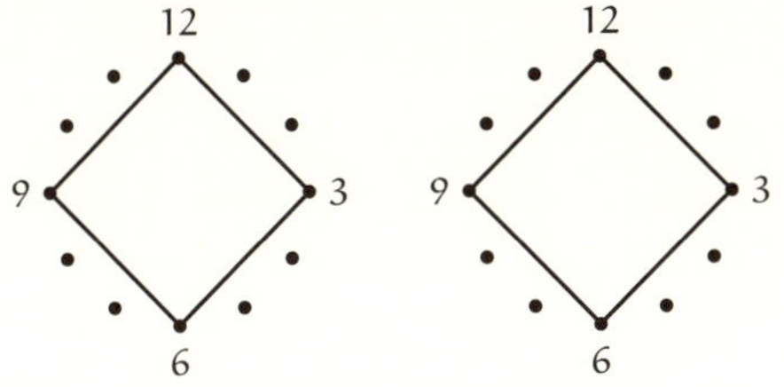

ステップ数3と9

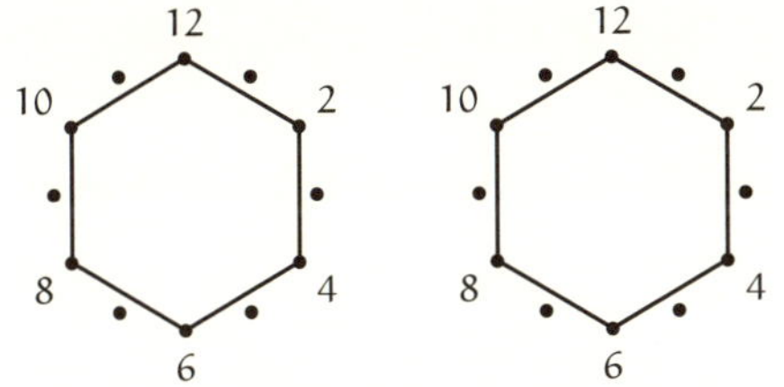

ステップ数2と10

「何だか、おもしろいなあ」

「ステップ数1と11も描いてよ、ユーリ」

「あ、そーか……。ステップ数1は、飛ばさずに結べばいいんだね。——む。これも完全巡回か」

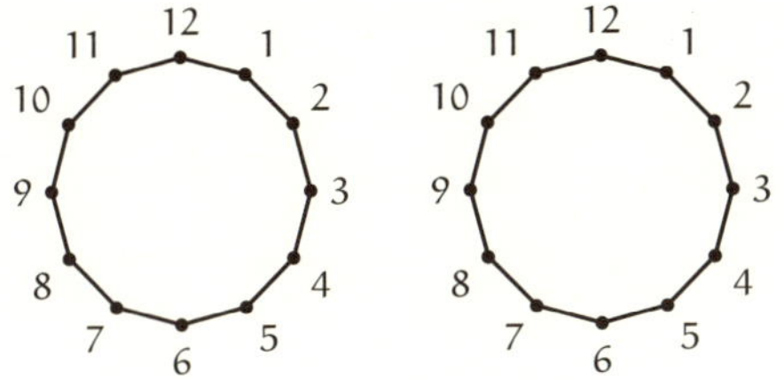

ステップ数1と11

「ステップ数が6のときは、いわば自分自身とのペアになるよ、ユーリ」

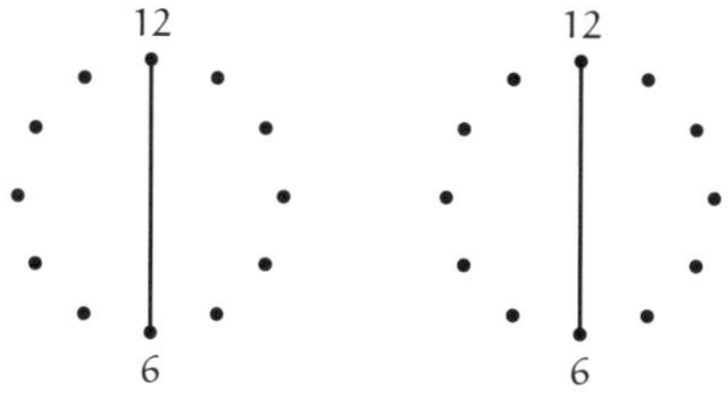

ステップ数 6 と 6

「全部ペアができたことになるね。……へー、自分の手で描いてるのに発見があるんだ」とユーリが言った。

「むしろ、自分の手で描いたから発見できたんだけどね」

1.5　完全巡回の条件

「お兄ちゃんは、図書室でこういうことやってるの？」

「うん。お兄ちゃんはね、こういう遊びが好きなんだ。時計巡回で遊んだのは中学生のころかなあ。ノートにこういう図形をたくさん描いたよ」

「ねえお兄ちゃん、この図形に何か秘密はあるの？」

「確かに法則がありそうだよね」

「うん、ありそう！」

「たとえば、どんなときに《完全巡回》するんだろうか」

「え、ステップ数が 1, 5, 7, 11 のときでしょ？」

「そうなんだけど……いったんここでまとめよう」

完全巡回できるステップ数のまとめ

ステップ数が 1, 5, 7, 11 ならば、完全巡回できる。

ステップ数が 2, 3, 4, 6, 8, 9, 10 ならば、完全巡回できない。

「こんなのわかりきっているじゃん」

「わかりきっていることでも、きちんとまとめるのがいいんだよ、ユーリ。ステップ数がどんな数のとき完全巡回するかを具体例としてまとめる。そしてそこから、ステップ数が持っている法則を見つけ出したい。《具体例から法則を引き出すこと》を《**帰納**《きのう》》っていうんだけど、帰納を行うためには、もっとよく考える必要がある。完全巡回になるルールは何だと思う？」

問題 1-1（完全巡回のルール）
完全巡回するのは、ステップ数がどんな性質を持つときか。

「よくわかんないけど、ねえ……まるで、ユーリとお兄ちゃん、二人で一緒に研究してるみたい」

「ユーリ。研究してるみたい、じゃなくて研究しているんだよ。問題こそ小さいけれど」

1.6　どこを巡回？

「ステップ数ごとに、巡回できた数を**表**《ひょう》にしてみよう。訪れた順序は問わない」

1	1	2	3	4	5	6	7	8	9	10	11	12
2	2	4	6	8	10	12						
3	3	6	9	12								
4	4	8	12									
5	1	2	3	4	5	6	7	8	9	10	11	12
6	6	12										
7	1	2	3	4	5	6	7	8	9	10	11	12
8	4	8	12									
9	3	6	9	12								
10	2	4	6	8	10	12						
11	1	2	3	4	5	6	7	8	9	10	11	12

「この表、どう見ればいいの？」

「いちばん左側の列、縦に並んだ1〜11の数はステップ数のつもり。そして、その右側に横に並んでいる数は、そのステップ数で巡回する数を、小さい順に並べかえたものだよ。たとえば、ステップ数が3のときには、3, 6, 9, 12の四つの数をたどれることを表している。——この表を見て、何かわかるかな」

「……倍数っぽいかな？」

「どういうこと？」

「うーん……わかんない」

「だめだよ。思ったことはちゃんと言わなくちゃ」

「あのね、巡回する数っていうのは、《巡回する数の中でいちばん小さな数》の倍数になっているような気がする」

「ほほう。たとえば？」

「たとえば、上から二行目、2, 4, 6, 8, 10, 12は全部2の倍数になってる。それから、さっきお兄ちゃんが言った上から三行目の3, 6, 9, 12っていうのは、全部3の倍数だよね。だから——左の数が1になってれば、全部回れるんだよ。完全巡回だ。たとえば、ステップ数が1, 5, 7, 11のもの。その行は1〜12まで全部の数がそろっている。だって、どんな自然数も1の倍数だもん！」

「なるほど！ 確かにそうだね。1, 5, 7, 11の行をピックアップしてみようか」

1	1	2	3	4	5	6	7	8	9	10	11	12
5	1	2	3	4	5	6	7	8	9	10	11	12
7	1	2	3	4	5	6	7	8	9	10	11	12
11	1	2	3	4	5	6	7	8	9	10	11	12

「ね、ね？」

「そうだね。完全巡回できるステップ数の行には、必ず1が含まれている。そして、完全巡回できないステップ数の行には、1は含まれていない……」

「うん、うん。これで問題 1-1（完全巡回のルール）の答えになるね」

「いや、ならない。問題が求めているのは、ステップ数の性質だ。だから、巡回する数の中に1が含まれるのは、どんなステップ数の場合なのかを言わなきゃ」

「……どーゆーこと？ お兄ちゃん」

「《巡回する数の中でいちばん小さな数》のことを**《巡回最小数》**と呼ぶことにしよう。さっきのユーリの発見からすると《巡回最小数》が1に等しければ完全巡回できるわけだよね」

「そーだね」

「《ステップ数》から《巡回最小数》は計算できるだろうか、というのが問題。これまで調べたことから《ステップ数》から《巡回最小数》への対応を書いてみよう。さあ、《巡回最小数》の計算方法がわかるかな」

《ステップ数》→《巡回最小数》

1 → 1

2 → 2

3 → 3

4 → 4

5 → 1

6 → 6

7 → 1

8 → 4

9 → 3

10 → 2

11 → 1

「うーん、わかんないなー。最初 1, 2, 3, 4 と来て、急に 1 に戻るんだよねー」

「じゃあ、ヒント。時計の《文字盤の数》は 1〜12 の 12 個あるよね。この 12 という数と合わせて考えてごらん」

《文字盤の数》と《ステップ数》$\longrightarrow$《巡回最小数》

12 と 1 $\longrightarrow$ 1

12 と 2 $\longrightarrow$ 2

12 と 3 $\longrightarrow$ 3

12 と 4 $\longrightarrow$ 4

12 と 5 $\longrightarrow$ 1

12 と 6 $\longrightarrow$ 6

12 と 7 $\longrightarrow$ 1

12 と 8 $\longrightarrow$ 4

12 と 9 $\longrightarrow$ 3

12 と 10 $\longrightarrow$ 2

12 と 11 $\longrightarrow$ 1

ユーリは、ポニーテールをいじりながらしばらく考える。

「むむ……。むむむむ……。倍数……？　左の数は、右の倍数になっているような」

「ほほう」

「たとえば、下から四番目を見ると、左には 12 と 8、右には 4 だよね。12 と 8 の両方とも 4 の倍数だよ！」

「なるほど、確かにそうだ……」

「あっ、これ学校でやったよ。あのね、公倍数《こうばいすう》——違う。逆だ。公約数《こうやくすう》だよ。右側の《巡回最小数》は、左側にある二つの数の約数……両方の約数になってるんだから公約数だ！　12 と《ステップ数》——つまり《文字盤の数》と《ステップ数》の公約数が、《巡回最小数》になるんだよ！」

「すごい！　でもちょっと惜しい。ただの公約数じゃない」

「え——あ、そうか。**最大公約数**《さいだいこうやくすう》だよ！」

「そうだね。じゃあ、時計を完全巡回できるのは、どういうとき？」

「最大公約数が 1 のときだ。《文字盤の数》と《ステップ数》の最大公約数が1のときに完全巡回できる」

「はい、大正解！」

「やたっ！」

解答 1-1（完全巡回のルール）
時計を完全巡回できるのは、《文字盤の数》と《ステップ数》の最大公約数が1に等しいときである。

「要するに、《互いに素》のときに完全巡回できるんだ」

「たがいに、そ？……って、どういう意味？」

「《最大公約数が1》っていうことだよ」

互いに素
自然数 a と b の最大公約数が1に等しいとする。
このとき、a と b を**互**《たが》**いに素**《そ》と呼ぶ。

「たとえば、12と7の最大公約数は1に等しい。だから、12と7は互いに素だ。また、12と8の最大公約数は4に等しい。だから、12と8は互いに素ではない。互いに素という表現を使うと、完全巡回はこう表現できる——時計を完全巡回できるのは、《文字盤の数》と《ステップ数》が互いに素のときだけである」

解答 1-1a（完全巡回のルール）
時計を完全巡回できるのは、《文字盤の数》と《ステップ数》が互いに素のときである。

「ふーん。たがいにそ、か」

「ユーリは偉いね。《どういう意味？》って必ず確かめるから。さっきも、お兄ちゃんが表を書いたときに《どう見ればいいの？》って確かめたじゃない。意味がよくわからなかったら、きちんと確かめるのは大事だ。ユーリは《きちんと確かめる人》なんだね」

「だって、ユーリ馬鹿《ばか》だから、わからないこと多いんだもん」

「ユーリは馬鹿じゃないよ。わからないことを《わからない》というのは正しいことだ。馬鹿なのは、わかっていないのに《わかったふり》をする人のほうだよ」

「にゃはは……。《わからない》って言ったのにほめてくれるのはお兄ちゃんだけだよ。でも、ほめらりるのはうれしいにゃあ」

「ほめらりる？」

「いいんだよ！ 照れてんだから、突っ込むなよー」

1.7 人間の限界を越えて

「お兄ちゃん、この時計巡回も……数学なの？」

「そうだね。立派な数学だと思うよ」

「でも、何ていうか……時計を描いて、ぐるぐる回って、表を作って……これっておもしろいんだけれど、ゲームみたいだよ。これって、数学なの？ 数学って何なの？」

「数学とは何か——って一言では言えない。でも、数の性質を調べるというのは数学の大事な活動だろうね。それは**数論**《すうろん》という分野になる。いまユーリと二人でやったみたいに、図を描いたり、表を書いたりして、数の性質を推測したり、法則を見つけ出すというのは、……確かにゲームっぽいんだけれど、数学の根底にあると思うんだ。最初から一般的な法則があるわけじゃない。具体的で特殊な事実から一般的な法則を導いていく、これが帰納だよ。**《特殊から一般へ》**というのがスローガンなんだ」

「ふーん、そうなのかなあ」

「——こんな話はどうだろう。文字盤の数は普通は 12 個だよね。12 個ならば、数が少ないから、ステップ数をいろいろ試して完全巡回するかどうか、自分の目で確かめることができる。でも、数が 100 個だったらどうだろう。そうなったらもう時計とはいえないけどね。数が 1000 個だったら、100000000 個だったら……と考える。そのとき、ステップ数がいくつのときに完全巡回できるんだろう」

「そんなに多かったらもう試せないよね」

「そう。実際には試せない。——でもね、図形を描いて実際に確かめることはできなくても、《文字盤の数》と《ステップ数》の最大公約数さえ求めれば、全体を巡れるかどうかがわかる。自分で試せなくても、世界中の誰も実際には試せなくても、知ることができる。これは数学の力だ」

「……」

「問題に隠れている数の法則を見抜けば、自分が行けない未来や世界の果てまで見通すことができる」

「法則を見抜く……」

「数学は**無限**《むげん》をも扱える。無限の時を折りたたみ、封筒に入れてもいい。無限の宇宙を手に乗せて、歌わせるのもいい。これが数学のおもしろさだよ」

「ふーん……」

「数学ってすごいよね」と僕は言った。

「数学もすごいけれど、そんだけ数学を熱く語れるお兄ちゃんのほうがすごいよ。学校の先生より、よっぽど熱血だし。驚きだにゃあ……」ユーリはにやにや笑う。「お兄ちゃんは将来、学校の先生になるといいよ。教えるのとっても上手だし。お兄ちゃんが先生だったら、ユーリ、きっとすごく成績良くなる」

「でも、お兄ちゃんが先生になるころ、ユーリは卒業してるよ」

「あ、そーか……」

ユーリは眼鏡をはずし、ゆっくり胸ポケットに戻した。なんとなくもじもじしながら、髪をいじる。しばらくして、急に話題を変えた。

「……ねえ、《お兄ちゃん》って子供っぽい言い方かなあ」

「そんなことないよ。別に、好きなように呼んだらいい」

「うん、そうだよね！　……ねえ、お兄ちゃん」

「何？」

「あのね……」

「うん。何かな？」

「……ユーリがいま、なに考えてるかわかる？」

僕はユーリを見る。ユーリは僕を見る。彼女は、手を頭の後ろに回し、髪をつまんで、はたはたと振った。ほんとうに子馬の尻尾《ポニーテール》だ。彼女の髪は栗色だけれど、光の加減か、ときどき金色に輝く。

「……なに考えてるの？」と僕は言った。

「えーとね……。いいや。教えてあげにゃい」

ユーリはそう言って、八重歯を見せて笑った。

1.8　ほんとうは何かご承知ですか

「そういえば、お兄ちゃんが一日かかった仲間はずれ探しクイズの答え、聞いてなかったよ」とユーリが言った。

仲間はずれはどの数？

239	251	257
263	271	283

「わかってしまえば、簡単。この 239, 251, 257, 263, 271, 283 という六個の数はすべて素数。素数の中で偶数なのは 2 だけだから、もちろんこの六個の数はすべて奇数。つまり 2 で割ったときの余りは 1 になる」

「まー、それは当たり前だよね」

「では、《2 で割ったときの余り》ではなく、《4 で割ったときの余り》を考えてみよう。表にすると、こうなる」

$$239 = 4 \times 59 + 3 \quad 251 = 4 \times 62 + 3 \quad 257 = 4 \times 64 + 1$$
$$263 = 4 \times 65 + 3 \quad 271 = 4 \times 67 + 3 \quad 283 = 4 \times 70 + 3$$

「え？ どこか違うところある？」

「六個の数のうち、257だけが4で割って余りが1になる。残りの五個の数は、4で割ったときの余りが3だ」

「あ……確かにね。でもさ、お兄ちゃん……そんなの、普通気づかないって。何だかこじつけっぽくない？ 4で割るのって、そんなに大事なこと？」

「でも……自然数が与えられたとき《偶数か、奇数か》ってすぐに考えるよね。2で割った余りで分類したわけだ。偶数なら余りが0だし、奇数なら余りが1になる。4で割った余りで分類するというのは、それととてもよく似ている。奇数を4で割ったときの余りは1か3かのどちらかになるんだからね。お兄ちゃんは、《4で割った余りで分類する》ということに気づくのに一日かかった。そして、すごく悔しかったんだ」

「お兄ちゃんって数学のこと、ほんとうに好きなんだね！ お兄ちゃんの話って、何だか楽しくなるよ。ユーリが知りたいこと、すぐに教えてくれるし。ユーリがちょっと言っただけで、時計巡回みたいな話を聞かせてくれるし。数学についてアツく語ってくれるし……。もっといろいろお兄ちゃんに教えてもらいたいな……。そーだよ！ 学校の先生にならなくていいよ。ユーリ専任の先生になればいーんじゃん！」

「でも、教えてもらうのも大事だけれど、自分で考えるのも大事なんだよ。当たり前のことでも、ほんとうかな？ って確かめる気持ちが大切なんだ」

「まるで、《猫の先生》みたいだね」

「猫の先生？」

「パパが持ってた古いアニメに出てきたんだ。猫の先生。えーとねー、こんなこと言うんだよ」

　　ではみなさんは……
　　このぼんやりと白いものがほんとうは何かご承知ですか。

「ぼんやりと白いもの？」と僕は訊き返す。

「うん。天《あま》の川《がわ》のことなんだけどね。川って言われているけれど、川じゃない。ほんとうの姿は小さな星が集まってるんだよね。ほんとうの姿を見なさい、って猫の先生は言いたいんだ。——先生から天の川のほんとうの姿を尋ねられたジョバンニは答えられなかった。でもね、実は猫の先生も、天の川のほんとうのほんとうの姿は知らなかったんだよ。その後、ジョバンニは、銀河鉄道に乗って天の川を体験する……」

「それって宮沢賢治？」

「あ、それそれ。『銀河鉄道の夜』」

「《ほんとうは何かご承知ですか》っていい質問だなあ。《ほんとうの姿》を問う姿勢だね……」

ぼんやりと白いものの《ほんとうの姿》。
数というものの《ほんとうの姿》。
僕たち自身の《ほんとうの姿》。
……

そのとき、台所から母の呼ぶ声が聞こえた。

「子供たち、ご飯よ！ ヘルシーでスパークリングでエキゾチックでジャポネスクな——激辛《げきから》の茄子《なす》カレー！」

ガウスが進んだ道は即ち数学の進む道である。
その道は帰納的である。
特殊から一般へ！ それが標語である。
——高木貞治 [3]

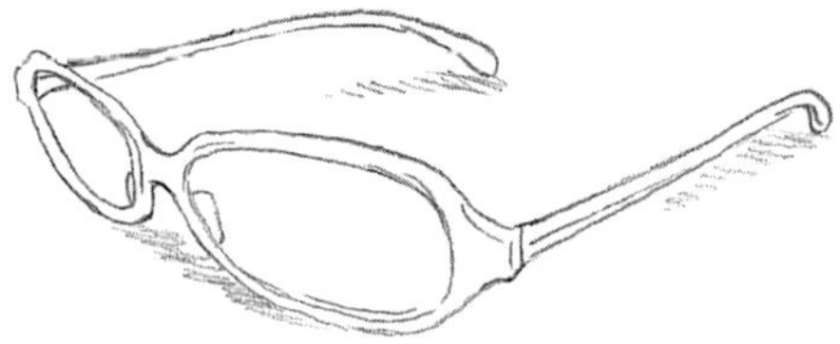

第2章 ピタゴラスの定理

カムパネルラは、円《まる》い板のようになった地図を、
しきりにぐるぐるまわして見ていました。
まったくその中に、白くあらわされた天の川の左の岸に沿って
一条の鉄道線路が、南へ南へとたどって行くのでした。
——宮沢賢治『銀河鉄道の夜』

2.1 テトラちゃん

「先輩？」

「えっ？」

「あ……お、驚かせてごめんなさい」とテトラちゃんが言った。

いまは昼休み。ここは高校の屋上。僕とテトラちゃんはお昼を一緒に食べていた。風が少し冷たかったけれど、よく晴れていて気持ちがいい。テトラちゃんはお弁当、僕はパンだ。

「いや、うん……親戚のことを考えていた」

「そうでしたか」

テトラちゃんは、にこっと笑って、お弁当に戻る。

彼女は高校一年生。僕の一年後輩だ。ショートヘアに大きな目、いつもにこにこしている口元。一緒に数学を勉強する、仲良しの小柄な女の子だ。たいていは、僕が彼女に教えるんだけれど、彼女のほうも、きらきらっとした

アイディアでときおり僕を驚かせる。

「そういえば、村木先生のカードは？」

「はいはい、そうでしたそうでした」

彼女が取り出したカードには、たった一言だけ書かれていた。

問題 2-1
原始ピタゴラス数は無数に存在するか。

「これはまた……短い」

「短いれふね……」

卵焼きをもぐもぐ食べながら、テトラちゃんが言った。

「テトラちゃん、原始ピタゴラス数って知ってる？」

「もちろんです。直角三角形の斜辺《しゃへん》の二乗は、他の辺の二乗和に等しい、ですねっ！　なお、斜辺とは直角に相対《あいたい》する辺ですっ！」

テトラちゃんは、空中に大きな直角三角形を箸《はし》で描いた。

「……」

「え？　間違いですか？」

「それ、ピタゴラスの定理だし……」

ピタゴラスの定理

直角三角形の斜辺の二乗は、他の辺の二乗和に等しい。

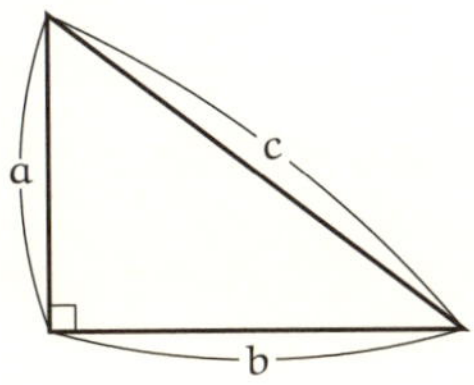

$$a^2 + b^2 = c^2$$

「ピタゴラス数とピタゴラスの定理は違うんですか？」

「ま、関係はしているけれどね。ピタゴラス数っていうのは、直角三角形の各辺の長さになっている、自然数の三つ組のことだよ」

僕は、ピタゴラス数の定義を示す。

ピタゴラス数

自然数 a, b, c の間に、関係式

$$a^2 + b^2 = c^2$$

が成り立つとする。

このとき、(a, b, c) の三つ組を**ピタゴラス数**と呼ぶ。

「そして、原始ピタゴラス数の定義はこうだ」

原始ピタゴラス数
自然数 a, b, c の間に、関係式

$$a^2 + b^2 = c^2$$

が成り立ち、さらに a, b, c の最大公約数が 1 に等しいとする。
このとき、(a, b, c) の三つ組を**原始ピタゴラス数**と呼ぶ。

「つまり、直角三角形の三辺が自然数になっているとき、その三数の組がピタゴラス数だ。さらに最大公約数が 1 になっていたら、その三数は原始ピタゴラス数でもある。村木先生の問題は、そのような原始ピタゴラス数が無数にありますか、という問いだ」

「はい……い、いえ。あたし、《最大公約数が 1》の意味がまだよくわかってません……」

「じゃあ、例を作ろう。たとえば、$(a, b, c) = (3, 4, 5)$ はピタゴラス数だよね。なぜなら、

$$3^2 + 4^2 = 5^2$$

が成り立つから。計算してみれば $9 + 16 = 25$ になるのはすぐにわかる。$(3, 4, 5)$ はピタゴラス数だけれど、原始ピタゴラス数でもある。$3, 4, 5$ の最大公約数——つまりこの三つの数を割り切ることができる最大の数は 1 だよね」

「……先輩、理解が遅くてごめんなさい。ピタゴラス数と、原始ピタゴラス数の違いが、まだわかりません……」

「いいよ、わからないのは悪いことじゃない。もう少し例を話そう。$(3, 4, 5)$ はピタゴラス数でもあるし、原始ピタゴラス数でもある。でも、この三数をそれぞれ二倍した $(6, 8, 10)$ はどうかな。これはピタゴラス数だけれど、原始ピタゴラス数ではない」

「ええと、$6^2 = 36, 8^2 = 64, 10^2 = 100$ ですね。で、$36 + 64 = 100$ ですから……確かに、

$$6^2 + 8^2 = 10^2$$

は成り立ちます。だから、$(6, 8, 10)$ はピタゴラス数といえます。はい、ここまでは理解しました。でも、$6, 8, 10$ の最大公約数は 2 ですから、$(6, 8, 10)$ は原始ピタゴラス数ではない……。原始ピタゴラス数のほうは、三数を割り切る数が 1 だけってことなんですね」

「そう。村木先生の問題は、そういう原始ピタゴラス数は無数にあるかな、と問うている」

テトラちゃんは、黙って考え込む。真剣な表情だ。もっとも、箸を口にくわえているから、どうも締まらない。やがて、不審そうに話し出した。

「先輩、変ですよ……直角三角形の三辺 a, b, c の間には、いつも $a^2 + b^2 = c^2$ という関係がありますよね。そして、辺の長さをいろいろ変えれば、無数の直角三角形が作れるんですから、原始ピタゴラス数が無数にあるのは当然ではないでしょうか……？」

「落ち着いて原始ピタゴラス数の条件を考えてごらんよ」

「え？……あ、違う違う違う違う違う違う違うっ！」

テトラちゃんは、箸をぶんぶん振り回した。

「《違う》が七回。素数」と僕は言った。相変わらずバタバタっ娘《こ》だなあ……もしかしたらユーリのほうが落ち着いているかも。《条件忘れのテトラちゃん》は健在だし。

「忘れていましたあっ！ 自然数っていう条件！ 三辺のうち二辺は自由に選べますから、自然数にできます。でも、そのとき、残りの一辺も自然数になるとは限りませんね……」

「そうだね。この問題に取り組むなら、$(3, 4, 5)$ のような原始ピタゴラス数の例をもっと探すところから始めたらどうだろう」

「わかりました。先輩がいつもおっしゃる、

《例示《れいじ》は理解の試金石《しきんせき》》

ですね。自分の理解を確かめるために、実例を作る——」

テトラちゃんは本当に素直で元気な子だ。でも……。

「ねえ、あぶないから、お箸を振り回すのはやめてほしいな」

「あ……すみません」

テトラちゃんはあわてて手をおろして、顔を赤くした。

2.2 ミルカさん

「どこに行ってた？」

僕が教室に戻ると、ミルカさんがさっと近寄ってきた。

ミルカさんは高校二年生。僕と同じクラスの才媛だ。数学がずば抜けて得意。長い黒髪にメタルフレームの眼鏡。背が高く、立ち姿が美しい。ミルカさんがそばに来るだけで、あたりの雰囲気がすっと引き締まる。

「屋上だけど……」

「屋上で、お昼？」

彼女は顔を近付けて、僕の目の奥をのぞき込む。柑橘《かんきつ》系の香りが強くなる。鋭い視線がまっすぐに僕の心の中に入り込む。まずい、なんだか機嫌が悪そうだ。

「うん……」

「ふうん……私に黙って？」ゆっくり目を細めるミルカさん。

「え、ええと……。ほ、ほら、昼休み、ミルカさんは教室にいなかったじゃない。だから、エィエィのところかなと思って、さ」

いったい僕は何を言い訳しているんだろう。でも、僕は、何というか、ミルカさんに頭が上がらないのだ。

「職員室に行ってた」と彼女は表情をゆるめた。「この間のレポートを村木先生に見せにね。例によって新しいカードが来たよ。奇妙な問題」

村木先生は、僕たちの数学教師だ。変わり者だけど、僕たちのことを気に入っていて、興味深い数学の問題を出してくれる。授業や受験とまったく関係ない問題を出してくるところが、いっそすがすがしい。僕とテトラちゃんとミルカさんは、そんな村木先生とのやりとりを楽しんでいる。

ミルカさんは、僕にカードを手渡した。

問題 2-2
原点中心の単位円周上に、有理点は無数に存在するか。

「有理点《ゆうりてん》というのは……x 座標と y 座標の両方が有理数になる点だよね」と僕は言った。有理数は $\frac{1}{2}$ や $-\frac{2}{5}$ など、整数の比で表せる数。そして有理数を座標とする点を有理点という。

「そう」ミルカさんは頷《うなず》いた。「原点を中心とした単位円の円周上には、$(1,0),(0,1),(-1,0),(0,-1)$ という四個の自明《じめい》な有理点がある。それらの他に《無数に》有理点はあるのかという問題だ」

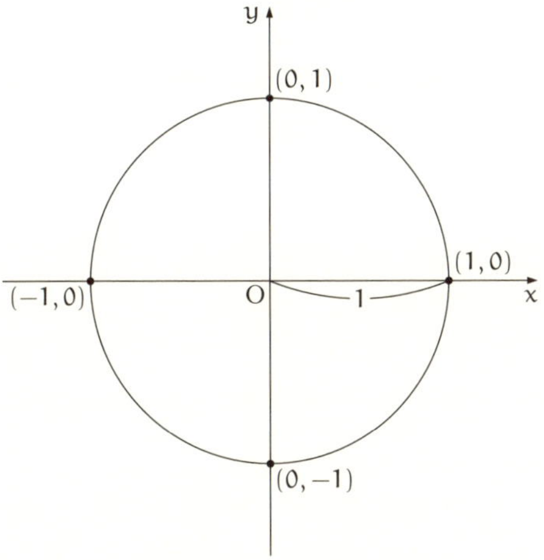

原点が中心の単位円と、四個の自明な有理点

原点中心の**単位円《たんいえん》**——半径が 1 の円——が座標軸と交わる点は確かに有理点だ。$0, 1, -1$ といった整数も有理数の一種だから。

「単位円周上に有理点は無数にありそうだな……」と僕は半分ひとりごとのように言った。

「なぜ？」ミルカさんの眼鏡が光る。

「だって、びっしりつまった有理点の間をすりぬける円なんて描けない……

んじゃないかな？」と僕は言った。

「それでは数学にならない」ミルカさんは、人差し指をまっすぐ僕に向けて突き出す。「私たちの手も、コンパスも、ほんとうの円は描けない。現実世界で円をどれだけ正確に描いても、有理点の通過なんてわからない——よね？」

「まあ、それはそうだ」と僕は認める。ほんとうの円の姿……。

「でも、私たちは、現実世界に存在する何よりもすぐれた道具——数学を持っている。違うかな？」

「……わかったよ、ミルカさん。いいかげんなことを言ってしまった。いずれにしろ、a, b, c, d を整数として $(\frac{a}{b}, \frac{c}{d})$ のように点の座標を表して、単位円周上という条件から、がりがり計算すればわかるんじゃないかな」

「ふうん……確かにそれも悪くないな」ミルカさんは、歌うように宣言する。

《整数の構造は、素因数が示す》
《有理数の構造は、整数の比が示す》

それから、いたずらっぽく唇の端を上げて言った。

「もっとも、私は別のことを考えていたけれど」

「別のことって？」

「君は、お昼を一人で食べていたのかな、とか——」

「えっ？」不意打ちをくらったぞ。

「——あるいは、円周上の有理点を《無数の何か》と対応付けできないかな、とか」ミルカさんは、話をさらりと数学に戻す。

「屋上でテトラちゃんと食べてたんだよ……」

「正直者よ。そなたには、騎士《ナイト》の称号と剣を授けよう」

そう言って、ミルカさんは僕の目の前にキットカットを差し出す。

僕はうやうやしくチョコレートを受け取る。

午後の授業のベルが鳴る。

もう、何がなにやら。

2.3 ユーリ

「あ、来てくれたんだ！ うれしいにゃあ！」とユーリは言った。

「具合はどう？」

放課後。僕は高校からバスに乗って中央病院へ行った。

病室に入ると、ユーリはセルフレームの眼鏡を外して、うれしそうに微笑んだ。ベッドに体を起こして本を読んでいたらしい。ポニーテールに黄色のリボン。

「何だか、おおごとになっちゃって」とユーリは言った。

数日前のこと、——茄子カレーを一緒に食べた翌々日——ユーリは痛む足を病院で検査した。ところが、そのまま入院になってしまったのだ。何でも、足の骨に異常が見られるからとのこと。

「こんにちは、ユーリちゃん。はじめまして」

テトラちゃんが僕の背後から顔を出した。

「お兄ちゃん、この方は……？」

「後輩のテトラちゃん。二人でお見舞いに来たんだよ」

「ユーリちゃん、はい」

テトラちゃんは、途中の花屋で買ってきた小さな花束を渡す。ユーリはそれを受け取ると、無言で会釈した。

「先輩？ お兄ちゃんって？」とテトラちゃんが言った。

「ユーリは従妹《いとこ》だけど、昔から、そう呼んでるんだ」

僕は、そばのパイプ椅子に腰を下ろした。テトラちゃんも座って、病室の中をきょろきょろ見回している。

「……こないだ一緒にやった時計巡回、とってもおもしろかったよ」とユーリが言い出した。「《文字盤の数》と《ステップ数》とが互いに素なら完全巡回できたよね。ユーリ、お兄ちゃんから数学の話を聞くの、大好き！ ユーリ専任の先生だもんね」

「先輩って教え方上手ですよね、あたしも先輩から——」

「ねえ、お兄ちゃん！」ユーリがテトラちゃんの言葉をさえぎる。「あの夜、一緒に食べた激辛カレー、すごーく辛かったよね。あんまり辛かったから、ユーリ、水飲みすぎちゃったよ。それから、ご飯の後にお兄ちゃんが聞かせてくれたフェルマーの最終定理の話もおもしろかった……ピタゴラスの方程式をちょっとひねっただけで自然数解がなくなるというのは不思議だにゃあ……」

ユーリのはしゃいだ口調に、テトラちゃんは口をつぐんでしまった。気まずい雰囲気が病室内に流れ始めたとき、ユーリのお母さんが入ってきて、僕はほっとした。

「あら、学校帰り？——制服、映《は》えるわねえ——こちら、ガールフレンドさん？——あらあら、ご丁寧に——実はね……」

ユーリのお母さんがまくしたてるのをしばらく聞いてから、僕たちは病室を出た。

と、ユーリのお母さんが追いかけてきた。

「ごめんなさい。ユーリがそちらのガールフレンドさんに伝えたいことがあるっていうんだけど……来てもらえるかしら？」

「え、あたし……ですか？」

僕がエレベータの前で待っていると、一分ほどで、テトラちゃんが戻ってきた。何だか考え込んでいる。

2.4　ピタゴラ・ジュース・メーカー

僕たちは、バスで駅に向かい、喫茶店《ビーンズ》に入る。

「伝えたいことって何だったの？」と僕が言った。

「いいえ……何でもないんです」とテトラちゃんは言葉を濁し、店のカウンター内を指さした。「先輩、あれ、何でしょう」

ジュース・メーカーが新しく設置されていた。機械の上に螺旋《らせん》状に曲げられた針金のレールが走っていて、そこに置いたオレンジは、転がって機械に入るらしい。《ピタゴラ・ジュース・メーカー》と書いてある。ピタゴラ？

「あ、あたし、あれ注文しますっ！」

オレンジがころころ転がり、機械にことりと入ると、自動的にカットされた。ぎゅうっと絞られていく様子まで、シースルーで見える。そんな機械を眺めるテトラちゃん。そんな彼女を眺める僕。テトラちゃんは、ほんとに好奇心旺盛な子だなあ。

「すっごく美味しいですよっ、先輩」できたフレッシュジュースを飲みながらテトラちゃんが言った。「——ところで、あれから、原始ピタゴラス数の例をいくつか見つけました」

テトラちゃんはノートを開いた。

$$
\begin{array}{ll}
(3,\ 4,\ 5) & 3^2+\ 4^2=\ 5^2 \\
(5,12,13) & 5^2+12^2=13^2 \\
(7,24,25) & 7^2+24^2=25^2 \\
(8,15,17) & 8^2+15^2=17^2 \\
(9,40,41) & 9^2+40^2=41^2
\end{array}
$$

「どうやって探したの？」

「$a^2+b^2=c^2$ のうち、a を順番に増やしていったんです。あとは b と c に適当な自然数を入れて探しました。で、気づいたんですが、$(a,b,c)=(3,4,5)$ では $c-b=5-4=1$ が成り立ちますよね。五個の原始ピタゴラス数のうち、四個までが $c-b=1$ になります。きっと、これ何かの手がかりですよっ！」

「でもそれは、探し方が偏《かたよ》っているからじゃない？　a が小さいということは、その一辺だけ短い直角三角形になる。たとえば、$(9,40,41)$ って細長い三角形になるよね。細長いんだから、斜辺と他の一辺の長さが近くなるのは当たり前だと思うけれど」

「そうですか……」

しばらくして、テトラちゃんが言った。

「あの《ピタゴラ・ジュース・メーカー》のように、上からオレンジを入れると、下から原始ピタゴラス数が出てくる機械があればいいですよね」

「違うオレンジを入れたときに、違う原始ピタゴラス数が出てくるならね——って、そもそも、意味わからないよ」

僕たちは笑った。

2.5 自宅

夜。

家族が寝静まって、僕は一人で机に向かい、数学を考える。誰も、そばにいない。誰も、話しかけない。僕の大切な時間だ。

授業を聞くのは刺激になる。本を読むのもためになる。けれど、自分の頭と手を動かす時間をたっぷりとらなければ、授業も本もまったく無意味だ。

今日は、テトラちゃんの問題をゆっくり考えよう。

《原始ピタゴラス数は無数に存在するか》

まずは、原始ピタゴラス数を表にまとめてみよう。何か、わかることはあるだろうか。

a	b	c
3	4	5
5	12	13
7	24	25
8	15	17
9	40	41

2.5.1 偶奇を調べる

僕は、c が必ず奇数になっていることに気づいた。そこで、表の中にある奇数に丸印を付けてみた。

a	b	c
③	4	⑤
⑤	12	⑬
⑦	24	㉕
8	⑮	⑰
⑨	40	㊶

奇数に丸印を付けてみた

へえ、a と b のどちらか一方は奇数になるようだ。……でも、これは、偶然？　それとも一般的にいえる？　僕は疑問をメモする。

問題 2-3
a と b が偶数の原始ピタゴラス数 (a, b, c) は存在するか。

僕は考える。

うん、この問題は難しくない。a, b 両方が偶数になることは絶対ない。なぜなら……仮に a, b 両方が偶数だとしよう。すると、

$$a^2 + b^2 = c^2$$

という関係式から、c も偶数になってしまう。だって、a, b 両方が偶数なら、a^2 と b^2 も偶数。二つの偶数を足した $a^2 + b^2$ も偶数。それに等しい c^2 も偶数。二乗して偶数になる数は偶数しかないから、c は偶数。

つまり、a, b 両方が偶数ならば、自動的に c も偶数になる。しかし、これは a, b, c の最大公約数が 1 という原始ピタゴラス数の定義に反する。なぜなら a, b, c のすべてが偶数なら、a, b, c の最大公約数は 2 以上になってしまうからだ。

したがって《a と b の両方が偶数になることはない》といえる。これがテトラちゃんのカードの問題を解く手がかりかどうかはまだわからない。でも、重要な事実であることは確かだ。

数式の森を歩いている僕にとって、重要な事実は目印のリボンのようなものだ。《a と b の両方が偶数になることはない》もまた、そんなリボンの一つ。いざというときのために枝に結びつけておこう。森の出口を探すためにいつか役立つかもしれない。

解答 2-3
a と b が偶数の原始ピタゴラス数 (a, b, c) は存在しない。

2.5.2　数式を使う

ふうむ。原始ピタゴラス数では、a と b の両方は偶数にならない……。それでは、《両方が奇数》になることはあるのかな。

問題 2-4
a と b が奇数の原始ピタゴラス数 (a, b, c) は存在するか。

いま、a, b の両方が奇数であると仮定する。そして、さっきと同じように偶奇を調べよう。

a が奇数なら、a^2 も奇数。b が奇数なら、b^2 も奇数。a^2+b^2 は奇数+奇数で偶数。$a^2+b^2=c^2$ より、c^2 は偶数。c^2 が偶数なら、c も偶数——つまり、2 の倍数。ということは、

《c^2 は 4 の倍数》

といえる。2 の倍数の二乗は 4 の倍数だから。うん、調子いいぞ。それから、それから、あとは、何がいえる？ ……よしっ、

数式を使おう。

《a, b の両方が奇数である》と**仮定**する。すると、自然数 J, K を使って a, b は次のように書ける。

$$\begin{cases} a &= 2J - 1 \\ b &= 2K - 1 \end{cases}$$

この式を、ピタゴラスの定理に代入しよう。

$$\begin{aligned}
a^2 + b^2 &= c^2 && \text{ピタゴラスの定理} \\
(2J-1)^2 + (2K-1)^2 &= c^2 && a = 2J-1, b = 2K-1 \text{ を代入した} \\
(4J^2 - 4J + 1) + (4K^2 - 4K + 1) &= c^2 && \text{展開した} \\
4J^2 - 4J + 4K^2 - 4K + 2 &= c^2 && \text{整理した} \\
4(J^2 - J + K^2 - K) + 2 &= c^2 && 4 \text{ でくくった}
\end{aligned}$$

この式の左辺 $4(J^2 - J + K^2 - K) + 2$ では、4 でくくりきれない $+2$ が尻尾に残ってる。つまり、《4 で割り切れない》わけだ。

一方、右辺の c^2 は 4 の倍数、つまり《4 で割り切れる》。

左辺は 4 で割り切れない。右辺は 4 で割り切れる。これは**矛盾**《むじゅん》だ。

したがって、**背理法**により、仮定《a, b の両方が奇数である》は偽となる。a, b の両方が奇数にはならないことが証明できた。

解答 2-4

a と b が奇数の原始ピタゴラス数 (a, b, c) は存在しない。

結局、a と b の片方は奇数で、他方は偶数ということが示された。言い換えれば、a と b の偶奇が一致することはない。ということは、《a を奇数、b を偶数》か《a を偶数、b を奇数》のいずれかになる。ここでは、

《a を奇数、b を偶数》

と仮定することにしよう。a と b は対称だから、《a を偶数、b を奇数》にした場合の議論は、a と b の文字を交換するだけで済む。

さあ進もう！ ……っと、ちょっとお腹が減ってきたな。

2.5.3 積の形へ

台所へ。母のとっておきのゴディバ・チョコを一枚失敬。

チョコといえば、ミルカさんからキットカットをもらったっけ。彼女の言葉を思い出す。

《整数の構造は、素因数が示す》

確かに、素因数分解すれば、整数の構造が明らかになる。しかし、$a^2+b^2=c^2$ をどうやって素因数分解する？ ……ええと、素因数の積じゃなく、《積の形》にするだけでもいいかな？

$a^2+b^2=c^2$	ピタゴラスの定理
$b^2=c^2-a^2$	a^2 を移項して《二乗の差》を作る
$b^2=(c+a)(c-a)$	《和と差の積は二乗の差》

ふむ。これで $(c+a)(c-a)$ という《積の形》ができた。……でも、$c+a$ も、$c-a$ も、素数とは限らない。これでは素因数分解とはいえない。この道は行き止まりか……。

……ん、あ、馬鹿だ。《条件忘れのテトラちゃん》じゃあるまいし、条件をほったらかしにしていたぞ。いまは、a を奇数、b を偶数という条件で進んでいたのだった。a が奇数で b が偶数だから、c は奇数になる。すると、c と a は両方とも奇数になるから、$c+a$ は偶数、$c-a$ も偶数になる。なぜなら、一般に次のような関係が成り立つからだ。

$$\text{奇数}+\text{奇数}=\text{偶数}$$
$$\text{奇数}-\text{奇数}=\text{偶数}$$

c と a は両方とも奇数だから、次の式が成り立つ。

$$c + a = 偶数$$
$$c - a = 偶数$$

$c + a$ と $c - a$ が偶数。b も偶数……。よし、《偶数である》を数式で表現してみよう。A, B, C を自然数として、次のように書ける。

$$\begin{cases} c - a &= 2A \\ b &= 2B \\ c + a &= 2C \end{cases}$$

おっと、これじゃ A が 0 以下になってしまうかな？　……いや、それはない。a, b, c は直角三角形の三辺だから、斜辺 c は他の辺 a よりも長い——つまり、$c > a$ になる。だから、$c - a > 0$ になって、$2A > 0$ だ。では、A, B, C について調べよう。

$a^2 + b^2 = c^2$	ピタゴラスの定理
$b^2 = c^2 - a^2$	a^2 を移項して《二乗の差》を作る
$b^2 = (c + a)(c - a)$	《和と差の積は二乗の差》
$(2B)^2 = (2C)(2A)$	A, B, C を使って表現する
$4B^2 = 4AC$	計算する
$B^2 = AC$	両辺を 4 で割る

これで、ピタゴラスの定理——自然数 a, b, c の《和の形》を、自然数 A, B, C の《積の形》に変換したことになる。a, b, c の偶奇を調べただけで、だいぶ進んだ。でも、これが正しい道かどうかはまだわからない。

$B^2 = AC$ の左辺は平方数。右辺は積の形。積の形になったけれど——次はどっちに進むべきだろう。

2.5.4 互いに素

$B^2 = AC$ という式から、いったい何がいえるだろう。

僕は部屋をぐるぐると歩き回って考える。本棚を見回す。背伸びしていたユーリの後ろ姿と共に、自分のセリフを思い出した。

《わかりきっていることでも、きちんとまとめるのがいいんだよ》

では、わかっていることをまとめよう。

- $c - a = 2A$ である。
- $b = 2B$ である。
- $c + a = 2C$ である。
- $B^2 = AC$ である。
- a と c は互いに素である……。

待てよ。a と c は互いに素だろうか。原始ピタゴラス数の定義から、《a, b, c の最大公約数が 1》であることはわかる。でも、三数の最大公約数が 1 だからといって、そのうちの二数の最大公約数も 1 になるとは限らない。たとえば、3, 6, 7 という三数の最大公約数は 1 だけれど、3 と 6 の最大公約数は 3 だ……。

……いや、ちがう。原始ピタゴラス数の場合《a と c の最大公約数は 1》だといえる。なぜなら、$a^2 + b^2 = c^2$ という関係式があるからだ。

いま、a と c の最大公約数 g が 1 より大きいと仮定しよう。すると、$a = gJ, c = gK$ のような自然数 J, K が存在する。そして……

$$
\begin{aligned}
a^2 + b^2 &= c^2 \\
b^2 &= c^2 - a^2 \\
b^2 &= (gK)^2 - (gJ)^2 \\
b^2 &= g^2(K^2 - J^2)
\end{aligned}
$$

このように、b^2 は g^2 の倍数になる。だから、b は g の倍数になる。ということは、a, b, c の三数は g の倍数になってしまう。でもこれは、a, b, c の三数が互いに素という条件に反する。だから、a と c の最大公約数 g が 1 より大きいという仮定は誤り。つまり、a と c の最大公約数は 1 で、a と c は互いに素だ。

同じようにして、a と b、b と c も互いに素であることを証明できる。

a と c は互いに素であることがわかった。ええと……話を戻すと、このとき、A と C は？ A と C も互いに素になるのだろうか。

問題 2-5

a と c が互いに素で、$c - a = 2A, c + a = 2C$ のとき、A と C は互いに素といえるか。

僕は、A と C は互いに素といえると思う。——思うだけじゃ予想にすぎない。証明しなくちゃ。

この命題、背理法を使えばすぐ証明できるんじゃないかな。

背理法——証明すべき命題の否定を仮定して矛盾を導く方法だ。

証明したい命題は、《A と C が互いに素である》だから、その否定《A と C が互いに素ではない》を**仮定**しよう。そのとき、A と C の最大公約数は 1 じゃない——つまり 2 以上になる。A と C の最大公約数を d としよう ($d \geqq 2$)。d は、A と C の最大公約数なんだから、A の約数であり、C の約数でもある。逆にいえば、A と C は両方とも d の倍数になる。ということは、

$$\begin{cases} A = dA' \\ C = dC' \end{cases}$$

のような自然数 A', C' が存在することになる。一方、

$$\begin{cases} c - a = 2A \\ c + a = 2C \end{cases}$$

が成り立っていた。では、a と c を A' と C' で表そう。

$(c+a)+(c-a)=2C+2A$	a が消えるように加える
$2c=2(C+A)$	両辺を整理した
$c=C+A$	両辺を 2 で割った
$c=dC'+dA'$	A, C を A', C' で表した
$c=d(C'+A')$	d をくくりだした

$c=d(C'+A')$ という数式は、《c は d の倍数》と読める。

今度は c を消そう。

$(c+a)-(c-a)=2C-2A$	c が消えるように差を取る
$2a=2(C-A)$	両辺を整理した
$a=C-A$	両辺を 2 で割った
$a=dC'-dA'$	A, C を A', C' で表した
$a=d(C'-A')$	d をくくりだした

$a=d(C'-A')$ という数式は、《a は d の倍数》と読める。

a と c は両方とも d の倍数になるのだから、$d \geqq 2$ は a と c の公約数になる。言い換えれば《a と c の最大公約数は 2 以上》ということだ。しかし、与えられた問題では a と c は互いに素。《a と c の最大公約数は 1》のはず。よしっ、**矛盾**が導けたぞ。

矛盾が出たのは、はじめに《A と C が互いに素ではない》と仮定したからだ。背理法により、この仮定は否定され《A と C は互いに素である》が証明された。

解答 2-5

a と c が互いに素で、$c-a=2A, c+a=2C$ のとき、A と C は互いに素といえる。

《A と C は互いに素である》という事実がわかった。これもまた——重要な事実ではないだろうか。二本目の目印のリボンだ。

僕は、二本目のリボンを枝に結びつけ、深呼吸。少し疲れているけれど、まだ森の中を歩く元気はある。次は、どっちに進む？

さっきまで考えていた式 $B^2 = AC$ は、《平方数》が《互いに素な整数の積》に等しいという形か……これが道しるべかな？

2.5.5 素因数分解

すでに舞台は a, b, c から A, B, C に移っている。

問題 2-6

- A, B, C は自然数である。
- $B^2 = AC$ が成り立つ。
- A と C とは互いに素である。

このとき、何かおもしろいことはないか。

《何かおもしろいこと》って何だよ、と自分に突っ込み。

《原始ピタゴラス数は無数に存在するか》という元の問題から、ずいぶん離れてしまったような……。

僕は、ミルカさんの歌をもう一度思い出す。

《整数の構造は、素因数が示す》

そうか……A, B, C を素因数分解したとしたら、どんな形になるだろう。こんな形かな。

$$
\begin{aligned}
A &= a_1 a_2 \cdots a_s & & a_1 \sim a_s \text{ は素数} \\
B &= b_1 b_2 \cdots b_t & & b_1 \sim b_t \text{ は素数} \\
C &= c_1 c_2 \cdots c_u & & c_1 \sim c_u \text{ は素数}
\end{aligned}
$$

$B^2 = AC$ という関係式にこれを代入して観察してみるか。

$$
\begin{aligned}
B^2 &= AC & & A, B, C \text{ の間の関係式} \\
(b_1 b_2 \cdots b_t)^2 &= (a_1 a_2 \cdots a_s)(c_1 c_2 \cdots c_u) & & A, B, C \text{ を素因数分解} \\
b_1^2 b_2^2 \cdots b_t^2 &= (a_1 a_2 \cdots a_s)(c_1 c_2 \cdots c_u) & & \text{左辺を展開}
\end{aligned}
$$

ほほう。B^2 を素因数分解したとき、素因数 b_k はすべて b_k^2 という二乗の形になっている。

そうか、**平方数を素因数分解すると、各素因数は偶数個ずつ含まれている**んだ。たとえば 18^2 という平方数を考えてみる。$18^2 = (2 \times 3 \times 3)^2 = 2^2 \times 3^4$ で、素因数 2, 3 はどちらも偶数個ずつ含まれている。考えてみれば当たり前のことだ。

素因数分解の一意性《いちいせい》――素因数分解はたった一通りしかありえない――から、$B^2 = AC$ の左辺と右辺で、素因数列は完全に一致する。左辺に登場する素因数はすべて右辺のどこかに登場するはずだ。つまり――おっと。

わかったぞ！

ここで、《A, C は互いに素》という条件――二本目のリボン――が効いてくる。A, C は互いに素。つまり A, C の最大公約数は 1……言い換えると A と C には共通の素因数はない。B のある素因数 b_k を考えると、その素因数は必ず《ひとまとまり》になって A か C に含まれることになるんだ！

さっきの $2^2 \times 3^4$ の例でいえば……この数が互いに素な自然数 A, C の積で表せたとしよう。素因数 2 が A の素因数分解に 1 個でも入っていたら、2^2 すべてが A の素因数分解に入るはず。素因数 3 が A の素因数分解に 1 個でも入っていたら、3^4 すべてが A の素因数分解に入るはず。ある素因数の集まりが A と C で別れ別れになることはないのだ。$2^2 \times 3^4$ の場合、次の四通りしかありえない。

A	C
1	$2^2 \times 3^4$
2^2	3^4
3^4	2^2
$2^2 \times 3^4$	1

素因数は必ずまとまりになって A か C のどちらかに含まれる。そして素因数は偶数個なのだから……A と C は両方とも平方数ってことじゃないか。

解答 2-6

- A, B, C は自然数である。
- $B^2 = AC$ が成り立つ。
- A と C とは互いに素である。

このとき、A と C は平方数になる。

すごいすごい。A と C は平方数だから、自然数 m, n を使って以下のように表現できる。

$$\begin{cases} C &= m^2 \\ A &= n^2 \end{cases}$$

変数がだいぶ多くなってきて苦しいけれど——まだ進める。道を見失ったらノートを読み直せばいい。

A, C には共通の素因数がないんだから、当然、m, n も互いに素になる。結局、a, b, c は、互いに素な m と n で表せるんだ！

まずは、$a = C - A$ だから——

$$a = C - A = m^2 - n^2$$

がいえる。ここで、$a > 0$ だから $m > n$ になる。また、a が奇数になるためには、m, n の偶奇は不一致のはずだ。

次に、$c = C + A$ だから——

$$c = C + A = m^2 + n^2$$

が成り立つ。

そして、$b = 2B$ だから——これは、ちょっと計算がいるな。

$$\begin{aligned}
B^2 &= AC \\
B^2 &= (n^2)(m^2) && A = n^2, C = m^2 \text{ より} \\
B^2 &= (mn)^2 && \text{整理した} \\
B &= mn && B > 0, mn > 0 \text{ なので平方根を取れる}
\end{aligned}$$

ここから、

$$b = 2B = 2mn$$

が成り立つ。

結局、a, b, c は、互いに素な m と n で表せることがわかった。

$$(a, b, c) = (m^2 - n^2,\ 2mn,\ m^2 + n^2)$$

逆に、m と n を上のように組み立てた三つ組 (a, b, c) は、必ず原始ピタゴラス数になる。それは、計算すれば確かめられる。

$$\begin{aligned}
a^2 + b^2 &= \left(m^2 - n^2\right)^2 + b^2 && a = m^2 - n^2 \text{ より} \\
&= \left(m^2 - n^2\right)^2 + \left(2mn\right)^2 && b = 2mn \text{ より} \\
&= m^4 - 2m^2n^2 + n^4 + 4m^2n^2 && \text{展開した} \\
&= m^4 + 2m^2n^2 + n^4 && m^2n^2 \text{ の項を整理した} \\
&= (m^2 + n^2)^2 && \text{因数分解した} \\
&= c^2 && c = m^2 + n^2 \text{ を使った}
\end{aligned}$$

a, b, c が互いに素になることも、簡単な計算で示すことができる。

偶奇を調べ、互いに素という条件に注意しつつ素因数分解して——僕は**原始ピタゴラス数の一般形**を得たのだ。

原始ピタゴラス数の一般形

関係式

$$a^2 + b^2 = c^2$$

を満たし、互いに素な自然数の三つ組 (a, b, c) は、すべて次の形に書ける（a, b を交換してもいい）。

$$\begin{cases} a = m^2 - n^2 \\ b = 2mn \\ c = m^2 + n^2 \end{cases}$$

- m, n は互いに素
- $m > n$ を満たす
- m, n の片方は偶数で、他方は奇数

これで、原始ピタゴラス数の中に隠されていた構造が現れた。ここまで明らかになれば、テトラちゃんの問題も自然に解ける。

異なる素数同士は互いに素だから、素数の列を使えば、無数の原始ピタゴラス数を作り出せるはずだ。……たとえば、$n = 2$ とし、m を 3 以上の素数としよう。m を $3, 5, 7, 11, 13, \ldots$ のように変えていけば、m, n のペアから、異なる (a, b, c) の三つ組が作れる。無数にある素数から、無数の原始ピタゴラス数を作り出せるのだ。

長い道のりだったけれど、間違っていなかった。

解答 2-1
原始ピタゴラス数は無数に存在する。

2.6 テトラちゃんへの説明

「そんなのっ！ あたしっ、絶対思いつきませんよ……」とテトラちゃんが両手を振り上げて言った。

「しーっ」

次の日の放課後、図書室にて。僕はテトラちゃんに昨晩の解法を解説していた。そう、m, n という二個のフルーツを投入すると、原始ピタゴラス数というミックスジュースを生み出す方法を。

「すみません。……先輩、その解き方、すごいんですけれど、あたしだったら絶対そんなこと思いつきません。だから——すごいんですけれど、すごすぎて参考にならないっていうか。そんな考え、ぱぱっと思いつきませんよう……」

「僕も、ぱぱっと思いついているわけじゃないよ。問題を考えているときっていうのは、森の中をふらふら歩いているようなものだ。じゃね、今回の問題の本質を一緒に考えてみよう」

「はい……」

「《整数である》という条件はとても強力だ」と僕は話し始めた。

◎ ◎ ◎

《整数である》という条件はとても強力だ。

原始ピタゴラス数の大きな特徴は、数の範囲が実数じゃなくて整数だということ。まあ、厳密には自然数の範囲だったけど。実数だったら値は連続的。なめらかな値だ。でも、整数は違う。整数の値は離散的。とびとびの値だね。

《偶奇《ぐうき》を調べる》というのは、整数について考えるときに有効な方針だ。《偶奇を調べる》というのは、偶数かな？ 奇数かな？ と問うこと。実数には偶奇はない。整数には偶奇がある。整数＝整数という式があったとき、両辺の偶奇は一致する。それから、奇数＋奇数＝偶数とか、偶数×整数＝偶数といった計算も役立つね。

《整数の構造は、素因数が示す》も有効だ。整数を素因数分解すると、整数の構造が暴かれる。素因数分解は一意だから、整数＝整数という式があったときに、左辺の素因数分解と、右辺の素因数分解は完全に一致する。それを使う。

どう使うかって？

《積の形》に落とし込むんだよ。積を構成している数を**因子**《いんし》という。たとえばさっきの話で AC という積が出てきた。このときの A と C が因子だね。一つの素数は二つの因子にまたがることはできないってわかるかな。素数はそれ以上素因数分解できないからだね。二つの因子の積があったとしたら、一つの素因数は、どちらかの因子にまるごと含まれることになる。一つの素因数が二つの因子に分解することはありえない。だから、僕は《和と差の積は二乗の差》を使って、二整数の積に落とし込んだんだ。

もちろん、実際に問題を調べるときには、言葉を**《数式で表す》**という技術も必要になる。たとえば、《偶数》を 2k と書く。《奇数》は 2k − 1 と書く。《平方数》なら k^2 と書く。そのように、言葉を数式で表す練習は大事だね。以前テトラちゃんも《英作文ならぬ数作文《すうさくぶん》》って言ってたよね。《奇数》を 2k − 1 と書くのは、数作文の慣用句《イディオム》ってところかな。

《互いに素》も大事だ。二つの数が互いに素であるということ、すなわち共通の素因数がないということで、《素因数のまとまりが別れ別れにならない》という決め手が得られたわけだから。

そうやって少しずつ道を切り開いていく。目印のリボンを見つける。そのうちに森の出口が見えてくる……かもしれない。

◎ ◎ ◎

「ふう……」とテトラちゃんはため息をついた。

「くたびれた？」

「いえいえ、大丈夫です。先ほどの《数式で表す》なんですが、先輩って、変数をどんどん導入なさいますよね。《偶数》や《平方数》を数式で表すときなど……。あたし、それ苦手です。変数を導入すると、かえって難しくなりそうで」

「なるほど」

「整数が出てきたときの技法は、偶奇を調べて、素因数分解して、積の形にして、最大公約数で割って《互いに素》にして……」

「でも、それでいつもうまくいくわけじゃないよ」

「ええ、それはわかっています。考える道筋のヒントにすぎない。道を間違えることもあるってことですよね」

「……まあ《道を間違えたなら、戻ればよい》んだけれどね。——村木先生が出してくれたこの問題、じっくり考えると《整数のほんとうの姿》が見え隠れしているようだ。問題を深く追っていくと、数の本質に近付けるかな……」

2.7　ありがとうございます

テトラちゃんが、声のトーンを急に落として言った。

「先輩——あたしが、いま、何を考えているか、わかりますか？」

「え？ ——いや、わからない」

この間、ユーリも似たような質問をしてたな。

《なに考えてるかわかる？》

「あの、あのですね。改めて言うのは恥ずかしいんですけど……先輩に《ありがとうございます》って言いたいんです。《原始ピタゴラス数は無数にあるか》という問題、あたしは真剣に考えました。ほんとに、考えたんですよ。今日、先輩のお話をうかがって学んだことがあります。 それは《整数》の問題が持ってる独特なムードです。偶奇。素因数分解。積の形。平方数と互いに素。——整数が《きしきし》って音を立てそうな感じです。整数って、二次方程式や微積分よりもやさしいと錯覚していました。でも、違うんですね。やさしそうだけれど、馬鹿にはできない。整数に対する態度を改めなくては……。それも、これも、先輩が根気よく解説してくださったからです。あたし、いつも、先輩のお話をうかがっていると、授業や本とは違う《何か》を学ぶんです。よく知っていることのはずなのに、はっとする何かです」

話しながら、テトラちゃんは次第に頬を赤らめていく。

「あたし、これまで、いろんなことを《知ってる》ってかたづけていました。ピタゴラスの定理、知ってる！ 整数、知ってる！ ……でも、それは、《知ってるつもり》なのかも……」

テトラちゃんの独白は続く。

「あたし、整数がよくわかっていないってことがよくわかりました。でも——先輩がいらっしゃるので、めげません。いまは、森の中で迷っている。でも、いつか、抜け出せるような気がして……これは、数学の話ですけれど、数学の話ではなくって……」

テトラちゃんは、耳まで赤くなって、深々とお辞儀をした。

「先輩。素敵な旅をありがとうございます」

2.8 単位円周上の有理点

あくる日の放課後。教室には僕とミルカさん。

「《無数の何か》を見つければ、それほど難しくなかった」とミルカさんは黒板の前に立った。《単位円周上に無数の有理点があること》を、楽しい方法で証明してくれるという。

ミルカさんは、チョークをつまんで、大きな円をゆっくりと黒板に描く。僕は、美しい円の軌跡を目で追う。

「まずは問題を再確認」とミルカさんが言った。

◎ ◎ ◎

まずは問題を再確認。(x, y) を座標平面の点とする。原点中心、半径 1 の円を表す方程式は、

$$x^2 + y^2 = 1$$

になる。この円上に《有理点が無数にある》という命題は、方程式 $x^2+y^2=1$ が《無数の有理数解を持つ》という命題と同値だ。

いま、円周上の点 $P(-1, 0)$ を通り、傾きが t の直線 ℓ を引く。

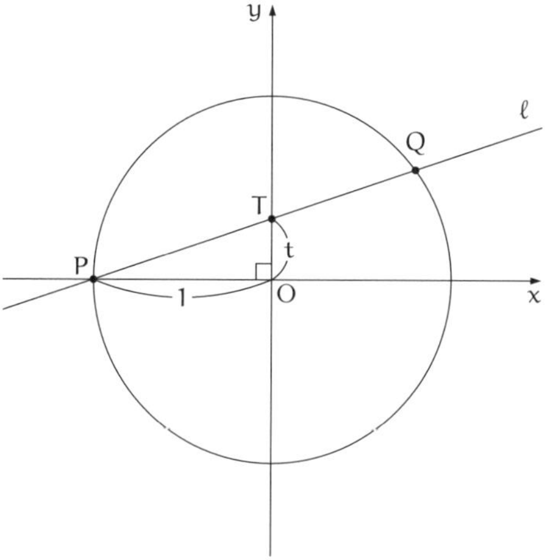

直線 ℓ で単位円を切る

傾きが t で点 $T(0, t)$ を通るから、直線 ℓ の方程式はこうなる。

$$y = tx + t$$

直線 ℓ が点 P で接する場合を除くと、直線 ℓ と円とは点 P 以外のもう一点でも必ず交わる。その交点を Q と呼ぼう。点 Q の座標を t を使って表すには、次の連立方程式を解けばいい。連立方程式の解は、方程式が表す図形の交点に対応するからだ。

$$\begin{cases} x^2 + y^2 = 1 & \text{円の方程式} \\ y = tx + t & \text{直線 } \ell \text{ の方程式} \end{cases}$$

この連立方程式を解く。

$$
\begin{aligned}
x^2 + y^2 &= 1 && \text{円の方程式} \\
x^2 + (tx + t)^2 &= 1 && y = tx + t \text{ を代入した} \\
x^2 + t^2x^2 + 2t^2x + t^2 &= 1 && \text{展開した} \\
x^2 + t^2x^2 + 2t^2x + t^2 - 1 &= 0 && 1 \text{ を移項した} \\
(t^2 + 1)x^2 + 2t^2x + t^2 - 1 &= 0 && x^2 \text{ でくくった}
\end{aligned}
$$

$t^2 + 1 \fallingdotseq 0$ だから、これは x についての二次方程式になる。二次方程式の解の公式を使って解いてもいいけれど、点 $P(-1, 0)$ の x 座標から、$x = -1$ が一つの解になることはすでにわかっている。だから、このように $x + 1$ という因数をくくり出せる。

$$
(x + 1) \cdot \bigl((t^2 + 1)x + (t^2 - 1)\bigr) = 0
$$

つまり、こうなる。

$$
x + 1 = 0 \quad \text{または} \quad (t^2 + 1)x + (t^2 - 1) = 0
$$

したがって、以下のように x を t で表せる。

$$
x = -1, \quad \frac{1 - t^2}{1 + t^2}
$$

直線の方程式 $y = tx + t$ を使えば、y も t で表せる。$(x, y) = (-1, 0)$ は点 Q ではないから、$x = \frac{1-t^2}{1+t^2}$ のほうだけを追う。

$$\begin{aligned} y &= tx + t \\ &= t\left(\frac{1-t^2}{1+t^2}\right) + t \\ &= \frac{t(1-t^2)}{1+t^2} + t \\ &= \frac{t(1-t^2)}{1+t^2} + \frac{t(1+t^2)}{1+t^2} \\ &= \frac{t(1-t^2) + t(1+t^2)}{1+t^2} \\ &= \frac{2t}{1+t^2} \end{aligned}$$

これで $x = \frac{1-t^2}{1+t^2}, y = \frac{2t}{1+t^2}$ が得られた。これが点 Q の座標だ。

$$\left(\frac{1-t^2}{1+t^2}, \frac{2t}{1+t^2}\right)$$

さて、そもそも私は、円周上の有理点を《無数の何か》と一対一に対応付けできないかなと考えていた。いま、y 軸上の点 T に注目する。点 Q の座標は点 T の y 座標（t）を使い、加減乗除のみで組み立てられている。つまり——**点 T が y 軸上の有理点ならば、点 Q も有理点になる**。有理数を加減乗除してできる数はやはり有理数になるからだ。点 T は y 軸上の無数の有理点を自由に動くことができ、点 T が異なれば、交点 Q も異なる。以上のことから、この単位円の円周上には無数の有理点が存在することが示された。

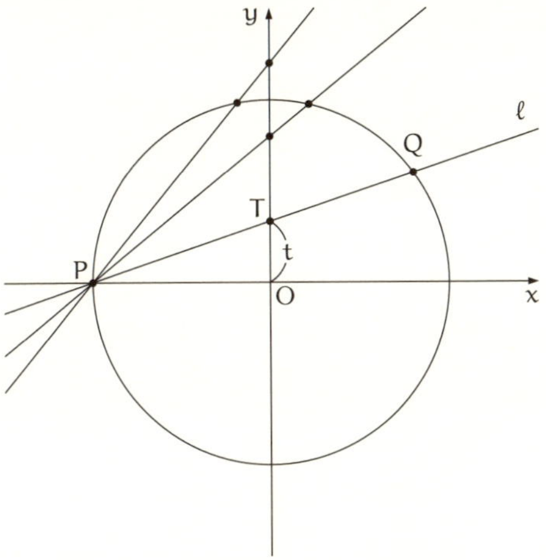

点 T を動かして点 Q を動かす

解答 2-2
原点中心の単位円周上に、有理点は無数に存在する。

◎ ◎ ◎

「なるほど……」と僕は言った。

「まだ気づかないの？」とミルカさんが言った。

「何に？」

「今日はずいぶん鈍いな。テトラのことだよ」

「お昼は一緒じゃなかったよ」何を蒸し返してる？

「そんなことは訊《き》いてない。君はテトラのカードを見ていないのか。a, b, c を自然数とし、ピタゴラスの定理 $a^2 + b^2 = c^2$ を考え、両辺を c^2 で割る。何が出てくる？」

$$\left(\frac{a}{c}\right)^2 + \left(\frac{b}{c}\right)^2 = 1$$

「ああ！　$(x, y) = (\frac{a}{c}, \frac{b}{c})$ は、

$$x^2 + y^2 = 1$$

の解なんだ！　ピタゴラスの定理から、単位円が出てくるのか！」

「単位円周上の有理点が出てくると言ってほしいな。異なる原始ピタゴラス数には、異なる有理点 $(\frac{a}{c}, \frac{b}{c})$ が対応する。《原始ピタゴラス数が無数にある》と《単位円周上に有理点が無数にある》は同値。二枚のカードは本質的に同じ問題だったんだよ」

「！」僕は驚いた。

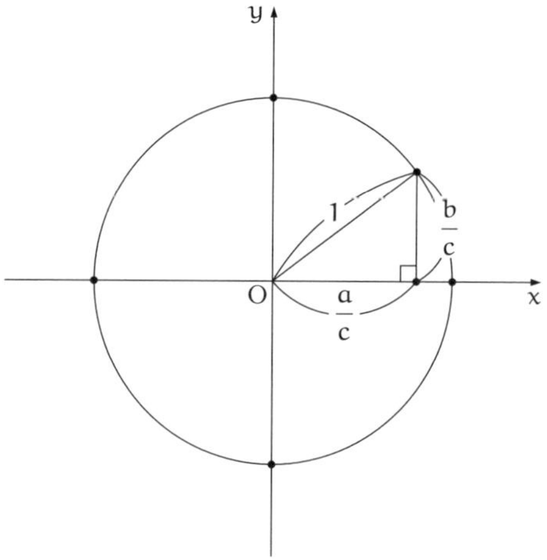

単位円とピタゴラス数の関係

「君がそんなに驚くとは驚きだな。ほんとうにいままで気づかなかったのか」とミルカさんが言った。

気づかなかった……。

テトラちゃんのカードには整数の関係が書かれていた。

ミルカさんのカードには有理数の関係が描かれていた。

両方のカードを見ていたのに、同じ問題だと気づかなかった……。

「なさけない」と僕は言った。

「おっと。そんなことで落ち込まれても困る。カードの合わせ技は、村木

先生の常套手段じゃないか。先生は、二枚のカードで謎を暗示した。《方程式の解を調べる》ことは代数のテーマだ。《物事を図形的にとらえる》ことは幾何のテーマだ。代数と幾何——村木先生はこの二つの世界を見せたかったのかな」

「二つの世界……」と僕は言った。

《星を数える人と星座を描く人、お兄ちゃんはどっち？》

そこに谷山＝志村予想が登場して、
完全に別の二つの世界に橋が架かっているという
壮大な推測をしたのです。そう、
数学者という連中は、橋を架けるのが大好きなのです。
——『フェルマーの最終定理』 [2]

第 3 章
互いに素

ああほんとうにどこまでもどこまでも
僕といっしょに行くひとはないだろうか。
——宮沢賢治『銀河鉄道の夜』

3.1 ユーリ

「ちーっす」松葉杖を突いて、従妹《いとこ》のユーリが入ってきた。

いまは土曜日、ここは僕の部屋。午前十時すぎ。

窓から明るい日差しが差し込んでくる。

「足、どう？」と僕は言った。

「うーん、まーまーかな。手術の時間は長くなかったし、麻酔で痛くはなかったよ。レントゲンの写真も見たけど、大した手術じゃないし。ちょっと切ってかかとの骨を削るだけ。やだったのは、足の骨を削るときの振動。まだ体の中でゴゴゴゴって……」

ユーリは松葉杖を立てかけて椅子に座る。

「退院したばかりなんだから、家で寝てればいいのに」

「まーいいから。ところで、お兄ちゃんにはお願いがあるのさ……あのね、ユーリに数学教えてよ」

「いきなり、何？」

「こないだ、お兄ちゃんに《完全巡回するステップ数の性質は？》と訊《き》かれたとき、ユーリはすぐに最大公約数って言えなかったよね。最大公約数のこと、学校で習ったよ。ユーリは馬鹿だけど、そのくらいはわかるって思ってた。でもね、お兄ちゃんの話を聞いているうちに、実はわかってないって気がしてきたんだ」

「……」

「お兄ちゃん。ユーリ、もっとちゃんと勉強したいな」

「へえ……」

「なにか変かにゃ？」

「いやいや、ぜんぜん変じゃない。ユーリはとても立派だよ。自分が《わかってない》って思ったんだよね。お兄ちゃんが驚いたのは、テトラちゃん——ほら、この間お見舞いに来た後輩——が、似たことを言ってたんだよ。……《わかっていない感じ》ってね」

「え……」

「いま、ユーリが言ったこともよくわかるよ。たとえば、倍数。自然数で2の倍数といえば $2, 4, 6, 8, 10, \ldots$ っていえる。12の約数といわれれば、少し考えると $1, 2, 3, 4, 6, 12$ と示せる。それだけなら簡単だけれど、ずっと奥は深い。倍数や約数の《ほんとうの姿》をわかっているかな？　と考えるのはいいことだ」

「ふーん……」

「約数、倍数、それから素数……。これらの定義は簡単だ。でもそこから生み出される世界は深くて豊かだ。実際、数論の最先端では、まだまだ《素数》について調べている」

「え！　素数のことなんか、もう全部わかっているんじゃないの？　数学者がまだ調べているわけ？」

「そう。ユーリが素数について学ぶじゃない。それをずっと先までたどっていくと、現代の最先端の数学にもつながっているんだよ。もちろんそこには長い長い道のりがあるんだけどね」

3.2 分数

僕がノートを広げると、ユーリはいつものようにポケットから取り出した眼鏡を掛け、そばに寄ってくる。一瞬、日差しのせいかポニーテールが金髪のように輝いた。

「ユーリは分数の計算は得意？」

「まーね」

「分数同士の足し算って、どうやって計算する？　たとえば、これ」

$$\frac{1}{6}+\frac{1}{10}$$

「簡単。分母をそろえてから足せばいいじゃん。ええと、6 には 5 を掛けて、10 には 3 を掛けて、両方とも 30 にする。それで……」

$$\begin{aligned}
\frac{1}{6}+\frac{1}{10} &= \frac{1\times5}{6\times5}+\frac{1\times3}{10\times3} && \text{分子と分母に同じ数を掛ける}\\
&= \frac{5}{30}+\frac{3}{30} && \text{通分する}\\
&= \frac{5+3}{30} && \text{分子同士を加える}\\
&= \frac{8}{30} && \text{加えた}\\
&= \frac{\overset{4}{\cancel{8}}}{\underset{15}{\cancel{30}}} && \text{約分する}\\
&= \frac{4}{15} && \text{約分した}
\end{aligned}$$

「……これでいいんでしょ、お兄ちゃん」

「そうだね。**通分**《つうぶん》してから分子同士を加える。最後に**約分**《やくぶん》する」

「うん」

「通分では最小公倍数、約分では最大公約数を使ってるよね」

「えっ？ ……まあ、言われてみれば、そうか」

「自然数で6の倍数と10の倍数をずらっと並べたとき、はじめに出てくる共通の数。それが6と10の**最小公倍数**。30だね」

6の倍数	6	12	18	24	(30)	36	···
10の倍数	10	20	(30)	40	50	60	···

「約分のときには、分子8と分母30の最大公約数2で、分子と分母を割った。8の約数と30の約数を並べたとき、共通の数のうちいちばん大きいもの。それが**最大公約数**。2だ」

8の約数	1	(2)	4	8				
30の約数	1	(2)	3	5	6	10	15	30

$$
\begin{aligned}
\frac{1}{6}+\frac{1}{10} &= \frac{5}{30}+\frac{3}{30} && \text{通分：6 と 10 の最小公倍数 30 を分母にした}\\
&= \frac{8}{30}\\
&= \frac{\overset{4}{\cancel{8}}}{\underset{15}{\cancel{30}}} && \text{約分：8 と 30 の最大公約数 2 で分子と分母を割った}\\
&= \frac{4}{15}
\end{aligned}
$$

「ではクイズ。分数 $\frac{4}{15}$ で、分子4と分母15の関係は？」

「わかんない」

「早《はや》っ！ あきらめるの早いなあ」

「4と15の関係なんて習ってないよ」

「いや、ユーリ専任の先生が話したはずだよ」

「えっ？ ——ってお兄ちゃんのことか。習ったっけ」

「答えは……《互いに素》でした。4と15は《互いに素》です。さっき、8と30を最大公約数の2で割ったよね。そうしてできた数が、4と15だ。最大公約数で割った後だから、4と15の最大公約数は1だ。最大公約数が

1になっている数同士を《互いに素》と呼ぶって話はしたよね」

「じゃ、約分って、分子分母を《互いに素》にすることなの？」

「そうだよ。分子と分母が《互いに素》になっている分数のことを**既約《きやく》分数**と呼ぶ。既に約分が済んでいる分数という意味だね。こんなふうに、二つの数を**最大公約数で割って《互いに素》にする計算**は基本だから、よく意識するように」

「へーい」

3.3　最大公約数と最小公倍数

「最大公約数と最小公倍数の練習をしよう」僕は問題を書いた。

問題 3-1
自然数 a, b の最大公約数を M、最小公倍数を L で表す。
このとき、$a \times b$ を、M と L を使って表せ。

「わかんないよ、お兄ちゃん」

「早っ！　あきらめるの早すぎるって」

「こんな公式習ってないもん」とユーリは口をとがらせた。

「公式を習ってなくても、考えることはできるんだよ。……わかった。じゃあ一緒に考えていこう」

「うんっ！」

「問題は、できるだけ具体的に考えるようにしよう。特に、a, b, M, L のように変数がたくさん出てきたときには、具体的な数字を入れて考えるのが大切だ」

「具体的な数字を言えばいいの？　じゃね、$a = 1$ と $b = 1$ でやってみよう！　$a \times b = 1 \times 1 = 1$ だ。a, b の最大公約数は、ええと1だね。つまり、$M = 1$ だ。それから最小公倍数は、ええと $L = 1$ だ。……何だか1がいっぱい出てきてよくわかんなくなった」

「あのね、ユーリ……。頭の中でぜんぶ考えると、ごちゃごちゃしてくる。きちんと表にまとめよう」

a	b	a × b	M	L
1	1	1	1	1

「めんどいんだもん」

「ねえユーリ。$a = 1, b = 1$ だと、両方とも最小の自然数だし、しかも等しい。これはかなり特殊な例になっている。だから、$a \fallingdotseq b$ で、しかも少し大きめの数で考えてみようよ。たとえば、$a = 18, b = 24$ はどうだろう」

「わかった、やってみる。$a = 18, b = 24$ だと……」

$$a = 18 = 2 \times 3 \times 3$$

$$b = 24 = 2 \times 2 \times 2 \times 3$$

「素因数分解したんだね」と僕は言った。

「うん——最大公約数は、両方に入っているのを集めるんだから……2が一個と、3が一個。だから、最大公約数は $2 \times 3 = 6$ だ」

「そうだね。最大公約数 $M = 6$ だ。じゃ、最小公倍数は？」

「最小公倍数は、少なくともどっちか片方に入っているのを集めるんだから……2が三個と、3が二個だね。だから、最小公倍数は $2 \times 2 \times 2 \times 3 \times 3 = 72$ だ」

「最小公倍数 $L = 72$ だ。じゃあ、表に追加して」

a	b	a × b	M	L
1	1	1	1	1
18	24	432	6	72

「432を、6と72から作るにはどうすればいい？」と僕は言った。

「……掛けるんじゃない？ $a \times b$ は $M \times L$ ってことかな」

「確かめてごらん」

$$a \times b = 18 \times 24 = 432$$
$$M \times L = 6 \times 72 = 432$$

「ほーらやっぱり！ 両方とも 432 になったよ」

「そうだね。ちゃんと $a \times b = M \times L$ が成り立っている。ではここで、心になじむような説明をしよう」

「へ？」

「$a = 18, b = 24$ の素因数分解をもう一度書くよ。今度は上下に桁をそろえてみよう」

$$\begin{array}{ccccccccccc} a & = & & & & & 2 & \times & 3 & \times & 3 \\ b & = & 2 & \times & 2 & \times & 2 & \times & 3 & & \end{array}$$

「同じように $M = 6, L = 72$ も書いてみる」

$$\begin{array}{ccccccccccc} M & = & & & & & 2 & \times & 3 & & \\ L & = & 2 & \times & 2 & \times & 2 & \times & 3 & \times & 3 \end{array}$$

「この表を見比べると、$a \times b = M \times L$ は納得がいくよね」

「さっぱりわかんない！」

「そう？ ユーリはさっき、こんなことを言ったね」

《最大公約数は両方に入っているのを集める》
《最小公倍数は少なくともどっちか片方に入っているのを集める》

「お兄ちゃん、よく聞いているねえ」

「ユーリが言った《両方に入っているの》や《片方に入っているの》で出てきた《の》って何を指してる？」

「2 や 3 だよ」

「そうだね。素因数分解したときの一個一個の素数のことを**素因数**《そいんすう》という——《素因数》って言って、ユーリ」

「え？ 《そいんすう》……って何で？」

「新しい用語が出てきたときには、口に出して復唱するといいんだよ。そうすれば《心の索引》に刻み込まれる」

「へーい。それで？」

「桁をそろえて書くと、$a \times b$ と $M \times L$ とでは、まとめ方が違うだけで、出てくる素因数は同じだとわかる」

$$
\begin{array}{ccccccccccccc}
a & = & & & & & 2 & \times & 3 & \times & 3 \\
b & = & 2 & \times & 2 & \times & 2 & \times & 3 & & \\
\hline
a \times b & = & 2 & \times & 2 & \times & 2^2 & \times & 3^2 & \times & 3
\end{array}
$$

$$
\begin{array}{ccccccccccccc}
M & = & & & & & 2 & \times & 3 & & \\
L & = & 2 & \times & 2 & \times & 2 & \times & 3 & \times & 3 \\
\hline
M \times L & = & 2 & \times & 2 & \times & 2^2 & \times & 3^2 & \times & 3
\end{array}
$$

「確かに、$a \times b = M \times L$ は当たり前だね。掛け合わせてるのは同じだもん」

「《の》？」

「あ……掛け合わせてる素因数は同じ」

「うん。素因数分解というのは、自然数を素因数の積に分解することだ。素因数分解はとても重要。それは、自然数の構造が見えるようになるからだ」

「素因数分解って、そんなに大事なんだ……」

「ここまで考えてくると、$a \times b = M \times L$ という関係がよくわかる。$a \times b$ では、《a の素因数すべて》と《b の素因数すべて》を掛けている。$M \times L$ も、結果的に同じ。最大公約数の M は《a と b でだぶっている素因数すべて》、最小公倍数の L は《a と b でだぶりを除いた素因数すべて》を掛けたものだからね」

解答 3-1
二つの自然数 a, b の最大公約数を M で表し、最小公倍数を L で表す。
このとき、

$$a \times b = M \times L$$

が成り立つ。

「じゃ、クイズ。a と b を素因数分解したら次のようになったとしよう。このとき a と b はどんな関係かな？」

$$\begin{array}{ccccccccccc} a & = & 2 & \times & 3^4 & & & & & \times & 11 \\ b & = & & & & & 5^2 & \times & 7^2 & & \end{array}$$

「ははーん。共通のがないんだね」
「共通《の》——って何だっけ」
「だからあ、素因数だって！　a と b で共通の素因数がないんだね」
「それには専門の言葉があるんだけどな——」
「わかったわかったわかったわかったわかった！」
「《わかった》が五回。素数」
「a と b は《互いに素》の関係にあるんだ！」
「はい、大正解です」
「お兄ちゃん！　……ユーリ、《互いに素》に慣れてきたかもっ！」
「それは何より」

3.4　きちんと確かめる人

「頭使ったら、お腹減ってきた。あれ食べたい！」
ユーリはキャンディの瓶を指さした。
「……ハッカやだ。レモンがいい。——ありがと。この間さ、お兄ちゃんはユーリのこと、《きちんと確かめる人》って言ったよね。でも、お兄ちゃんこそ《きちんと確かめる人》だよ。——学校の先生ってさ、ユーリたちが理解したかどうか、確かめないんだ。先生は《みなさん、わかりましたかあ》っていちおう訊くけど、思いっきり先に進みたがっているんだよね。そんなとき《わかりませーん》なんていう生徒、いるわけないよ。教室、しーん。そうするとね、先生は次に行っちゃう。なんでそんなに先を急ぐんだろ。ゆっくり考えてから訊きたいときもあるんだけどな……」

「……」

「あのね、お兄ちゃんに習いたいって思うのは、お兄ちゃんと話していると《何を言っても大丈夫》って気持ちになるからなんだよ。《わかんない》って言っても怒られない。いったん《わかった》って言ってから、《やっぱりわかんない》と言っても怒られない。なんべん訊き返しても、わかるまで、最後まで付き合ってくれる。そういうところが、さ……うんうん」

ユーリは、腕組みをして独り合点に頷《うなず》いた。

「……ま、いいや。とにかくユーリはもっと習いたい」

「じゃ、次の問題を出そうか」

「ごめん、その前にトイレ行っていい？」

「がく。いいよ、遠慮せず行ったら……」

「違うよ。片足だと立つの大変なんだもん」

あ、そうか。松葉杖。僕はユーリの手を引っぱる。

「ありがと。お兄ちゃん、やさしいね。ついでに肩貸してよ」

「身長差があるから難しいなあ……って、意外に重っ！」

「し、失礼なっ！　レディに向かって」

僕は、ユーリというレディ（自称）を支え、トイレまでついていく。ユーリって、何だか《ぽかぽかした日向《ひなた》の匂い》がするな。

そこへ、ミルカさんが現れた。

3.5 ミルカさん

えっ…… なんで、ミルカさんが僕の家にいるんだ？

「二人三脚？ 楽しそうね」とミルカさんがすました顔で言った。

「え——あ……え？」僕は混乱している。

（お兄ちゃん。手、もう離していいよ）ユーリがささやいた。

「あ——そか。うん」

「ちょうどよかった。クラスメートのミルカさんよ」と言って母が現れた。「いま、お部屋にお茶もってくわね」

……ミルカさんが僕の部屋にいる。奇妙な感じ。

母がお茶とクッキーを持ってきた。

「ゆっくりしていってくださいね」

「はい」ミルカさんは優雅に会釈した。

「えっと、で？」と僕が言った。

「君の進路調査のプリント、私のカバンに入ってた」

「ありがとう」わざわざ電車で届けにきてくれたのか。

戻ってきたユーリが肘でつつく（お兄ちゃん、紹介紹介）。

「こっちは従妹のユーリ。中学二年生」

「知ってる」とミルカさんが言った。

え？ 何でユーリのこと知ってるんだ？

「こちらはクラスメートのミルカさん。僕と同学年だ」

「クラスメートなら同学年は当たり前じゃん」とユーリが言った。

まあ、それはそうか。

ミルカさんはユーリを凝視。ユーリもしばらくミルカさんを見ていたが、急にうつむいた。視線の圧力勝負に負けたらしい。

「君とユーリ、似ている」とミルカさんが言った。

「そうかな……。いま、ちょうどユーリに数学を教えていたんだ」

「ふうん」とミルカさんが言った。

「《a と b の最大公約数を M として、最小公倍数を L としたとき、$a \times b$

をMとLで表せ》って問題をやってたんだよね」とユーリが僕に言った。

「M×L」とミルカさんが即答した。

沈黙。

ミルカさんはすっと目を閉じ、指をくるりと回し、目を開ける。

「じゃ、私は素数指数表現の話をしよう」

3.6 素数指数表現

3.6.1 実例

素数指数表現の話をしよう。

自然数を素因数分解し、素因数の指数《しすう》に注目する。たとえば、$n = 280$ を次のように素因数分解する。

$$\begin{aligned} 280 &= 2 \cdot 2 \cdot 2 \cdot 5 \cdot 7 && \text{280 を素因数分解した} \\ &= 2^3 \cdot 3^0 \cdot 5^1 \cdot 7^1 \cdot 11^0 \cdot \cdots && \text{素因数の指数に注目する} \\ &= \langle 3, 0, 1, 1, 0, \ldots \rangle && \text{指数だけを集めた} \end{aligned}$$

この $\langle 3, 0, 1, 1, 0, \ldots \rangle$ という表記法を**素数指数表現**《そすうしすうひょうげん》と呼ぶ。また、$3, 0, 1, 1, 0, \ldots$ のそれぞれを**成分**《せいぶん》と呼ぶことにする。成分の列は無限数列になるけれど、最後は無限に0が続くことになるから、実質的には有限列。

3^0 というのは、素因数に3が0個含まれている——つまり含まれていないことを表している。3^0 は1に等しいから、普通に1を掛けていると思ってもいい。

自然数 n の素数指数表現を一般的に書くと次のようになる。

$$\begin{aligned} n &= 2^{n_2} \cdot 3^{n_3} \cdot 5^{n_5} \cdot 7^{n_7} \cdot 11^{n_{11}} \cdot \cdots \\ &= \langle n_2, n_3, n_5, n_7, n_{11}, \ldots \rangle \end{aligned}$$

ここで n_p は、自然数 n を素因数分解したときに、素数 p が何個あらわれるかを示す。たとえば、$n = 280$ のときは、$n_2 = 3, n_3 = 0, n_5 = 1, n_7 = 1, n_{11} = 0, \ldots$ になる。

素因数分解の一意性から、この素数指数表現は、自然数と一対一に対応している。つまり、どんな自然数でも素数指数表現で表せるし、逆に、素数指数表現には、対応する自然数が存在する。

では、ユーリに問題を出そう。

◎　◎　◎

「では、ユーリに問題を出そう。次の素数指数表現はどんな自然数を表している？」ミルカさんがノートに書いた。

$$\langle 1, 0, 0, 0, 0, \ldots \rangle$$

「2……だと思う」とユーリが言った。

「そう。これは 2 に等しい」とミルカさんが言った。

$$\begin{aligned}\langle 1, 0, 0, 0, 0, \ldots \rangle &= 2^1 \cdot 3^0 \cdot 5^0 \cdot 7^0 \cdot 11^0 \cdots \\ &= 2\end{aligned}$$

ユーリは、こくりと頷いた。何だかいつもと調子が違うな。

「それでは、次の問題。これは？」とミルカさんが言った。

$$\langle 0, 1, 0, 0, 0, \ldots \rangle$$

「3 かな？」かぼそい声でユーリが答えた。

「そう。それでいい」とミルカさんが言った。

$$\begin{aligned}\langle 0, 1, 0, 0, 0, \ldots \rangle &= 2^0 \cdot 3^1 \cdot 5^0 \cdot 7^0 \cdot 11^0 \cdots \\ &= 3\end{aligned}$$

「これはわかる？」とミルカさんが続けて訊いた。

$$\langle 1, 0, 2, 0, 0, \ldots \rangle$$

「わかんない」とユーリがすぐに言った。

「だめ」ミルカさんが鋭い目になった。「その応答スピードは、考えていない証拠。もっと粘りなさい、ユーリ」

厳しいミルカさんの言葉に、ぐ、とユーリが固まった。

「だって、わかんないもん」ユーリはもぐもぐ言う。

「ユーリは答えられる。間違うのをこわがってるだけ」ミルカさんは、ぐいとユーリに顔を近付けた。「こわいから、

《間違うくらいなら、わからないことにしちゃえ》

と思ってるでしょう」

「……」ユーリは答えない。

「弱虫」

「27だよ！」ユーリは半分涙声で答えた。

「間違い」とミルカさんは即答した。「最後は足し算じゃない」

「あ、そっか。掛けるのか。50だ」とユーリがけろっと答えた。

「そう。それで正しい」

$$\begin{aligned} \langle 1, 0, 2, 0, 0, \ldots \rangle &= 2^1 \cdot 3^0 \cdot 5^2 \cdot 7^0 \cdot 11^0 \cdot \cdots \\ &= 2 \cdot 25 \\ &= 50 \end{aligned}$$

「ミルカさん、ユーリわかったよ。素数指数表現」

「そう……　では、これは？」とミルカさんは言った。

$$\langle 0, 0, 0, 0, 0, \ldots \rangle$$

「わかんない」とユーリが言った。

「ユーリ」とミルカさんは重みのある声で言った。

「0？」とユーリが言った。

「間違い。どう計算した？」

「全部0だから、0」とユーリが言った。
「どう計算した?」とミルカさんが繰り返す。
「だから、全部——あ、そうか。$2^0 \cdot 3^0 \cdot 5^0 \cdot 7^0 \cdot 11^0 \cdots$ だから、答えは1」
「よし」

$$\begin{aligned}\langle 0,0,0,0,0,\ldots\rangle &= 2^0 \cdot 3^0 \cdot 5^0 \cdot 7^0 \cdot 11^0 \cdots \\ &= 1 \cdot 1 \cdot 1 \cdot 1 \cdot 1 \cdots \\ &= 1\end{aligned}$$

「ユーリ、よく答えたね」
ミルカさんは、すべてを包み込むような優しい笑顔を見せた。

3.6.2 テンポアップ

お茶を一口飲んでから、ミルカさんはメトロノームのように指を振り、テンポよくユーリに問いかける。
「素数指数表現 $\langle n_2, n_3, n_5, n_7, n_{11}, \ldots\rangle$ で、どれか一つの成分だけが1で、残りは0に等しい数 n を何と呼ぶかな」
「……素数?」とユーリは答えた。
「よし。では、すべての成分が偶数になっている数を何と呼ぶ?」
「わかんな……いえ、考えます」
ユーリは、ミルカさんからシャープペンを受け取り、ノートにメモをしながら考え始めた。
すごいなミルカさん……ユーリを掌握している。確かに、ユーリは《わからない》と即答することがときどきあるなあ。
「……間違っているかもだけど、ルートを取ると自然数になる数?」とユーリが言った。
「たとえば、どんな数かな?」とミルカさんが言った。
「4とか、9とか、16とか……」
「よし。ユーリは正しく理解したね。それを平方数と呼ぶんだ」
「へいほうすう」とユーリが復唱した。

「ところで 1 は平方数だろうか」

「はい」

「1 を素数指数表現で表したときも、すべての成分は偶数？」

「$1 = \langle 0, 0, 0, 0, 0, \ldots \rangle$ だから……はいっ、確かに偶数！」

3.6.3　乗算

ミルカさんは、流れるように講義を続ける。

「では、次に、素数指数表現で掛け算をやってみよう。二つの自然数 a, b の素数指数表現が次のようになっているとする」

$$
\begin{aligned}
a &= \langle a_2, a_3, a_5, a_7, \ldots \rangle \\
b &= \langle b_2, b_3, b_5, b_7, \ldots \rangle
\end{aligned}
$$

「このとき、二数の乗算 $a \cdot b$ は次のように表せる」

$$a \cdot b = \langle a_2 + b_2, a_3 + b_3, a_5 + b_5, a_7 + b_7, \ldots \rangle$$

「これは指数法則の一種になるけど、なかなか興味深い。加算よりも複雑なはずの乗算が、成分同士の加算であっさり済んでしまう。なぜかな。ふだん使っている位取り記数法と並べよう」

$$
\begin{array}{ccc}
\text{位取り記数法} & & \text{素数指数表現} \\
12 \times 30 & \xrightarrow{\text{素因数分解}} & \langle 2, 1, 0, 0, \ldots \rangle \times \langle 1, 1, 1, 0, \ldots \rangle \\
\downarrow \text{乗算} & & \downarrow \text{加算} \\
360 & & \langle 3, 2, 1, 0, \ldots \rangle
\end{array}
$$

位取り記数法と素数指数表現

「難しい乗算がやさしい加算で実現できる理由は、素数指数表現が、素因数分解というめんどうな計算を済ませた後の表現だから。素数指数表現は、数の構造を明らかにする」

ミルカさんは、包帯の巻かれたユーリの足を見ながら言った。

「素数指数表現は、数の骨組みを見せるレントゲンなんだよ」

3.6.4 最大公約数

「今度は、最大公約数だ」とミルカさんが言った。「二つの自然数 a, b の最大公約数を素数指数表現で表せるかな。ユーリ、考えてごらん」

$$a = \langle a_2, a_3, a_5, a_7, \ldots \rangle$$
$$b = \langle b_2, b_3, b_5, b_7, \ldots \rangle$$

「はい、考えます」とユーリは言って考え始めた……と、すぐに顔を上げる。「ミルカさん、数式で書かなくてはだめ？　ユーリが知ってる数式では書けない……」

「表したいことを日本語で言ってごらんなさい」

「《二つの数のうち小さいほう》と書きたいんだけど……」

「小さいほう？　それとも、大きくないほう？」

「え……あ！　大きくないほう！」

「書きたいことがあったら、新たに関数を定義すればいい。たとえば、$\min(x, y)$ という関数をこう定義する」

$$\min(x, y) = (x \text{ と } y \text{ のうち、大きくないほうの数})$$

「ていぎする？」

「必要な関数を定めること」

「自分で定義してもいいの？」ユーリが言った。

「もちろん。定義しなければ使えない——でしょ？」とミルカさんが言った。「こう定義してもいい」

$$\min(x, y) = \begin{cases} x & (x < y \text{ の場合}) \\ y & (x \geqq y \text{ の場合}) \end{cases}$$

「最大公約数は、$\min(x, y)$ で表せちゃう」とユーリが言った。

$$
\begin{aligned}
&(a \text{ と } b \text{ の最大公約数}) = \\
&\qquad \langle \min(a_2, b_2), \min(a_3, b_3), \min(a_5, b_5), \min(a_7, b_7), \ldots \rangle
\end{aligned}
$$

「それでいい、ユーリ」とミルカさんが頷いた。
「……そっか、自分で定義すればいーんだー」とユーリが言った。

そこで、ミルカさんは急に声をひそめた。
「では、ヴェクタと一緒に——無限次元空間へ出かけよう」
ミルカさんはベクトルのことをいつもヴェクタと言う。

3.6.5　無限次元空間へ

無限次元空間へ出かけよう。

素数指数表現 $\langle n_2, n_3, n_5, n_7, \ldots \rangle$ を無限次元のヴェクタと見なす。無限次元だから、座標軸は無数にある。各座標軸は素数に対応していて、$n_2, n_3, n_5, n_7, \ldots$ が各座標の成分になる。

ある自然数は、その無限次元空間の一点に対応する。

ある自然数を素因数分解するというのは、その点が座標軸に落とす影を見つけることに対応する。

では、二つの自然数が《互いに素》であるとは、幾何的にどういうことに対応するのだろう。

二数が《互いに素》なら、二数の最大公約数は1に等しい。1を素数指数表現で表すと $\langle 0, 0, 0, 0, \ldots \rangle$ になる。最大公約数を求めるのは、素数指数表現の各成分ごとに $\min(a_p, b_p)$ を求めるということだから、「a と b が《互いに素》」は、「すべての素数 p について $\min(a_p, b_p) = 0$ である」に対応する。

$$
a \text{ と } b \text{ が《互いに素》} \iff \text{すべての素数 } p \text{ について } \min(a_p, b_p) = 0
$$

言い換えれば、すべての素数 p について、a_p か b_p のどちらかは必ず 0 に等しいということだ。これは、二つのヴェクタが、同じ座標軸に影を落とすことがないともいえる。

要するに、これは、二つのヴェクタが《直交する》ということだ。これを踏まえて、a, b が《互いに素》であることを、$a \perp b$ と書く数学者もいる。$\perp$ は直交をイメージさせるからだ。

$$a \text{ と } b \text{ が《互いに素》} \iff a \perp b$$

《互いに素》は数論的な表現、《直交する》は幾何的な表現。

幾何は、私たちに豊かな表現を与えてくれる。

◎　◎　◎

「幾何は、私たちに豊かな表現を与えてくれる」とミルカさんが結んだ。

ユーリはすっかり気圧《けお》されて、黙り込んでしまった。いや、僕だってそうだ。もう、何を言っていいやら。

3.7 ミルカさま

ミルカさんを駅まで送って家に戻ると、ユーリは僕をつかまえて言った。

「ねえ……《仲間はずれ探しクイズ》を出したの、あの人でしょ？」

「うん。なぜわかった？」

「字だよ、字！　……あーあ、髪もっと伸ばそうかなあ……。でも茶色だしなあ。きれいな長い黒髪って反則だよなあ。ミルカさまって、すごいなあ……」

ミルカさま？

「なんであんなに、ビシ！と言い切れるんだろう。ユーリ、あこがれちゃうかも……。帰るとき、テトラさんのことをちらっと言ってたね。テトラさんも、そんなすごい人なのかあ……」

「テトラちゃんといえば」と僕は言った。「病院で彼女を呼びつけただろう？　あのとき、いったい何て言ったんだ？」

ユーリは髪をいじりながら、ぽつりと答えた。

「従妹は四親等《よんしんとう》ですからねって言っただけだよ……」

世界中の数学者たちよ、もう待てない。
新しい記法を導入すれば、
たくさんの公式をもっと明確に書くことができる。
m と n が互いに素のとき、m ⊥ n と書き、
m は n に対して素である、と読むことにしたらどうだろう。
——グラハム／クヌース／パタシュニク『コンピュータの数学』 [20]

No.

Date ・ ・ ・

「僕」のノート

素数指数表現のベクトルを実際に描こう。でも、無限次元は描けないから、二次元で代用する。いわば、素数が二つだけの世界だ。その世界では、素数指数表現は成分が二つになる。

$$\langle n_2, n_3 \rangle = 2^{n_2} \cdot 3^{n_3}$$

No.

Date　　・　・　・

直交しない例（互いに素ではない例）

$$\begin{cases} a &= \langle 1, 2 \rangle = 2^1 \cdot 3^2 = 18 \\ b &= \langle 3, 1 \rangle = 2^3 \cdot 3^1 = 24 \end{cases}$$

$$\begin{aligned}
(a \text{ と } b \text{ の最大公約数}) &= \langle \min(1,3), \min(2,1) \rangle \\
&= \langle 1, 1 \rangle \\
&= 2^1 \cdot 3^1 \\
&= 6
\end{aligned}$$

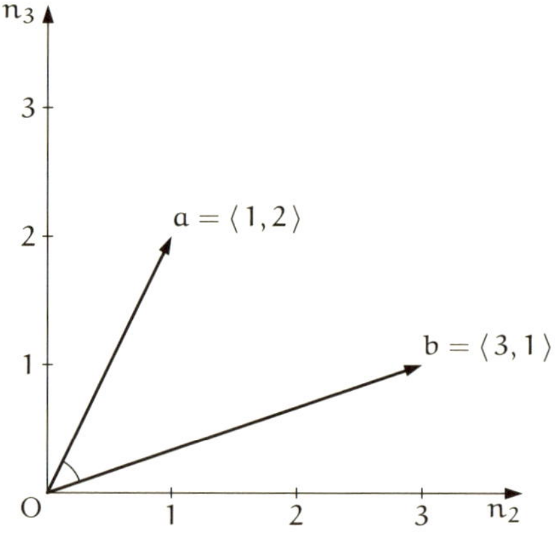

No.

Date ・ ・ ・

直交する例（互いに素になる例）

$$\begin{cases} a = \langle 0,2 \rangle = 2^0 \cdot 3^2 = 9 \\ b = \langle 3,0 \rangle = 2^3 \cdot 3^0 = 8 \end{cases}$$

$$\begin{aligned} (\text{a と b の最大公約数}) &= \langle \min(0,3), \min(2,0) \rangle \\ &= \langle 0,0 \rangle \\ &= 2^0 \cdot 3^0 \\ &= 1 \end{aligned}$$

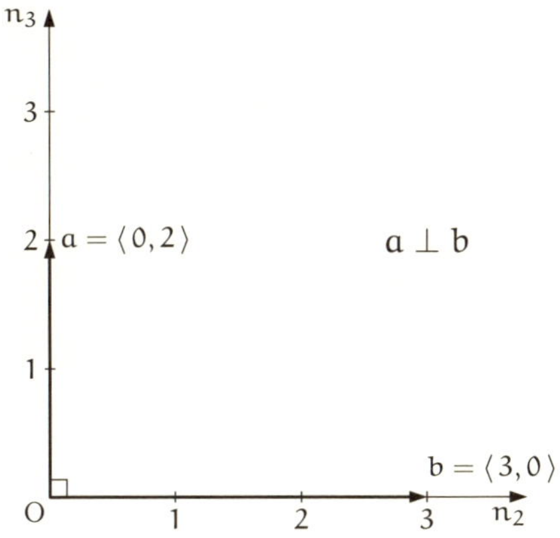

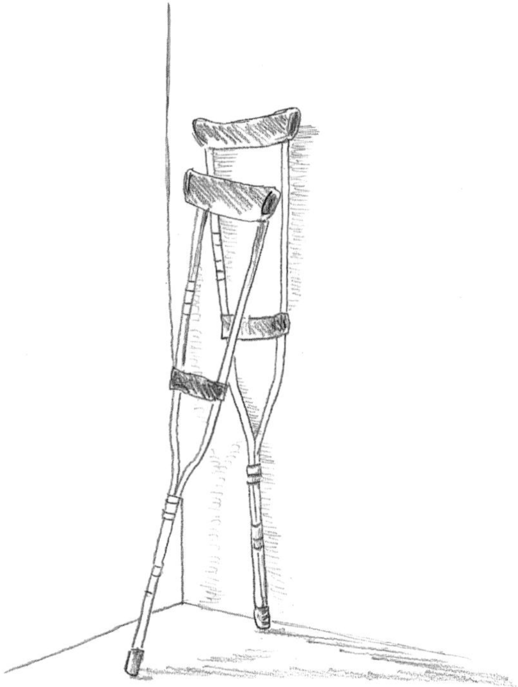

第4章
背理法

ところがいくら見ていても、
そのそらはひる先生の云ったような、
がらんとした冷《つめた》いとこだとは思われませんでした。
それどころでなく、見れば見るほど、
そこは小さな林や牧場やらある
野原のように考えられて仕方なかったのです。
——宮沢賢治『銀河鉄道の夜』

4.1　自宅

4.1.1　定義

「お兄ちゃん、お兄ちゃん、お兄ちゃんってば！」

ここは僕の部屋。今日は土曜日。いままでごろごろしながら本を読んでいたユーリが、急に足をばたつかせながら叫んだ。もう、ユーリの足もすっかり治っているようだ。

「何？ 本読んでたんじゃなかったの？」

「たいくつだよー。何かクイズ出してよー」

「はいはい……じゃあ、有名な証明クイズを出そう」

問題 4-1
$\sqrt{2}$ が有理数ではないことを証明せよ。

「こんな問題、わかんな……ちょっと待って。——うん、これ、学校でやったことあるよ。先生がややこしいことしてた。$\sqrt{2}$ が有理数だと仮定すると、$\sqrt{2}$ は有理数だといえる。$\sqrt{2}$ が有理数だといえるなら、$\sqrt{2}$ は有理数だから……ごめん、無理だった」

「がく。——まあいいや、じゃ、一緒に考えていこう」

「うん！ 一緒に考えるの、いいねー」

「数学の問題を解くときには、問題をしっかり読むのが大事」

「そんなの、あったりまえじゃん。読まなきゃ解けないもん」

「でも、問題を読まずに解こうとする人、多いんだよ」

「そんな人いる？」

「んんん——ちょっと言い方が悪かったな。問題の意味を理解しないまま解こうとする人がいるんだよ」

「問題の意味って……読めばわかるんじゃないの？」

「問題を読む《深さ》が人によって違うんだ」

「深さとか言われてもなー」

「問題を読むときにはね、**定義**《ていぎ》を確かめるのが大事」

「定義って何だっけ」

「それは《定義の定義》を確かめているんだね」と僕は微笑んだ。「定義とは言葉の厳密な意味のことだよ。《$\sqrt{2}$ が有理数ではないことを証明せよ》という問題では、こんな問いに答える必要がある」

- $\sqrt{2}$ とは、何か？
- 有理数とは、何か？

「めんどくさいにゃあ。いちいち答えなくちゃだめなの？」

ユーリが首を振ると、ポニーテールが合わせて揺れる。

「だめだよ。定義がわかっていないと解けないからね」

「ふーん。まあ、$\sqrt{2}$ はわかるよ」

「じゃ、説明してもらおうかな。$\sqrt{2}$ とは……何？」

「簡単じゃん。二乗すると 2 でしょ？　おっと、プラスのほうね。マイナスの $-\sqrt{2}$ も二乗して 2 だから」とユーリは得意げに説明して、大きく頷《うなず》いた。

「ねえ……きっとユーリはわかってるんだと思う。でも、その答え方はよくない。次の二つを比べてごらん」

× 「二乗すると 2 でしょ？ おっと、プラスのほうね」
○ 「$\sqrt{2}$ とは、二乗すると 2 に等しい正の数のことです」

「わかったよ、センセー。《$\sqrt{2}$ とは、二乗すると 2 に等しい正の数のことです》……でいいよね」

「うん、いいよ。じゃ、次は有理数の定義だ。これはわかるかな？」

「ええと、《有理数とは、分数で表される数のこと》かな」

「惜しいなあ」

「え、有理数って、$\frac{1}{2}$ とか $-\frac{2}{3}$ みたいな分数でしょ！」

「それなら、$\frac{\sqrt{2}}{1}$ も有理数かな？」と僕が言った。

「あ、そんなのなしー。$\frac{\text{整数}}{\text{整数}}$ で表される数って言えばいいね！」

「だいたい合ってる。ただし分母は 0 になってはいけない。だから、有理数とは、$\frac{\text{整数}}{0\text{ 以外の整数}}$ で表される数のこと、といえばいい。

「整数とは $\ldots, -3, -2, -1, 0, 1, 2, 3, \ldots$ という数のことだよね」

「そう。まとめると——」

- 整数とは、$\ldots, -3, -2, -1, 0, 1, 2, 3, \ldots$ という数のこと。
- 有理数とは、$\frac{\text{整数}}{0\text{ 以外の整数}}$ で表される数のこと。

「ふう。問題読むだけで疲れるもんだにゃ」とユーリが言った。

「慣れるまではね。定義を確かめる習慣はとても大事なんだよ」

「問題は、さらさらじゃなく、ねばねば読まなくちゃなんだね」

「ねばねば？」

「じっくり落ち着いて、読むんでしょ。ねばねば読まねば！」

「何でもいいけどね……いま、整数と有理数の定義を示した。数学の本は《定義は何だろう？》と問いながら読む」

「もし、わからない言葉が出てきたらどうすればいい？」

「その本の**索引**《さくいん》を見よう」

「索引って、本の始めにあるやつ？」

「違う違う。本の始めにあるのは**目次**《もくじ》だよ。目次は、本の始めにあって、ページの順番で章の見出しが書かれているもの。索引は、本の終わりにあって、その言葉がどのページに載っているのかが書かれているものだよ。言葉の説明を探すときには索引を使う。教科書や参考書など、言葉を調べる必要がある本には必ず索引がある」

「さくいんか——ところで、お兄ちゃんセンセー、ユーリは疲れました。問題ぜんぜん解いてないけど、おやつにしようよー」

「子供たち！ ホットケーキ焼けたよ！」と母が台所から呼んだ。

「すごいタイミング。テレパシーだ」とユーリが言った。

「食欲の力」と僕が言った。

4.1.2 命題

食卓。できたてのホットケーキが並んでいた。

「$\sqrt{2}$ が有理数ではないことを証明しよう」と僕が言った。

「食べてるときはやめてちょうだい」と母が言った。

「これってメイプルシロップですか？」ユーリはボトルを眺めた。

「そうよ。本場カナダ産。100 % ナチュラル」

「おいしいですね」ユーリはホットケーキを一口食べて言った。

「ユーリちゃんはいい子ね」母はにこにこして、フライパンを洗い始めた。「もうちょっとしたら紅茶が出るからね」

「続きは？」とユーリが僕に言った。

「いまから証明する命題を言ってごらん」

「命題って何？」

「そうそう、そういうふうに定義を確かめる態度はとてもいいよ。**命題**《めいだい》とは、真偽《しんぎ》が定まる数学的主張のことだよ。たとえば、《$\sqrt{2}$ は有理数ではない》や、《素数は無数に存在する》は命題だね。もっと単純な《1＋1は2に等しい》も命題だよ」

「わかった。めいだいだね。……バター取って」

「はい。じゃクイズ。《1＋1は3に等しい》は命題かな？」

「違うよ。だって1＋1＝2だもの」

「いやいや、《1＋1は3に等しい》というのも命題だよ。これは偽の命題。つまり正しくない命題だ。命題は、真偽が定まる数学的主張だから、真の命題もあるし、偽の命題もある」

「正しいかどうか定まらない主張なんてあるの？」

「たとえば《メイプルシロップはおいしい》はユーリの主張だけれど、命題じゃない。メイプルシロップがおいしいかどうかは人によって違う。これは数学的に真偽が定まるものじゃないね。——さて、いまから証明する命題は何だったかな？」

「いまから証明する命題は……《$\sqrt{2}$ は有理数ではない》だよね」

「うん、そうだ。証明問題を解くときには、いまから証明する命題をきちんと確かめること。やみくもに先に進んではだめだ」

「わかった」

「確かめたら——数式で書くことを検討しよう」僕は、ホットケーキを急いで口に押し込んだ。

「行儀悪い！ ちゃんと味わって食べてちょうだい！」紅茶のポットを運んできた母が叫んだ。

4.1.3 数式

食卓に紙を広げて、僕とユーリは話を進める。

「**数式**を使って書き表すことは大切だ。問題を数式の世界に引っ張り込むってことだね。数式というのは、数学者が用意してくれた便利な道具。これを使わない手はない」

「《$\sqrt{2}$ が有理数ではない》を数式で書くってどうやるの？ さっぱりわか

んない」

「有理数とは、$\frac{\text{整数}}{0\ \text{以外の整数}}$ で表せる数だった。——だから、有理数はすべて《a 分の b》という分数で書ける」

$$\frac{b}{a}$$

「わかった」

「だめだよユーリ。《a, b って何？》って質問しなくちゃ。文字が出てきたらすぐに確かめるんだよ。——ここでは、a, b は整数。ただし、分母の a は 0 ではない。だから、

《$\sqrt{2}$ が有理数ではない》

という命題は、

《$\sqrt{2} = \frac{b}{a}$ を満たす整数 a, b は存在しない》

と書ける。これが証明したい命題になる」

「ふーん。わかったよ」

「では、ここで……

《$\sqrt{2} = \frac{b}{a}$ を満たす整数 a, b が存在する》

と仮定しよう」

「む？ それは、証明したいことの反対ってこと？」

「うん。でも《反対》は論理の用語じゃない。論理の用語では《**否定**《ひてい》》という。いま、証明したい命題の否定を仮定した」

「ひてい、だね」

「もちろん、$\frac{1}{2}$ と $\frac{2}{4}$ と $\frac{3}{6}$ と $\frac{100}{200}$ みたいに、分子分母にゼロ以外の同じ数を掛けた分数はすべて等しくなるから、a, b のペアは無数にあり得る。ここでは、分数 $\frac{b}{a}$ の約分が済んだ分母に a, 分子に b と名前をつける。さて《$\sqrt{2} = \frac{b}{a}$ を満たす整数 a, b が存在する》という仮定によれば、次式が成り立つことになる」

$$\sqrt{2} = \frac{b}{a}$$

「ええと、a, b は整数なんだよね？」
「そう。しかも、分数 $\frac{b}{a}$ は既約分数。このとき a, b の関係は？」
「互いに素でしょ？」
「おっ、解答速いな」
「ユーリは《互いに素》の達人だから」
「なにそれ……では、左辺の $\sqrt{2}$ を二乗して、式を整理しよう」

$$\begin{aligned}
\sqrt{2} &= \frac{b}{a} && \text{仮定：証明したいことの否定} \\
2 &= \left(\frac{b}{a}\right)^2 && \text{両辺を二乗した} \\
2 &= \frac{b^2}{a^2} && \text{右辺を展開した} \\
2a^2 &= b^2 && \text{両辺に } a^2 \text{ を掛けた}
\end{aligned}$$

「ちょっと待ったあ！ なぜ両辺を二乗したの？」
「そもさん！」
「せっぱ……」
「$\sqrt{2}$ の定義は何か？」
「$\sqrt{2}$ とは、二乗すると 2 になる正の数のことです」
「だね。《二乗すると 2 になる》というのが $\sqrt{2}$ の重要な性質だ。だから、両辺を二乗してみたんだよ――さて、

$$2a^2 = b^2$$

が得られた。a, b って何だっけ？」
「a, b は互いに素な整数だね」
「そう。$a \neq 0$ を忘れずに。……変数が何を表しているか、ときどき確かめるのは大事だ」
「ふーん。何だか数学って確認の学問みたいだね」

「整数に注目しているんだから《偶奇を調べる》を試そう。偶奇を調べる——つまり偶数か奇数かを調べる——というのは便利な道具だよ。左辺の $2a^2$ は偶数かな、奇数かな？」

「わかんない——いや、わかった。偶数だ」

「そう。$2a^2$ というのは $2 \times a \times a$ のこと。2 を掛けているから、

$$2a^2 \text{ は偶数}$$

だね。そして、式 $2a^2 = b^2$ の左辺が偶数なんだから、右辺も偶数になる。つまり、

$$b^2 \text{ は偶数}$$

がいえた。二乗したら偶数になる整数って何だろう」

「……偶数？」

「そう。つまり

$$b \text{ は偶数}$$

もいえた。ということは、b は

$$b = 2B$$

のように書ける」

「そうだね……じゃない！　その B って何？」

「うまいうまい。その切り返しはうまいな。B は整数だよ。b は偶数だから、$b = 2B$ を満たす整数 B が存在するということ」

「ねえ、なんでそんな B なんて文字を出すの？　《$b = 2B$ を満たす整数 B が存在する》よりも《b は偶数》のほうが簡単じゃん」

「数式で考えたいからだよ。だから偶数という言葉を数式で表した」

「よっぽど数式が好きなんだね」

「そう。数式は便利な乗り物だからね。遠くまで行きたかったら、できるだけ数式を使う。あわてて走り出しちゃだめ。さて、b は $b = 2B$ のように書けるから、$2a^2 = b^2$ は以下のように式変形できる」

$$
\begin{aligned}
2a^2 &= b^2 \\
2a^2 &= (2B)^2 && b = 2B \text{ を代入した} \\
2a^2 &= 2B \times 2B && \text{右辺を展開した} \\
2a^2 &= 4B^2 && \text{右辺を計算した} \\
a^2 &= 2B^2 && \text{両辺を 2 で割った}
\end{aligned}
$$

「さて、

$$a^2 = 2B^2$$

が得られた。a や B って何だっけ？」

「整数でしょ。何度確認すればいいの！」

「何度でも。しつこいくらい自問自答しよう。ちなみに、$a \neq 0$ だからね……さて、整数に注目しているときには何を試すんだっけ？」

「何だっけ……あ、偶数奇数？」

「そう。《偶奇を調べる》んだね。式 $a^2 = 2B^2$ の右辺は偶数だ。

$$2B^2 \text{ は偶数}$$

つまり左辺も偶数であることがわかる。つまり、

$$a^2 \text{ は偶数}$$

であることがわかったよ。二乗したら偶数になる整数って……」

「だから、偶数だって！　……んもー」

「うん、a^2 が偶数だから a も偶数だ。ということは、a は、

$$a = 2A$$

のように書けることになる。A は、ある整数だよ」

「お兄ちゃん……なんだか、さっきと似てるよ」

「そう、似ているね。ところで、不思議に思わない？」

「何が？」ユーリが首をかしげる。

「式変形をしていて、a や b についてわかったことがある」

「……あったっけ。——ああ、a は偶数だとか？」
「そう。a も b も偶数だったね」
「で？」
「a, b が偶数っていうことは、両方とも 2 の倍数だね、ユーリ」
「……あれれ？ a と b って《互いに素》じゃなかったっけ？」
「そうそう」僕はにっこりする。ユーリは条件に敏感だなあ。
「a と b が互いに素っていうことは、最大公約数が 1 のはず……a と b の両方が 2 の倍数のはずはないよ」
「ユーリ、それはどうして？」
「だって、両方 2 の倍数なら、a, b の最大公約数は 2 以上になる」
「そうだ。ここがポイントだ。次の二つの命題の両方が成り立つことがわかった」

《a と b は互いに素である》←仮定したこと
《a と b は互いに素ではない》←数式を変形して導けたこと

「え……」
「このように、《○○である》と《○○ではない》の両方が成り立つことを**矛盾**《むじゅん》という」
「矛盾って、ぐちゃぐちゃってこと……？」
「違う違う。話をよく聞いて。数学的な思考から急に離れないで。数学が壊れたりぐちゃぐちゃになるわけではないよ。矛盾とは、命題 P に対して《P である》と《P ではない》の両方が成り立つことなんだよ。これが矛盾の定義だ」

矛盾の定義
P を命題とする。
矛盾とは、《P である》と《P ではない》の両方が成り立つこと。

「はじめに、こう仮定したよね。a, b を互いに素な整数として、$\sqrt{2} = \frac{b}{a}$

が成り立つって」

「うん、したした」

「僕たちの仮定は、真か偽かわからない。でも、真か偽かのいずれかだ。ところで、仮定から論理的な推論を進めていったら、矛盾が起きてしまった。矛盾が起きたのはどこかでまちがったからかな？」

「うーん、まちがってはいないと思うけど」

「うん、僕たちの推論は、どこも論理的にまちがっていない。ただし、たった一つだけ僕が真偽を勝手に定めた命題がある。それは、

$$《\sqrt{2} = \frac{b}{a} \text{ を満たす整数 } a, b \text{ が存在する》}$$

という仮定だ。矛盾が起きたのはこの仮定を勝手に真と決めたからだ。だから《$\sqrt{2} = \frac{b}{a}$ を満たす整数 a, b が存在する》は実は偽ということになる」

「《これは真だ！》って勝手に定めて——矛盾が起きたら、《ごめんごめん、偽だったよ》ということ？」

「そうだね。ただし、矛盾が起きるまでの途中では、まちがった推論を絶対しちゃだめだけどね」

「そりゃそーだ」

「さて、《$\sqrt{2} = \frac{b}{a}$ を満たす整数 a, b が存在する》という仮定が偽になった。言い換えると、《$\sqrt{2} = \frac{b}{a}$ を満たす整数 a, b は存在しない》ということだ」

「それだけで $\sqrt{2}$ が有理数ではないと証明したことになるの？」

「なる。$\frac{\text{整数}}{\text{0 以外の整数}}$ で表現できれば有理数。$\frac{\text{整数}}{\text{0 以外の整数}}$ で表現できなければ有理数ではない。……というのが定義だからね。定義というものを土台にして証明を進める感覚がわかるかなあ」

「なんとかね。……でも、証明って、ややこしいね」

「いま一緒にやった証明の方法を**背理法**《はいりほう》という」

「はいりほう？」

「背理法とは《証明したい命題の否定を仮定して矛盾を導く証明法》のことだ。これはとてもよく使われる証明の方法だよ」

「あ！ それは背理法の定義だね」

背理法の定義

背理法とは《証明したい命題の否定を仮定して矛盾を導く証明法》のことである。

解答 4-1（$\sqrt{2}$ は有理数ではない）

背理法を使う。

1. $\sqrt{2}$ が有理数であると仮定する。
2. このとき、以下を満たす整数 a, b が存在する（$a \neq 0$）。
   - a, b は互いに素である。
   - $\sqrt{2} = \frac{b}{a}$
3. 両辺を二乗して分母を払うと $2a^2 = b^2$ を得る。
4. $2a^2$ は偶数なので、b^2 も偶数である。
5. b^2 が偶数なので、b も偶数である。
6. したがって、$b = 2B$ を満たす整数 B が存在する。
7. $2a^2 = b^2$ に $b = 2B$ を代入すると $a^2 = 2B^2$ が成り立つ。
8. $2B^2$ は偶数なので、a^2 も偶数である。
9. a^2 が偶数なので、a も偶数である。
10. a, b 両方が偶数なので、a, b は互いに素ではない。
11. これは《a, b は互いに素である》と矛盾する。
12. したがって、$\sqrt{2}$ は有理数ではない。

「では、今日話したことを整理しよう」

- 問題をまず読もう
- 定義を繰り返し確認しよう

- 《○○とは○○のことです》という言い方に慣れよう
- 数式で表現しよう
- 整数が出てきたら《偶奇を調べよう》
- 変数が出てきたら《この変数は何？》と問いかけよう

「この他に、背理法も学んだ……どう？」

「……大変だった。でも、証明の雰囲気はわかった。定義と数式が大事だってこともね。……でも、こんなに長い証明は暗記できないにゃあ」

「違うよ。さっきの証明を丸暗記しても意味はない。自分でノートを広げて、シャープペンを持って、もういちど自力《じりき》で証明しよう」

「うん……えっと、自力で？」

「そう。自力で。でも、たいてい上手くいかないものだから、証明できなくてもがっくりこないようにね。どこかで行き詰まっちゃうんだ。自分ではわかったつもりでいても、なかなか証明は完成できないものだよ。行き詰まったら、本や自分が書いた以前のノートを読んで勉強する。完成できるまで、何度も繰り返し練習する。……その繰り返しで、数学を学ぶ足腰が強くなるんだよ。丸暗記とは違う。数学的な構造を理解し、論理の流れを追う力、数の性質をうまく使って問題に取り組む力を養うんだよ」

「アイアイサー、熱血ティーチャー！」

4.1.4 証明

僕たちは部屋に戻った。

「お兄ちゃん、キャンディもらうよ」ユーリは棚から瓶をとった。「レモン、レモンっと。あれー？ もうないし。ちぇ、メロンでいっか。お兄ちゃん、レモン食べないでよ」

「それって、ユーリのじゃないんだけどな……」

「ねえ、お兄ちゃん……証明ってそんなに大切なの？」メロンキャンディを舐めながら、ユーリが訊《き》いた。

「そうだね。数学者の最も大切な仕事の一つは、研究した結果を《証明》という形で残すことだ。歴史的に、無数の数学者が無数の仕事をしてきた。現代の数学者は、《証明》によってその歴史に自分の一歩を加えることになる」

「そうか。証明は、数学者の仕事なんだ……」

「そうだよ。数学者は命がけで証明しているんだ」

「学校でも証明って習ったけど、お兄ちゃんの話みたいなインパクトはなかったなあ。証明問題って、計算問題よりもめんどうってしか思ってなかった。証明って大事なんだね。数学者の大事な仕事……でも《命がけで証明》は、さすがに大げさじゃ？」

「うん、証明ができなくても死ぬわけじゃないから、命がけで証明というのは言いすぎかな。でもね……あることに《時間を使う》のは、いつだって《命がけ》なんじゃないだろうか。だって、生きているうちにできることは限られてる。この世で使える時間には、限りが有る。その《有限》の命の一部を、数学者は証明に費やそうとしているんだよ」

「限りが——有る？」

「……人間の命には限りがあるのに、数学では無限を扱える。これもすごいことだね。《すべての整数 n について……》と表現できるのはとてつもないことだ。n と一文字書くだけで無数にある整数を表しちゃうんだから。たった一文字で無限を捕まえる。変数も、昔の数学者が考え出した道具の一つなんだよ」

「たった一文字で無限を捕まえる……。あ、これが《無限の宇宙を手に乗せる》ってことか！　……数学者って、無限が好きなのかな」

「そうかもね。ところで、ユーリは《すべての n について○○である》という命題の否定はわかる？」

「《○○ではない》でしょ」

「《すべての n について○○ではない》ということ？」

「うん」

「いや、違うんだよ。《すべての n について○○である》の否定は、《ある n について○○ではない》とか《○○ではない n が存在する》となるんだ。たとえば、このキャンディの瓶について——

《すべてのキャンディはレモン味である》

という命題の否定は、

《あるキャンディはレモン味でない》

または、

《レモン味でないキャンディが存在する》

となる。すべてを否定するには、レモン味じゃないものが一個でもあればいいからだ。メロン味とか」

「一個でも崩せば《すべて》を崩したことになるから？」

「その通りだよ、ユーリ。背理法は、命題を否定することから証明が始まる。すべてのキャンディについて何かが成り立つことを証明したかったら、それが成り立たないような特別なキャンディが存在することを仮定して、矛盾を導く。そうすれば、特別なキャンディに集中して考えを進めることができる。——これは背理法がよく使われる理由の一つだ」

「なるほどにゃ」

「命題の証明って、永遠にもつながっている。永遠とは、時間の無限のことだ。証明された命題は、証明した数学者が死んだ後も証明されたままだ。証明は、厳密であり、覆されることはない。数学的な証明こそ、時を越えるタイムマシン。時が過ぎても劣化しない建築物だ。証明は、限りある命の人間が永遠に触れるチャンスなんだ」

「お兄ちゃん、なかなか、かっこいいぞ」とユーリがからかうように笑いながら言った。

「かっこいいって言ってくれるのはユーリだけだな……でも、ほめらりるのはうれしいものだにゃあ」と僕が言った。

「こらー、ユーリの真似するなー！」

4.2 高校

4.2.1 偶奇

「……のように、$\sqrt{2}$ は有理数ではないという証明を教えたんだ」と僕が言った。

いまは放課後。僕たちは音楽室で、適当な席に座ってのんびりしていた。エィエィはピアノに向かい、ひたすらバッハを弾き続けている。いまの曲は二声のインベンション。僕はテトラちゃんとミルカさんに、ユーリとの会話を話していた。もっともミルカさんは、ずっとエィエィのほうを向いていたけれど。

エィエィは高校二年生の女の子。僕やミルカさんと同じ学年だけど、違うクラス。ピアノ愛好会《フォルティティシモ》のリーダーをしていて、授業時間以外のほとんどを音楽室のピアノの前で過ごしている。

「先輩って、ほんとに教えるの上手ですね」とテトラちゃんが言った。「《互いに素》ですか……英語では何ていうんでしょう」

「確か、レラティヴリー・プライムだと思うよ」と僕が言った。

「relatively prime——相対的に素——ということですね」テトラちゃんが頷く。「二つの数が、お互いに素数的な働きをするということかもしれませんね」テトラちゃんは英語が得意。英語で理解すると、深いレベルで納得するそうだ。

「別証明は知ってる？」エィエィのほうをずっと見ていたミルカさんが、こちらを向いてぽつりと言った。ピアノに集中してると思っていたけど、ちゃんと話は聞いてるんだな。

「別証明？」と僕は言った。

「背理法を使う」とミルカさんは続けた。「$\sqrt{2}$ が有理数であると仮定すると、

$$\sqrt{2} = \frac{b}{a}$$

を満たす整数 a, b が存在する。両辺を二乗して分母を払うと

$$2a^2 = b^2$$

が成り立つ。ここまでは、君の証明と同じ……そこで、こう問う」

《$2a^2$ を素因数分解したら、素因数 2 は何個ある？》

「2 の個数なんてわからないよ」と僕は言った。

「確かに・個数は・わからない。けれども・個数は・整数だ」ミルカさんは、言葉を細かく区切り、じらすように言った。

「個数は——そりゃ、整数だよ」

「整数といえば？」

「偶奇《パリティ》を調べる——ですか」

そう答えたのは、テトラちゃんだった。

え……？

$2a^2$ の偶奇じゃなくて、素因数 2 の個数の偶奇を調べる？

「では、テトラの言うように、偶奇を調べてみよう」とミルカさんが言った。「$2a^2$ は素因数 2 を偶数個含む？ 奇数個含む？」

「あっ、奇数個か！」と僕は声を上げた。

そうか、わかるんだ。a^2 は平方数だから、素因数はすべて偶数個。もちろん、素因数 2 も偶数個。そこにもう一つ 2 を掛けたのが $2a^2$ だ。だから、素因数 2 は奇数個……。

「そう。$2a^2 = b^2$ の左辺は、素因数 2 が奇数個。では右辺は？」

「b^2 は平方数なので、素因数 2 は偶数個……」と僕が言った。

「だから？」畳み掛けるミルカさん。

「素因数 2 の個数の偶奇が両辺で異なる。矛盾だ」と僕は言った。

《素因数 2 は奇数個である》←左辺から

《素因数 2 は奇数個ではない》←右辺から

「矛盾が導けた」とミルカさんは言った。「背理法により、$\sqrt{2}$ は有理数で

はない。Quod Erat Demonstrandum——証明終わり」

ミルカさんは、指を一本ぴんと立てる。

「これで、ひと仕事おしまい」

そうか……《素因数2の個数の偶奇》に着目して、矛盾が導けるのか。しかも、a, b が互いに素という前提も不要。おもしろい。

解答 4-1a（$\sqrt{2}$ は有理数ではないことの別証明）

背理法を使う。

1. $\sqrt{2}$ が有理数であると仮定する。
2. $\sqrt{2} = \frac{b}{a}$ を満たす整数 a, b が存在する（$a \neq 0$）。
3. 両辺を二乗して分母を払うと $2a^2 = b^2$ が成り立つ。
4. 左辺には、素因数2は奇数個含まれる。
5. 右辺には、素因数2は奇数個含まれない。
6. これは矛盾である。
7. したがって、$\sqrt{2}$ は有理数ではない。

テトラちゃんが、解《げ》せない顔をしている。

「テトラ、どうしたの？」とミルカさんが言った。

「いまの証明で、

$$2a^2 = b^2$$

という等式が出てきました」とテトラちゃんが言った。「こういう等式は、左辺と右辺の値が等しいって主張していますよね。でも、いまミルカさんがお使いになったのは《値が等しい》ということではないような……で、落ち着かないんです」

「ふうん。テトラの指摘はおもしろいな。君の意見は？」とミルカさんは僕に話を振る。

「え？ ——素因数２の個数を両辺で比較しているけれど、確かに、両辺の値そのものを比較しているわけではない——か。でも、ミルカさんの証明は正しいはずだ……。等式だから、左辺と右辺で整数の構造が等しいと判断していい。整数の構造は、素因数が示すんだから——」

ミルカさんが僕の目の前で指を二三度振った。

「よけいな言葉が多すぎる。《素因数分解の一意性により、素因数の個数は、素因数ごとに両辺で一致する》と言えばいい」

「そうかぁ……」とテトラちゃんが言った。「素因数分解の一意性って、こういうところにも出てくるのですね……」

確かにそうだ。根底に、素因数分解の一意性があるからなんだ……。うーん。そういうのがさっと出てこないのは——悔しい。考える練習が足りないのか。まあ、それにしても……

「ミルカさん、この別証明はおもしろかったよ」

「ふうん……」

ミルカさんはそう言うと、僕から目をそらし、すぐに立って、ピアノを弾き続けているエィエィと話し始めた。

そういえば、ミルカさんって、対決する姿勢のときには絶対に視線をそらさない。でも——すっと視線をそらすときもある。ほめられたときとか……もしかして、ミルカさん、照れてる？

4.2.2 矛盾

ミルカさんとエィエィが連弾を始めた。これもバッハかな。

「背理法ってよく使われますよね」テトラちゃんが僕の隣の席に移ってきて言った。「あたし……背理法って苦手です。証明したい命題の否定を仮定するのはいいんですけれど、それを覚えているのが難しいんです。だって、まちがっている命題を心にとどめておくわけですから……」

「うん、そうだね。まちがった命題から、正しい論証を使って、まちがった命題を導き続けるわけだから、背理法は大変だ。それだけでなく、そもそも最後にきちんと矛盾を導くのも難しいよね」

「そう！」テトラちゃんが力強く頷いた。彼女の甘い香りを感じる。「そうなんですよ。矛盾を導くのは難しいです。なんだか《矛盾を導く》っていうと、まちがったことをしている気になっちゃうんです。ううう……」

「矛盾を導くというのは、

《P である》　かつ　《P ではない》

を示すこと。P は、どんな命題でもかまわない。論理式で書けばこうなる。

$$P \land$$《かつ》$$\lnot P$$

あ、教科書では、P の否定を $\overline{P}$ と書いてるけど、論理の本では $\lnot P$《ノット・ピー》と書く。……矛盾を導くといっても、自分の証明の中で P と $\lnot P$ の両方を導かなくちゃいけないわけじゃない。たとえば、P として、すでに証明が済んでいる命題——つまり定理——でもいいんだ。その場合、自分の証明の中では $\lnot P$ だけを導き、あとは《定理 P と矛盾する》といえばいいね」

テトラちゃんは大きな目を開き、僕の話に聞き入っている。

「さっきのミルカさんの証明では、《素因数 2 が奇数個含まれる》のと《素因数 2 が奇数個含まれない》という両方の命題を導いていた。これは P と $\lnot P$ の両方を導いた例だ」

P	素因数 2 が奇数個含まれる
$\lnot P$	素因数 2 が奇数個含まれない

「……あたし、《矛盾》という言葉に惑わされているようです。いまも先輩は淡々と《P と $\lnot P$ の両方を導いた》っておっしゃいましたよね。あたしは矛盾というと、とてつもない混乱を引き起こすような気分になるんです。きっと、故事成語の矛盾のイメージが強いんですね」テトラちゃんは矛《ほこ》で盾《たて》を突くような仕草をする。

「うん、わかるよ」

テトラちゃんは、軽く爪を噛み、しばらく黙っている。やがて、ゆっくりと話し出した。

「背理法で矛盾を示すときに使う $P \land$《and》$\lnot P$ ですけれど、命題 P は何でもいいんですか？　つまり……背理法で数論の証明をするとき、幾何や解析の定理を利用して矛盾を出してもいいんですよね？」

「うん、いいよ。数学の分野なんて関係ない」

「どの定理 P に対して ¬P をぶつけてもいい……。とすると、何が定理なのかを知っているのは重要ですね……」

「まあ、そうだね。でも P は有名な定理でなくても、ちょっとした命題でもいいんだよ。証明されていれば」

「はい。矛盾を導くとき、P ∧ ¬P を思い出すようにします。——あ、あの……先輩？」急にテトラちゃんの声が小さくなった。

「ん？」

「あ、あのですね……」

ピアノが止んだ。

テトラちゃんは、小さな声で（あちゃ）と言った。

「無邪気《むじゃき》王女に、未熟《みじゅく》王子！　帰るぇ」とエィエィが言った。

「ミルカ女王さまと一緒に、そろそろみんなで帰らへんか」

数学において定理 P を証明するのに他によく行われるのは、
P が *false* であると仮定して、矛盾を導くということである
（すなわち、*false* あるいは *false* に同値なものを導く）。
……しばしば近道をする：*false* を直接示すのではなく、
Q ∧ ¬Q のような *false* と明らかに同値なものを証明する。
——グリース／シュナイダー『コンピュータのための数学』 [21]

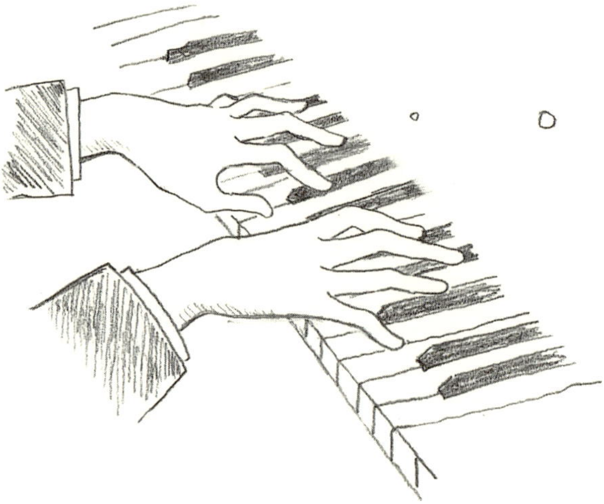

第5章
砕ける素数

そこのその突起を壊さないように。
スコープを使いたまえ、スコープを。
おっと、も少し遠くから掘って。
いけない、いけない。
なぜそんな乱暴をするんだ。
——宮沢賢治『銀河鉄道の夜』

5.1 教室

5.1.1 スピードクイズ

「来ましたよう」とテトラちゃんが言った。

いまはお昼。僕は購買部でパンを買い、教室に戻ったところ。

「あれ？」高二の教室に、どうしてテトラちゃんがいるんだ？

「この机、お借りしまあす」

テトラちゃんは（回れえ、右）と言いながら、空いている机をくるりと反転させ、ミルカさんの机と向かい合わせにくっつけた。

「私が呼んだんだよ」とミルカさんが言った。

二人の女の子がお昼を食べる。テトラちゃんはお弁当。ミルカさんは——いつものようにチョコレートだけだ。僕はパンを食べながら二人を眺める。

方向性はずいぶん違うけれど、二人とも美少女だよなあ……。テトラちゃんは素直で元気。ミルカさんはきりっとして雰囲気がある。

「お昼はいつもキットカットなんですか？」とテトラちゃんが言った。

「トリュフのときもある」とミルカさんが答えた。

「あの、そうじゃなくて、ご飯とかパンとか……」

「さあね。ところで、おもしろい問題はないの？」

「テトラちゃん向けのスピードクイズがある」と僕は言った。

「なになに、なんですか？」テトラちゃんが目を大きく開ける。

「あのね、二乗すると -1 になる数は何かな？」

問題 5-1

二乗すると -1 になる数は何か。

「二乗すると -1 になる数って——はいはい、わかりました。 $\sqrt{-1}$《ルート・マイナスいち》 ですねっ！ またの名は虚数単位の i《アイ》 です！」テトラちゃんは自信たっぷり言い切った。

「うんうん、そう答えると思ったよ」と僕は言った。

ミルカさんは目を閉じてゆっくり首を横に振っている。

「えっ、違い……ましたか？」

「ミルカさん——」と僕は水を向けた。

「 $\pm\mathrm{i}$《プラスマイナス・アイ》 」ミルカさんが即答する。

「プラスマイナス・アイって——あ、そうか。二乗して -1 になるのは $+\mathrm{i}$ だけじゃない！ $-\mathrm{i}$ もだあ……」

$$\begin{cases}(+\mathrm{i})^2 & = -1\\(-\mathrm{i})^2 & = -1\end{cases}$$

解答 5-1
二乗すると -1 になる数は、$\pm i$ である。

テトラちゃんは、不満げな表情になる。

「先輩——何だか引っかけ問題っぽいです……」

「そんなことないよ。まじめな問題じゃないか」と僕は反論する。

「そう」とミルカさんが言った。「二乗して -1 になる数は、二次方程式 $x^2 = -1$ の解だ。二次方程式だから、解は二個あるはずと考えるべき。n 次方程式の解が n 個あるのは、代数学の基本定理だ（ただし、重解に注意）。引っかけ問題とは言えないな」そこでチョコをひとかじり。

「$+i$ と $-i$ の二個ですね……そうですか」とテトラちゃんは答えて、お弁当のハンバーグに取り組み始めた。

僕たちは、無言でしばらく食事をする。チョコを食べ終えたミルカさんは、テトラちゃんのファンシーな箸ケースを手にとって、興味深げに見ている。ややあって、テトラちゃんがまた言い出した。

「i って不思議です。二乗して -1 になるのって、どこか納得いかないんですよ。不自然というか……」

「テトラにとって、-1 は不自然？」とミルカさんが言った。

「-1 ですか？ いいえ、不自然じゃないですけど……」

「ふうん。では、方程式と数の関係を考えよう。まずは $x + 1 = 0$ から」ミルカさんが僕に手を伸ばした。

……ノートとシャープペンを出せというご命令らしい。

5.1.2 一次方程式で数を定義する

まずは $x + 1 = 0$ から。この簡単な一次方程式を解いてみよう。

$$x + 1 = 0 \qquad x \text{ に関する一次方程式}$$

$$x = -1 \qquad 1 \text{ を右辺に移項した}$$

これで $x = -1$ が解であることがわかる。何も難しくない。

では、同じ方程式を、$x \geqq 0$ の範囲で考えてみよう。

$$x + 1 = 0 \qquad \text{ただし } x \geqq 0 \text{ とする}$$

いま、《0 以上の数しか知らない人》がいたとしよう。その人は、この方程式 $x+1=0$ を不自然に感じる。「0 は最小の数なんだから、1 を加えて 0 になる数なんて、ありえない。そんな数は存在しない」と考えるだろう。もしかしたら、《1 を加えて 0 になる数》の神秘を歌い出すかもしれない。

おや、テトラは笑ったね。でも、これは冗談ではない。-1 のような負《ふ》の数を人類が自然に感じるようになったのは、18 世紀ごろからだ。実際、17 世紀のパスカルは、0 から 4 を引いたら 0 だと考えていた。何千年もの数の歴史からすれば、つい最近のことだ。正と負の両方向に進む数直線を最初に明確に表現したのは、18 世紀最大の数学者にして我らが師、レオンハルト・オイラー先生だ。

話を戻そう。0 以上の数しか知らない人に、こう言ってみる。

《方程式 $x+1=0$ を満たす数として、m《エム》を定義する》

0 以上の数しか知らない人は《そんな数 m など存在しない》と言うだろう。しかし、それに対しては、こう答える。

《式 $m+1$ を 0 に置き換えられる形式的な数が m だよ》

この形式的な数 m とは……普通の言葉で言えば -1 のことだ。m という数を $x+1=0$ という方程式の解として《定義》したのだ。m の満たすべき《公理》を方程式の形で示したといってもいい。もっとも、負の数に慣れている私たちには、こんなやり方は回りくどいけれどね。

ここまでは一次方程式だった。

一次方程式の解で、m という数（実は -1）を定義した。

ここからは二次方程式を使う。

二次方程式の解で、i という数を定義しよう。

5.1.3 二次方程式で数を定義する

次の二次方程式を考える。

$$x^2+1=0$$

実数の中には、この二次方程式を満たす数はない。なぜなら、x が実数なら、x^2 は必ず 0 以上になるからだ。0 以上の数に 1 を加えて 0 にすることはできない。だから、《実数しか知らない人》はこの方程式を不自然に感じるわけだ。

《二乗して −1 になる数の神秘》を歌おうか？ いやいや、そんなことをする代わりに、方程式 $x^2+1=0$ を使って新しい数を定義することにしよう。

《方程式 $x^2+1=0$ を満たす数として、i《アイ》を定義する》

これは、さっき $x+1=0$ を満たす数として m を定義したのとよく似ている。もちろん、方程式 $x^2+1=0$ を満たす数は二つあるから、正確には、方程式 $x^2+1=0$ を満たす数のひとつを i《アイ》と定義することになる。

実数しか知らない人は《そんな数 i など存在しない》と言うだろう。しかし、それに対しては、こう答える。

《式 i^2+1 を 0 に置き換えられる形式的な数が i だよ》

さっきの m と同じだ。i という数を $x^2+1=0$ という方程式の解として《定義》した。i の満たすべき《公理》を方程式の形で示したのだ。

……しかしながら、方程式の解で数を定義するという考え方は普通の人にはなじまない。目に見えないからだ。数の概念を人類が把握するためには、図形が重要。負数の場合は《数直線を負の方向に伸ばすこと》がポイントだった。虚数の場合には《二本の数直線》がポイントになる。

一本目は、実数のための数直線、すなわち**実軸**《じつじく》だ。

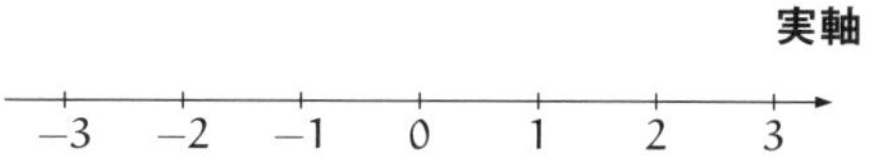

二本目は虚数のための数直線、すなわち**虚軸**《きょじく》だ。

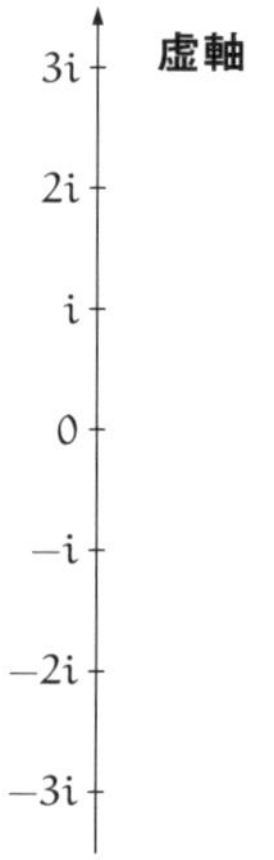

実軸と虚軸という二本の数直線で生み出される平面——**複素平面**《ふくそへいめん》——によって、**複素数**《ふくそすう》というものが理解されるようになった。

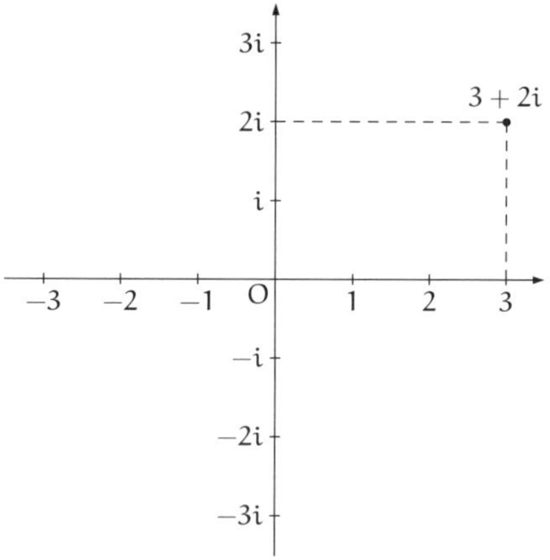

複素平面

複素数の普及には、一次元から二次元への飛躍が必要だったのだ。

◎ ◎ ◎

ミルカさんの解説が一段落したのを受けて、テトラちゃんが手を挙げた……箸を持ったまま。

「ミルカさん、質問です——」

そこで午後の授業の予鈴が鳴った。

「えーっ！」テトラちゃんは残念そうにお弁当をかたづける。1, 1, 2, 3 のあいさつをして自分の教室に引き上げていった。「続きは放課後の図書室ですよっ！」

5.2 複素数の和と積

5.2.1 複素数の和

放課後。図書室に急ぐと、ミルカさんとテトラちゃんはすでに話を始めていた。

「複素数が平面上の点で表される——というのがよくわかりません。いえ、複素数 $3+2i$ を平面上の点 $(3,2)$ に対応させるというのはわかるんですが……数は数、点は点で、別物だと思うんです。《数》と《点》とがどう関係するんでしょうか」

「数の本質は計算にあり。点を使って計算してみよう。複素数の和と積を考える」とミルカさんが言った。

◎ ◎ ◎

複素数の和と積を考える。

どちらも、複素平面上の図形として——幾何《きか》的に——表現できる。

複素数の和は、平行四辺形の対角線として表そう。x 成分同士、y 成分同士の和だから自然なことだし、難しくもない。二つのヴェクタの和だ。

《複素数の和》　$\longleftrightarrow$　《平行四辺形の対角線》

図で例を示せばイメージがつかめるだろう。二つの複素数 $1+2i$ と $3+i$ の和は $4+3i$ に等しい。平行四辺形が見えるね？

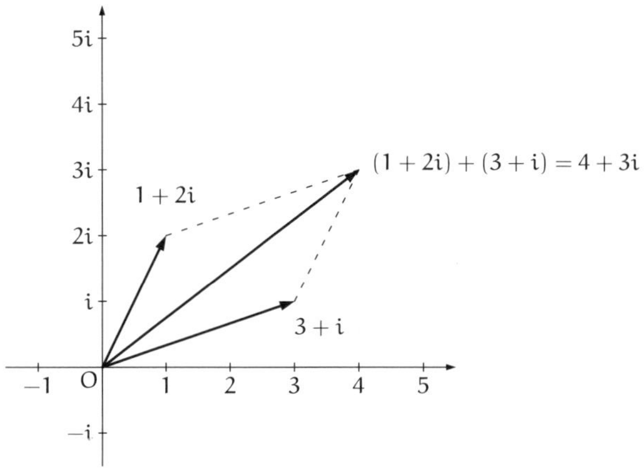

複素数の和

5.2.2　複素数の積

今度は**複素数の積**だ。

これから、以下の複素数 α《アルファ》 と β《ベータ》 の積を求める。

$$\begin{cases} \alpha &= 2+2i \\ \beta &= 1+3i \end{cases}$$

まずは、普通に計算する。

$$\begin{aligned} \alpha\beta &= (2+2i)(1+3i) && \alpha = 2+2i, \beta = 1+3i \text{ より} \\ &= 2+6i+2i+6i^2 && \text{展開した} \\ &= 2+6i+2i-6 && i^2 = -1 \text{ を使った} \\ &= -4+8i && \text{実部、虚部ごとに計算した} \end{aligned}$$

そして、三つの数 $\alpha, \beta, \alpha\beta$ を複素平面上のヴェクタとして描こう。

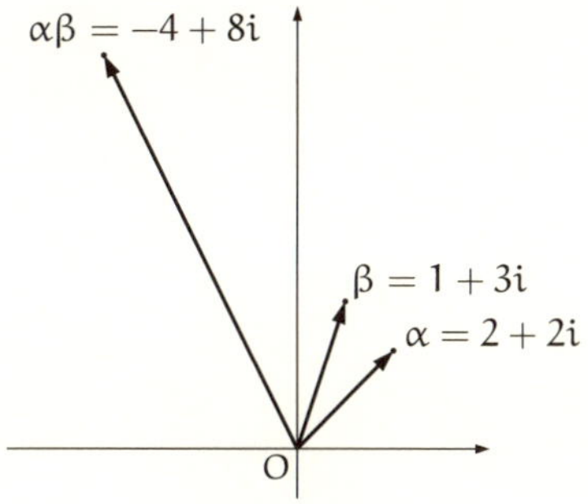

複素数の積

この図だけを見ていても、三つの数の幾何的な関係は見つけられない。

しかし、点 (1,0) を加え、ちょっと補助線を引いて三角形を描くと、**相似《そうじ》な二つの三角形**が星座のように浮かび上がる。この図でいうと、右下の小さな三角形を三辺の比率を保ったまま拡大・回転すると、左の大きな三角形になるのだ。三辺の比が等しいことは、座標の計算で確かめられる。

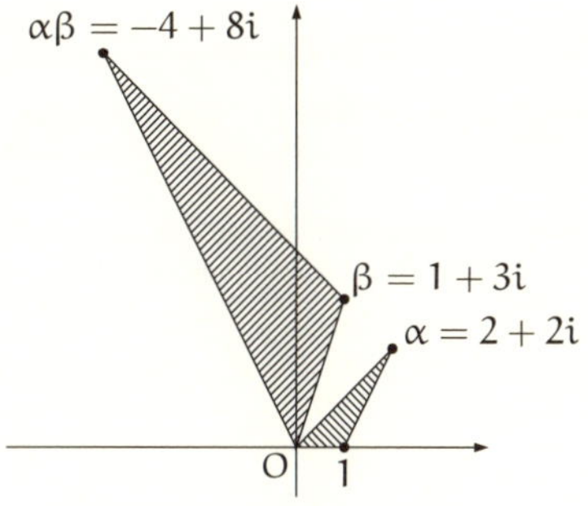

複素数の積（相似で作図）

《複素数の積》は《相似な三角形》を使って表せる。……しかし、それは何を意味するのだろう。詳しく調べるため、複素数を **極《きょく》形式**で表現する。複素数を xy 座標で表すのではなく、原点からの距離（絶対値）と x 軸となす角度（偏角）の組み合わせで表すのだ。

複素数の**絶対値《ぜったいち》**というのは、原点 O からの距離のこと。

複素数の**偏角**《へんかく》というのは、正方向の x 軸となす角のこと。

たとえば、

$$2+2i$$

という複素数を図示する。

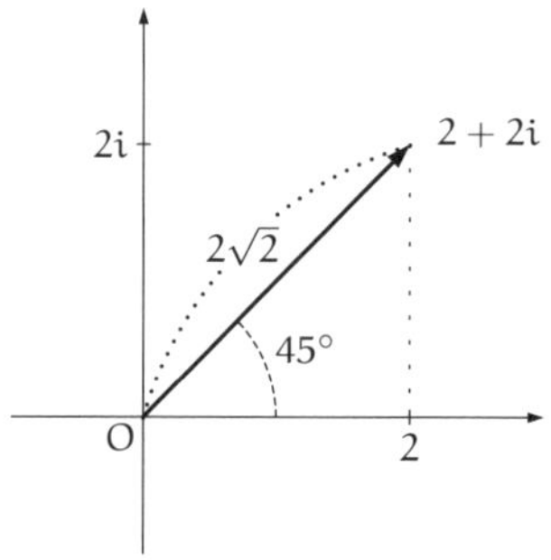

複素数 $2+2i$ **の絶対値** $2\sqrt{2}$ **と偏角** 45°

複素数 $2+2i$ の絶対値が $2\sqrt{2}$ で、偏角が 45° であることはこれでわかるだろう。原点 O からの距離が $2\sqrt{2}$ になるのはピタゴラスの定理からいえる。直角二等辺三角形は見えているね？

$2+2i$ の絶対値は $|2+2i|$ と書き、$2+2i$ の偏角は $\arg(2+2i)$ と書く。

$$\begin{cases} x \text{ 座標 } 2 \\ y \text{ 座標 } 2 \end{cases} \quad \longleftrightarrow \quad \text{複素数 } 2+2i \quad \longleftrightarrow \quad \begin{cases} \text{絶対値 } |2+2i| = 2\sqrt{2} \\ \text{偏角 } \arg(2+2i) = 45^\circ \end{cases}$$

$\alpha\beta$ の絶対値はどうなるだろうか。

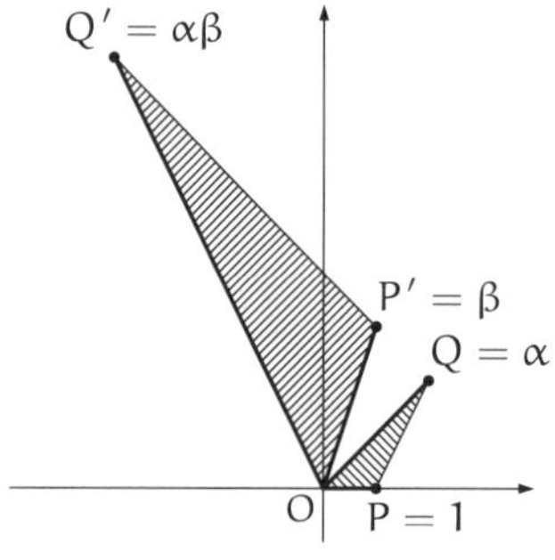

$\triangle$OPQ は $\triangle$OP′Q′ と相似だから、辺同士の比が等しい。

$$\frac{\overline{\mathrm{OQ'}}}{\overline{\mathrm{OP'}}} = \frac{\overline{\mathrm{OQ}}}{\overline{\mathrm{OP}}}$$

になる。分母を払うと、

$$\overline{\mathrm{OQ'}} \times \overline{\mathrm{OP}} = \overline{\mathrm{OQ}} \times \overline{\mathrm{OP'}}$$

になる。ここで、$\mathrm{Q'} = \alpha\beta, \mathrm{P} = 1, \mathrm{Q} = \alpha, \mathrm{P'} = \beta$ であることから、$\overline{\mathrm{OQ'}} = |\alpha\beta|, \overline{\mathrm{OP}} = 1, \overline{\mathrm{OQ}} = |\alpha|, \overline{\mathrm{OP'}} = |\beta|$ がいえるので、

$$|\alpha\beta| = |\alpha| \times |\beta|$$

となる。

つまり、《複素数の積》の絶対値は、《複素数の絶対値》の積に等しい。

今度は $\alpha\beta$ の偏角を調べる。

$$\angle \mathrm{POQ'} = \angle \mathrm{P'OQ'} + \angle \mathrm{POP'}$$

だが、$\triangle$OPQ は $\triangle$OP′Q′ と相似だから、

$$\angle \mathrm{POQ} = \angle \mathrm{P'OQ'}$$

になる。そこで、

$$\begin{aligned}\angle \mathrm{POQ'} &= \angle \mathrm{P'OQ'} + \angle \mathrm{POP'} \\ &= \angle \mathrm{POQ} + \angle \mathrm{POP'}\end{aligned}$$

だ。ここで、$\angle \mathrm{POQ'} = \arg(\alpha\beta), \angle \mathrm{POQ} = \arg(\alpha), \angle \mathrm{POP'} = \arg(\beta)$ であることから、次を得る。

$$\arg(\alpha\beta) = \arg(\alpha) + \arg(\beta)$$

つまり、《複素数の積》の偏角は、《複素数の偏角》の和に等しい。

以上をまとめると、極形式を使えば、

《複素数の積》　$\longleftrightarrow$　《絶対値の積》と《偏角の和》

となる。

$$\begin{cases} |\alpha\beta| &= |\alpha| \times |\beta| \\ \arg(\alpha\beta) &= \arg(\alpha) + \arg(\beta) \end{cases}$$

絶対値が積になるのは、自然なことだけれど、偏角が和になるのは、なかなかおもしろい。偏角は指数法則的ともいえる。

さて、複素数の積が幾何的に理解できたから、複素数を二乗した式も幾何的に理解できる。お昼のスピードクイズ《二乗して -1 になる数》を複素平面で再検討しよう。

5.2.3　複素平面上の $\pm i$

《二乗して -1 になる数》を複素平面で再検討しよう。方程式 $x^2 = -1$ を代数の目で見るなら、

　　二乗すると -1 になる数は何か？

という問いだ。一方、幾何の目で見るなら、

　　二回おこなうと -1 になる拡大・回転は何か？

という問いだ。

そもそも、-1 とはいったい何だろう。複素平面上で、-1 は《絶対値が 1 で、偏角が 180°》という点だ。複素数の積は《絶対値の積と偏角の和》で計算できるのだから、二乗すると -1 になる複素数 x は、《絶対値を二乗すると 1 で、偏角を二倍すると 180°》になる。

二乗して 1 になる正の数は $\sqrt{1} = 1$ だ。二倍して 180° になる数は 90° だ。すなわち——絶対値が 1 で偏角が 90° である複素数は二乗すると -1 になる。確かに、これは複素数 i に一致するね。

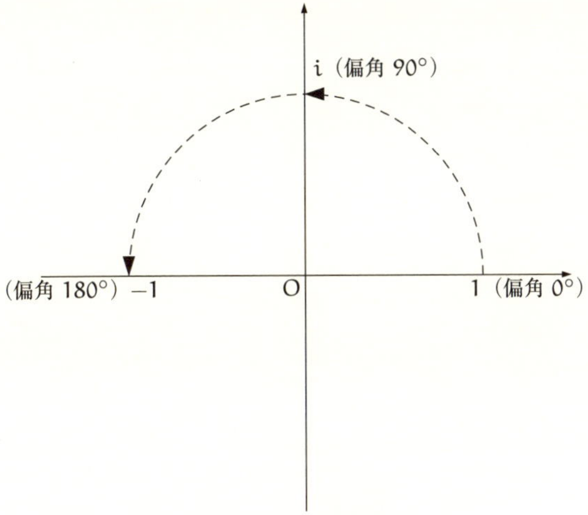

−1 と i の偏角

しかし、$x^2 = -1$ の解は $\pm i$ の二つあるはずだ。もう一つの解 $x = -i$ はどこに行ったのだろう。二倍すると偏角が 180° になる角度は、実は +90° と −90° の二種類ある。この二つがちょうど $+i$ と $-i$ に対応する。−90° の二倍は −180° だけれど、180° と −180° は実質的に同じ角度だからね。

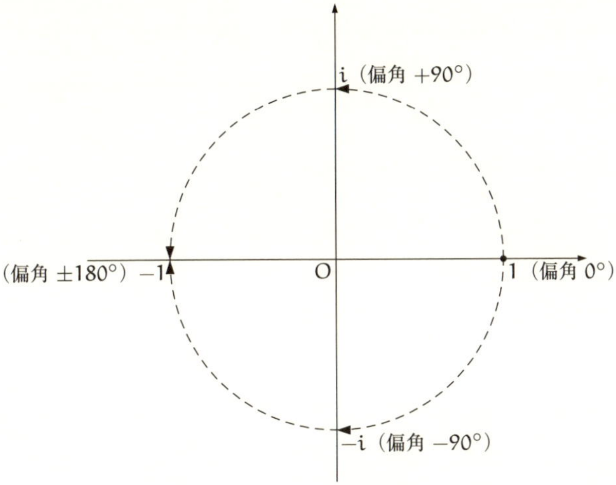

+i と −i の偏角

このように、《絶対値が 1 で偏角が $\pm 90^\circ$ である複素数》として $\pm i$ を見ることができるなら、《$\pm i$ を二乗すると -1 になる》という性質はもう不自然ではない。つまり《右向け右》や《左向け左》を二回行うのは《回れ右》に等しいってことだから。

数の性質は、幾何的に表すことでイメージをとらえやすくなる。複素数という《数》を複素平面上の《点》としてとらえるのは、確かにすばらしいアイディアだ。

◎ ◎ ◎

「すばらしいアイディアだ」とミルカさんが言った。

僕も、テトラちゃんも、ミルカさんの流れるような講義に圧倒されて、しばらく沈黙した。

「ねえ、ミルカさん」と僕は言った。「実数は複素数に含まれているから、同じルールが実数の積にも使えるよね」

ミルカさんは黙って頷《うなず》く。僕は先を続ける。

「たとえば《マイナス × マイナスがなぜプラスになるか》という問題があるけど——

$$\text{マイナス} \times \text{マイナス} = \text{プラス}$$

これって、複素平面上での回転と考えれば自然だと思うんだ。たとえば、

$$(-1) \times (-1) = 1$$

を考える。-1 を二回かけるというのは、-1 の偏角 180° を二倍することに相当する。つまりそれは 360° の回転になって、まったく回転しないのと同じ。まったく回転しないとは偏角が 0° ということだから、1 という数に対応するんだね」

「テトラ。いまの彼の話、わかった？」とミルカさんが言った。

「あ、はい……わかりました」とテトラちゃんが言った。

「ならいい。彼が言ったように、マイナス × マイナス = プラス は自然だ。どのくらい自然かというと、

回れ右を二回行えば元の向きに戻る

と同じくらい自然なんだ」

ああ、これは以前《ω のワルツ》をミルカさんに聞いたときの感覚と似ている——と僕は思った。実数だけを見て負数の積を説明しようとしても、直観的に納得いかない。しかし、複素平面での回転をイメージすれば、負数の積もしっくりくる。より広い複素数の世界を心に描くと、そこに埋め込まれている実数の世界もすっきりと理解できる。高い次元から見下ろすと、数の構造を探りやすくなる……。

テトラちゃんが語り出した。
「ミルカさん……あたし、なんだか、少し、わかってきました。複素平面を使って数と点を対応付ける。数の計算は、点の移動に対応付ける。それで両方の理解が深まる——のですね」
「そうだよ、テトラ。数と点を対応付け、代数と幾何を対応付ける」とミルカさんが言った。

代数	$\longleftrightarrow$	幾何
複素数全体の集合	$\longleftrightarrow$	複素平面
複素数 $a+bi$	$\longleftrightarrow$	複素平面上の点 (a,b)
複素数の集合	$\longleftrightarrow$	複素平面上の図形
複素数の和	$\longleftrightarrow$	平行四辺形の対角線
複素数の積	$\longleftrightarrow$	絶対値の積、偏角の和（拡大・回転）

「複素平面は、代数と幾何が出会う舞台——」
ミルカさんは、そう言いながら、自分の唇に指をそっと当てた。
「——複素平面という舞台で、代数と幾何がキスをするんだ」
その言葉に、テトラちゃんが赤くなってうつむいた。

5.3　五個の格子点

5.3.1　カード

次の日の放課後。僕は一人で校門を出た。

今日も僕は図書室で計算をしていた。でも、ミルカさんは先に帰ってしまい、テトラちゃんは現れなかった。自分の計算はたくさん進んだけれど——なんとなくつまらないな。

住宅地のうねうね道を歩いていると、「……せんっ、ぱーい」と後ろから呼び止められた。テトラちゃんが走ってくる。

「……せんぱーい。はあっ、はあっ——お、追いつけたあ」

「もう帰ったと思ってたよ」

「はあ……とっ、しょっ、図書室に行くのが……おくっ、遅れただけです」とテトラちゃんがまだ荒い息のまま言った。大きく深呼吸。「……ふう。あのですね、今朝、職員室に行ったんですよ」

「うん」

「村木先生に複素平面の話をしたら、新しい問題をもらっちゃって」

テトラちゃんはカードを取り出した。

問題 5-2（五個の格子点）
a, b を整数とする。複素平面上で、複素数 $a+bi$ に対応する点を**格子点**《こうしてん》と呼ぶ。いま、五個の格子点が与えられているとする。五個の格子点がどこにあろうとも、そこから二点 P, Q を適切に選ぶと、線分 PQ の中点《ちゅうてん》 M もまた格子点になる。このことを証明せよ。ただし、中点 M は、与えられた五個の格子点とは異なっていい。

「先輩、これ解けます？」

妙に意味ありげな口調だ。

「うん？ ……与えられている条件が《格子点》だけだから難しそうだな」

僕は歩きながらカードを読み、考える。テトラちゃんは僕の顔を下からのぞくようにしながら、ちょこまかと僕のまわりを回っている。小動物テトラちゃん。

……線分 PQ の中点 M とは、線分 PQ を二等分した点のことだ。中点というのは図形的な——幾何的な表現だ。座標を使って考えるときには、中点という幾何的な言い回しを数式で表現する必要があるだろう。二点の座標を (x, y) と (x', y') で表すと、中点の座標は、

$$\left(\frac{x+x'}{2}, \frac{y+y'}{2}\right)$$

と書ける。ええと……。

「うん、一日考えればきっと解けると思う。でも、もし一日で解けないなら、きっと一週間かけても解けない」と僕は言った。

「ふっふっふっ……。それって難しいってことですよね、先輩」

「ねえテトラちゃん、どうしてそんなに意味ありげ？」

「解いたからです！」

「何を？」

「だから、この問題を」

「誰が」

「あたくし、テトラが」右手をはーいと挙げる。

「何を？」

「この問題を——って、先輩、ふざけないでくださいよ。村木先生から問題いただいてから、ずっと考えてたんです。なんだか解けそうな気がして、授業中もずっと」

「おいおい」

「で、解けたんです！ かかったのは、わずかに数時間」

「授業時間」

「先輩、聞きたいですか？ 聞きたいですよね？ テトラの答え」

胸の前で手を握って上目遣いで僕を見るテトラちゃん。

「はいはい——どうぞ」最終兵器を出されたらしょうがないね。

「それでは、《ビーンズ》に行きましょう！」

5.3.2 《ビーンズ》

僕たちは駅前の喫茶店《ビーンズ》に入る。注文もそこそこに、テトラちゃんはノートを開いた。数学をするとき、僕たちはいつも並んで座る。そのほうがノートが見やすいし、それに……えっと、ノートが見やすいからだ。

「まずは、セオリー通り、実例で理解を確かめます。《例示は理解の試金石》ですものね。たとえば適当に格子点を五個用意しましょう」

$$A(4,1),\quad B(7,3),\quad C(4,6),\quad D(2,5),\quad E(1,2)$$

「中点を計算しますと、確かに格子点が現れます。この例では、点 A, D を点 P, Q だと考えます。すると、線分 PQ の中点は格子点 M(3,3) です」

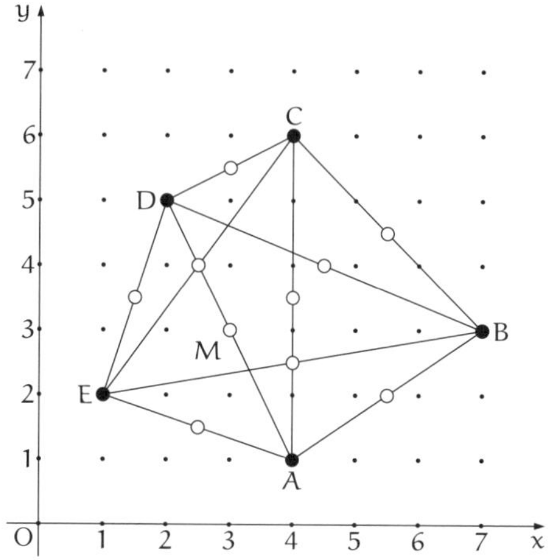

格子点（黒丸）と中点（白丸）

$$\text{線分 AB の中点} = \left(\frac{4+7}{2}, \frac{1+3}{2}\right) = (5.5, 2)$$

$$\text{線分 AC の中点} = \left(\frac{4+4}{2}, \frac{1+6}{2}\right) = (4, 3.5)$$

$$\text{線分 AD の中点} = \left(\frac{4+2}{2}, \frac{1+5}{2}\right) = (3, 3) \qquad \text{（格子点）}$$

$$\text{線分 AE の中点} = \left(\frac{4+1}{2}, \frac{1+2}{2}\right) = (2.5, 1.5)$$

$$\text{線分 BC の中点} = \left(\frac{7+4}{2}, \frac{3+6}{2}\right) = (5.5, 4.5)$$

$$\text{線分 BD の中点} = \left(\frac{7+2}{2}, \frac{3+5}{2}\right) = (4.5, 4)$$

$$\text{線分 BE の中点} = \left(\frac{7+1}{2}, \frac{3+2}{2}\right) = (4, 2.5)$$

$$\text{線分 CD の中点} = \left(\frac{4+2}{2}, \frac{6+5}{2}\right) = (3, 5.5)$$

$$\text{線分 CE の中点} = \left(\frac{4+1}{2}, \frac{6+2}{2}\right) = (2.5, 4)$$

$$\text{線分 DE の中点} = \left(\frac{2+1}{2}, \frac{5+2}{2}\right) = (1.5, 3.5)$$

テトラちゃんが握り拳を高く上げてこう宣言した。

「ではここで《ひみつ道具》を出しますっ！」

「どんなひみつ道具かな、テトラえもん……」

「《偶奇を調べる》ですよ」今日のテトラちゃんは、目の輝きが違う。

◎　◎　◎

《偶奇を調べる》ですよ。

格子点に対応する複素数を $x + yi$ とし、x, y の偶奇を調べます。すると、次の四つのパターンのいずれかになります。

	x	y
パターン 1	偶数	偶数
パターン 2	偶数	奇数
パターン 3	奇数	偶数
パターン 4	奇数	奇数

与えられた格子点は五個あります。

五個の格子点を四つのパターンに分類するわけですから、少なくとも二個の点は、x, y ともに偶奇が同じになります。

偶奇が同じパターンの二点を P, Q とします。たとえば、P(偶数, 奇数), Q(偶数, 奇数) のようになります。P, Q の座標は x, y の両座標とも偶奇が一致していますから、P, Q の中点 M の座標は x も y も、

$$\frac{\text{偶数} + \text{偶数}}{2} \quad \text{または} \quad \frac{\text{奇数} + \text{奇数}}{2}$$

という形になります。偶数同士、奇数同士の和はどちらも偶数です。

$$\begin{cases} \text{偶数} + \text{偶数} & = \text{偶数} \\ \text{奇数} + \text{奇数} & = \text{偶数} \end{cases}$$

ですから、P, Q の中点 M の座標は偶数を 2 で割ることになり、x, y ともに整数となります。これは、M は格子点だということです。

以上により、五個の格子点がどこに与えられても、中点が格子点になるような二点を選び出せることが証明できました。

はい、これでひと仕事おしまい——なんちゃって。

解答 5-2（五個の格子点）
五個の格子点がどこにあろうとも、座標の偶奇のパターンが一致する二点が存在する。その二点を P, Q とすればいい。

◎ ◎ ◎

「——なんちゃって」とテトラちゃんがうれしそうに言った。

ミルカさんの決めゼリフを使うとは。テトラちゃん、やるな。

それにしても……

「これは立派な**鳩《はと》の巣《す》原理**だよ」

「鳩の巣原理って——何ですか？」テトラちゃんは顔をキョトキョトぎこちなく動かした。……鳩の真似か？

「鳩の巣原理っていうのは、

> n 個の鳩の巣に $n+1$ 羽の鳩が入ったら、
> 少なくとも一個の巣には、二羽以上の鳩がいる。

という原理のことだよ」

「ええと……それって、当たり前じゃないでしょうか」

「当たり前だけれど、便利な原理」

「今回の問題で、鳩の巣が出てくるんですか？」

「《偶奇のパターン》が鳩の巣で、格子点が鳩になる。《四つのパターンに五個の格子点を分類したら、少なくとも二個の格子点は同じパターンになる》というのは、《四つの鳩の巣に五羽の鳩を入れたら、少なくとも二羽は同じ鳩の巣に入る》のと同じだよね」

「先輩……確かに、確かに、確かにそうですね！」

「《確かに》が三回。素数」

「鳩の巣原理……使っていますね、ほんとうに。ぐるっくぅ！」

鳩の巣原理

n 個の鳩の巣に $n+1$ 羽の鳩が入ったら、
少なくとも一個の巣には、二羽以上の鳩がいる。
ただし、n は自然数とする。

「言われてみれば当たり前のこの原理に、名前がついているというのが驚きです。……メモしなくっちゃ、鳩の巣……原理っと」

テトラちゃんはペンケースを取り出して、ノートにメモをした。

「あれ？ テトラちゃん、そのページ見せて」

「これですか——いろいろ試した跡です。お恥ずかしい」

ノート5ページくらいに渡って、たくさんの格子点とそれらを結んだ星状の図形が描かれていた。さまざまな場合を試して、この格子点の問題を考えていた様子がよくわかる。

「テトラちゃん、いろんな場合を試してみたんだね」

「はい。先輩がいつもおっしゃる《例示は理解の試金石》を実践したんです。この問題をほんとうに理解できるようにと思って、ひたすら例を作りました。確かに、どうやっても、必ず格子点が出てきちゃいます。そして、格子点の定義に戻りました。x 座標と y 座標の両方が整数というのが格子点の定義。中点が格子点になるためには、二点の座標の和が2で割り切れる必要がある……と、そこまでたどりついて初めて偶奇のパターン分けに気づきました。ですから、この問題を解決できたのは、先輩のおかげなんです」

テトラちゃんはそう言ってにっこり笑った。

へえ……テトラちゃん、頑張ってるなあ。

テトラちゃんのペンケースに小さなアクセサリが二つ下がっていた。一つは細い銀色の金属を曲げて魚のような形にしたもの。もう一つはメタリックに青く光る一文字。アルファベットのMだ。イニシャルかな……でも、テトラちゃんならTだ。

Mって、誰のイニシャルだ？

5.4 砕ける素数

翌日。

放課後の教室。残っているのは僕とミルカさん。

「君のかわいい妹は元気？」

ミルカさんは、額にかかった髪を静かに指でかきあげて言った。

「え？ あ、ユーリ？ 元気だよ。もう足も大丈夫」

「君はユーリを呼び捨てにするんだね」

「うん、子供のころから一緒にいたから」

「ユーリは、君にそっくりだな」とミルカさんが言った。

「そうかなあ……ま、親戚だし」

「打たれ強いし」

「ミルカさんにガツンと言われたの、喜んでたよ」

「……このあたりも似ている」

ミルカさんは右手を伸ばして僕の左耳に触れる。

「なっ、なに？」僕は驚いて身を引いた。

「耳の形が似ている。君とユーリ」

「そっ、そうかな……」耳の形なんて覚えていないぞ。

「変曲点の位置」

「は？」

「ユーリの耳も、ここに変曲点がある」

僕の耳に指を触れるミルカさん。

「はあ……？」

「なぜ、赤くなる？」ミルカさんが首を傾げた。

「赤くなってなんかいないよ」

「自分の顔の色がわかるのか、器用だな」

「……ミルカさんの眼鏡に僕の顔が映っているからね」

「ふうん……見えるんだ」

「見えるよ、ほら——」と、僕はミルカさんの眼鏡をのぞき込んだ。「ここに……ちゃんと」

「君の眼鏡のほうには、私が映っているよ」とミルカさんが言った。

その言葉で僕は、顔を不用意に近付けすぎたことに気づいた。

ミルカさんの両手が伸びて、僕の両方の耳をつかむ。

彼女は、そのまま僕を引っ張って……。

「せんぱーい、大発見だいはっけんっ！」元気少女、大音量で登場。

ミルカさんが手をさっと離したので、僕は後ろに転びそうになった。

……テトラちゃんは、図書室に僕たちがいないから探しにきたんだな。

「《和と差の積は二乗の差》を複素数で使うと、すごいことができます！ 素数を因数分解できるんです！」

ノートを振り上げるテトラちゃん。

「たとえば……2 を $1+1$ のように分割して、こんな式変形をしてみました」

$$
\begin{aligned}
2 &= 1+1 && \text{2 を 1 と 1 の和に分けた} \\
&= 1^2+1 && \text{1 を } 1^2 \text{ と書いた} \\
&= 1^2-(-1) && \text{1 を } -(-1) \text{ と書いた} \\
&= 1^2-i^2 && -1 \text{ は } i^2 \text{ に等しい} \\
&= (1+i)(1-i) && \text{《二乗の差》を《和と差の積》に変えた}
\end{aligned}
$$

「つまり、こういう式が成り立つんですよ」

$$2=(1+i)(1-i)$$

「これって、素数の 2 を因数分解してますよね！」

ああ……言いたいことがやっとわかった。

「ねえ、テトラちゃん……。計算自体は正しい。でもね、テトラちゃんは、2 を複素数の積に分解したのであって、整数の積に分解したわけじゃない」

「だって——でも……」とテトラちゃんがノートに目を落とす。

「テトラちゃんが因数分解を好きなのはわかったけれど、それじゃ、ぜんぜんだめだよ……痛っ！」

「教師失格」とミルカさんが言った。

「僕は、教師じゃないよ」それに、蹴飛ばさなくてもいいだろうに。

「発想を広げよう」ミルカさんは僕を無視して言った。「確かにテトラの式、

$$2=(1+i)(1-i)$$

は、素数を整数の積に分解しているわけじゃない。しかし、$1+i$ や $1-i$ を整数の一種と見なしたらどうだろう。実際、a, b が整数のとき、複素数

$a+bi$ は**ガウスの整数**と呼ばれているのだ。$1+i, 1-i, 3+2i, -4+8i$ などはすべてガウスの整数だ。もちろん、$a+bi$ で $b=0$ のとき、すなわち普通の整数もガウスの整数に含まれる。整数全体の集合は $\mathbb{Z}$ と書き、ガウスの整数全体の集合は $\mathbb{Z}[i]$ と書く。$\mathbb{Z}$ に i を絡《から》めることを象徴している表記法だよ」

整数 $\mathbb{Z}$ とガウスの整数 $\mathbb{Z}[i]$

a, b を整数とするとき、$a+bi$ をガウスの整数と呼ぶ。

$$\mathbb{Z} = \{\ldots, -2, -1, 0, 1, 2, \ldots\} \qquad \text{整数全体の集合}$$

$$\mathbb{Z}[i] = \{a+bi \mid a \in \mathbb{Z}, b \in \mathbb{Z}\} \qquad \text{ガウスの整数全体の集合}$$

$\{a+bi \mid a \in \mathbb{Z}, b \in \mathbb{Z}\}$ は、$a \in \mathbb{Z}, b \in \mathbb{Z}$ のとき、$a+bi$ の形の数全体の集合を表す。

「整数が数直線上にとびとびの値を取ったように、ガウスの整数は複素平面上にとびとびの値を取る。整数は一次元、ガウスの整数は二次元だ」

「ミルカさん、それって格子点ですねっ！」とテトラちゃんが言った。

「そうだ。ガウスの整数は複素平面の格子点に対応している。——テトラがさっき $2=(1+i)(1-i)$ で示したのは、

整数 $\mathbb{Z}$ では素数なのに、
ガウスの整数 $\mathbb{Z}[i]$ では素数にならない数がある。

という事実なんだ。2 という数は、整数 $\mathbb{Z}$ では素数だ。しかし、ガウスの整数 $\mathbb{Z}[i]$ では素数ではない。積の形に分解できるからだ」

「壊れないはずの原子が壊れたようなものか……」と僕が言った。

「ロマンティックな比喩《ひゆ》だな」とミルカさんが冷たく言った。

「あたしたちの素数は、ガウスの整数 $\mathbb{Z}[i]$ では、すべて因数分解されてしまうんですね……」

「誰が《すべて》と言った？」

「あ、あれ……違うんですか？」おろおろするテトラちゃん。

「違う。私たちの整数 $\mathbb{Z}$ には二種類の素数がある。一つは、ガウスの整数 $\mathbb{Z}[i]$ に持ち込むと、積に分解してしまう数。いうなれば《砕《くだ》ける素数》だ。たとえば、2 を $\mathbb{Z}[i]$ の世界で砕くと $(1+i)(1-i)$ になる。もう一つは、ガウスの整数 $\mathbb{Z}[i]$ に持ち込んでも、積に分解できない数。こちらは《砕けない素数》だ。たとえば、3 は $\mathbb{Z}[i]$ でも砕けない。3 は $\mathbb{Z}[i]$ でもやっぱり素数なのだ。——ただし、砕ける・砕けないというのは、正式な数学用語じゃないから注意。± 1 は合成数でも素数でもない。**単数《たんすう》**という」

- 整数 $\mathbb{Z}$
  - ゼロ　(0)
  - 単数　(± 1)
  - 合成数　$(\pm 4, \pm 6, \pm 8, \pm 9, \pm 10, \ldots)$
  - 素数
    - 《砕ける素数》　$\mathbb{Z}[i]$ で積に分解可能
    - 《砕けない素数》　$\mathbb{Z}[i]$ で積に分解不可能

なるほど。《砕ける素数》と《砕けない素数》か……って、ミルカさんもロマンティックな比喩を使ってるじゃないか。

ミルカさんは、僕たちの顔を見回した後、ゆっくりと黒板に向かう。僕とテトラちゃんは、まるで誘われるようにその後をついていく。

チョークを一本手に取ったミルカさんは、静かに三秒間だけ目を閉じる。

「いまから、私たちの素数を順番に砕いていこう。《砕けない素数》が持っているパターンを見抜けるかな」

ミルカさんは黒板に数式を書き始めた。

$2 = (1+i)(1-i)$	砕ける
$3 = 3$	砕けない
$5 = (1+2i)(1-2i)$	砕ける
$7 = 7$	砕けない
$11 = 11$	砕けない
$13 = (2+3i)(2-3i)$	砕ける
$17 = (4+i)(4-i)$	砕ける

「まだ、パターンは見えない。素数列で《砕けない素数》に丸印を付けよう」

$$2 \quad \textcircled{3} \quad 5 \quad \textcircled{7} \quad \textcircled{11} \quad 13 \quad 17 \quad \cdots$$

「これでもパターンは見えない。素数列ではなく、整数全体の列を使ってみよう。2 から 17 までの整数に対して《砕けない素数》に丸印を付けると、ちょっとパターンが見えてくる」

$$2 \quad \textcircled{3} \quad 4 \quad 5 \quad 6 \quad \textcircled{7} \quad 8 \quad 9 \quad 10 \quad \textcircled{11} \quad 12 \quad 13 \quad 14 \quad 15 \quad 16 \quad 17 \quad \cdots$$

「さらに表の形に組み替えると、パターンがはっきりと姿を現す」

$$\begin{array}{cccc} & & 2 & \textcircled{3} \\ 4 & 5 & 6 & \textcircled{7} \\ 8 & 9 & 10 & \textcircled{11} \\ 12 & 13 & 14 & 15 \\ 16 & 17 & \cdots & \end{array}$$

「この先、どうなるんですか。すごく、すごく気になりますっ！」とテトラちゃんが頬を紅潮させてミルカさんを見た。

「確かに気になる。では、17 より大きな素数も順番に砕いていこう」ミルカさんは、チョークの音も高らかに数式を書き続ける。

$19 = 19$	砕けない
$23 = 23$	砕けない
$29 = (5 + 2i)(5 - 2i)$	砕ける
$31 = 31$	砕けない
$37 = (6 + i)(6 - i)$	砕ける
$41 = (5 + 4i)(5 - 4i)$	砕ける
$43 = 43$	砕けない
$47 = 47$	砕けない
$53 = (7 + 2i)(7 - 2i)$	砕ける
$59 = 59$	砕けない
$61 = (6 + 5i)(6 - 5i)$	砕ける
$67 = 67$	砕けない
$71 = 71$	砕けない
$73 = (8 + 3i)(8 - 3i)$	砕ける
$79 = 79$	砕けない
$83 = 83$	砕けない
$89 = (8 + 5i)(8 - 5i)$	砕ける
$97 = (9 + 4i)(9 - 4i)$	砕ける

「さあ、これを表にするよ。素数以外は《・》で消しておこう」

		2	(3)
·	5	·	(7)
·	·	·	(11)
·	13	·	·
·	17	·	(19)
·	·	·	(23)
·	·	·	·
·	29	·	(31)
·	·	·	·
·	37	·	·
·	41	·	(43)
·	·	·	(47)
·	·	·	·
·	53	·	·
·	·	·	(59)
·	61	·	·
·	·	·	(67)
·	·	·	(71)
·	73	·	·
·	·	·	(79)
·	·	·	(83)
·	·	·	·
·	89	·	·
·	·	·	·
·	97	·	·

「！」僕は驚いた。ほんとうに驚いた。丸印が付いた素数が、右端にそろった。表の各行には数が四個ずつ並んでいるから……右端にあるのは《4 で割ったときに、余りが 3 になる素数》だ。

丸印が付いているのは《砕けない素数》だ。ということは、《砕ける素数》——つまり $(a+bi)(a-bi)$ の形に表せる素数——は、4 で割ったときに余りが 3 にならないというのか。4 で割った余りに、それほど特別な意味があるのか。

問題 5-3（砕ける素数）

素数 p、整数 a, b が次式の関係にあるとき、p を 4 で割った余りは 3 にならない。このことを証明せよ。

$$p = (a + bi)(a - bi)$$

「この証明はやさしい」とミルカさんが言った。

整数を 4 で割った余りで分類しよう。整数を 4 で割った余りは $0, 1, 2, 3$ のいずれかになる。言い換えると、すべての整数は、q を整数として、

$$\begin{cases} 4q + 0 \\ 4q + 1 \\ 4q + 2 \\ 4q + 3 \end{cases}$$

のいずれかになる。これらを平方して、4 でくくる。

$$\begin{cases} (4q + 0)^2 = 16q^2 & = 4(4q^2) + 0 \\ (4q + 1)^2 = 16q^2 + 8q + 1 & = 4(4q^2 + 2q) + 1 \\ (4q + 2)^2 = 16q^2 + 16q + 4 & = 4(4q^2 + 4q + 1) + 0 \\ (4q + 3)^2 = 16q^2 + 24q + 9 & = 4(4q^2 + 6q + 2) + 1 \end{cases}$$

つまり、平方数を 4 で割った余りは、$0, 1$ にしかならない。したがって、二個の平方数の和である $a^2 + b^2$ を 4 で割った余りは、$0 + 0 = 0$ か、$0 + 1 = 1$ か、$1 + 1 = 2$ のいずれかである。余りが 3 になることはない。

よって、$(a + bi)(a - bi) = a^2 + b^2$ を 4 で割った余りは 3 にならない。

解答 5-3（砕ける素数）

1. 平方数 a^2 を 4 で割った余りは 0 または 1 である。
2. 平方数 b^2 を 4 で割った余りも 0 または 1 である。
3. 二平方数の和 $a^2 + b^2$ を 4 で割った余りは $0, 1, 2$ のいずれかである。
4. よって、$a^2 + b^2 = (a + bi)(a - bi) = p$ を 4 で割った余りは 3 にならない。

「いま証明したように、砕ける素数は 4 で割って 3 余ることはない。実は、p を奇数の素数とすると、

$$p = (a + bi)(a - bi) \iff p \text{ を 4 で割ると余りは } 1$$

が成り立つのだ。——そういえば、以前仲間はずれ探しのクイズを出したね。$239, 251, 257, 263, 271, 283$ という数のうち、仲間はずれは 257 だ。この数だけが《砕ける素数》になる。なぜなら、257 だけが 4 で割って 1 余る素数だからだ」

$239 = 239$	砕けない
$251 = 251$	砕けない
$257 = (16 + i)(16 - i)$	砕ける
$263 = 263$	砕けない
$271 = 271$	砕けない
$283 = 283$	砕けない

「4 で割って 3 余る素数は、$(a + bi)(a - bi)$ という形だけではなく、どんな形にも因数分解できない。実は、4 で割って 3 余る $\mathbb{Z}$ における素数は、$\mathbb{Z}[i]$ においても《素数》の役目を果たすんだ」

……僕はミルカさんの話を聞きながら、不思議な気分を味わっていた。ガ

ウスの整数 $\mathbb{Z}[i]$ を使うと、$\mathbb{Z}$ における素数を砕ける場合があるというのは理解できる。

しかし、砕けるかどうかを調べるのに《4 で割った余り》が関係してくるのは不思議だ。余りで整数を調べるのは、それほど深い調査なのか。

割り算と余りについて習ったのは小学生のときだ。《余りを求める》という強力な道具を、われ知らず小学校のころから手に持っていたことになるな。小学校のころの割り算で、点を三つ打ちながら《あ・ま・り》と唱えたことを思い出す。その記憶に引きずられるように、僕は小学校高学年であこがれていた先生を思い出した。先生は僕のノートを見て、《あなたの書く数字は、とてもきれいね》とほめてくれた。そのとき以来、僕はノートに数式を書くのが好きになったんだ。

テトラちゃんが口を開いた。

「ミルカさん——複素平面で計算したり、$\mathbb{Z}[i]$ で計算したり、$\mathbb{Z}$ で計算したり……と、いろんな範囲の数で計算するって、おもしろいですね。しかも図形が絡んできて……」

「計算の仕組みを考えるのはおもしろい」とミルカさんが答えた。「計算というものをもっと一般化して考えるために、**群**《ぐん》という概念がある。これもまたおもしろい。でも、今日はもう帰ろう——群論は明日だ」

「はいっ」とテトラちゃんが言った。

僕は——あらためて思う。

人間はほんとうに未来が見えない存在だ。

僕たちは、明日も今日と同じだと思っていた。

明日も、ミルカさんの話が聞けると思っていた。

いつもの放課後の図書室で。

《次に何が起こるかわからない》と知ってたはずなのに。

群論は明日だ——と、ミルカさんは確かに言った。

しかし、その約束は守られなかった。

次の日に起きた、交通事故のために。

〔これらの命題は〕、
数の世界が $\mathbb{Z}$ から $\mathbb{Z}[i]$ へと広がるときの素数の分解の様子が、
素数を 4 でわった余りで決まる、という事実の反映である。
——加藤／黒川／斎藤『数論 I』 [25]

No.

Date ・ ・ ・

「僕」のノート

以下の図で、$\triangle OPQ$ と $\triangle OP'Q'$ とが相似であることを示す。

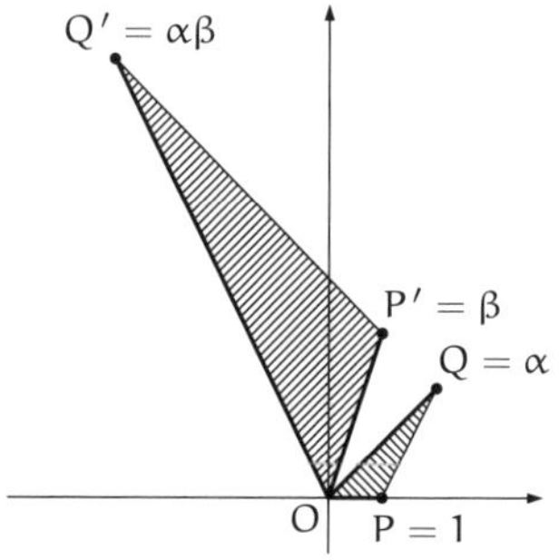

$a, b, c, d \in \mathbb{R}$（実数）として、$\alpha, \beta$ を以下のように表現する。

$$\begin{cases} \alpha & = a + bi \\ \beta & = c + di \end{cases}$$

このとき、$\alpha\beta$ は次式で表せる。

$$\begin{aligned} \alpha\beta &= (a + bi)(c + di) \\ &= ac + adi + bic + bdi^2 \\ &= (ac - bd) + (ad + bc)i \end{aligned}$$

No.

Date ・ ・ ・

二つの三角形の各辺を a, b, c, d で表す。

まず、$\triangle \mathrm{OPQ}$ の三辺の長さ。

$$
\begin{aligned}
\overline{\mathrm{OP}} &= |1| = 1, \\
\overline{\mathrm{PQ}} &= |\alpha - 1| = |a + bi - 1| = |(a-1) + bi| = \sqrt{(a-1)^2 + b^2}, \\
\overline{\mathrm{OQ}} &= |\alpha| = |a + bi| = \sqrt{a^2 + b^2}.
\end{aligned}
$$

次に、$\triangle \mathrm{OP'Q'}$ の三辺の長さ。

$$
\begin{aligned}
\overline{\mathrm{OP'}} &= |\beta| = |c + di| = \sqrt{c^2 + d^2} = 1 \times \sqrt{c^2 + d^2} = \overline{\mathrm{OP}} \times |\beta|, \\
\overline{\mathrm{P'Q'}} &= |\alpha\beta - \beta| \\
&= |(\alpha - 1)\beta| \\
&= |((a-1) + bi)(c + di)| \\
&= |((a-1)c - bd) + ((a-1)d + bc)i| \\
&= \sqrt{((a-1)c - bd)^2 + ((a-1)d + bc)^2} \\
&= \sqrt{((a-1)^2 + b^2)(c^2 + d^2)} \\
&= \sqrt{((a-1)^2 + b^2)} \times \sqrt{(c^2 + d^2)} \\
&= \overline{\mathrm{PQ}} \times |\beta|,
\end{aligned}
$$

No.

Date ・ ・ ・

$$
\begin{aligned}
\overline{OQ'} &= |\alpha\beta| \\
&= |(ac - bd) + (ad + bc)i| \\
&= \sqrt{(ac - bd)^2 + (ad + bc)^2} \\
&= \sqrt{a^2c^2 - 2abcd + b^2d^2 + a^2d^2 + 2abcd + b^2c^2} \\
&= \sqrt{a^2c^2 + b^2d^2 + a^2d^2 + b^2c^2} \\
&= \sqrt{(a^2 + b^2)(c^2 + d^2)} \\
&= \sqrt{(a^2 + b^2)} \times \sqrt{(c^2 + d^2)} \\
&= \overline{OQ} \times |\beta|.
\end{aligned}
$$

結局、

$$
\begin{cases}
\overline{OP'} & = \overline{OP} \times |\beta| \\
\overline{P'Q'} & = \overline{PQ} \times |\beta| \\
\overline{OQ'} & = \overline{OQ} \times |\beta|
\end{cases}
$$

が成り立ち、三辺の比が等しいことがいえた。

$$
\overline{OP} : \overline{PQ} : \overline{OQ} = \overline{OP'} : \overline{P'Q'} : \overline{OQ'}
$$

第6章
アーベル群の涙

なにがしあわせかわからないです。
ほんとうにどんなつらいことでも
それがただしいみちを進む中でのできごとなら
峠の上りも下りもみんなほんとうの幸福に近づく
一《ひと》あしずつですから。
——宮沢賢治『銀河鉄道の夜』

6.1 走る朝

朝、僕の教室にテトラちゃんが飛び込んできた。

「先輩っ！ ミルカさんが、トラックに——！」

僕は弾《はじ》かれたように立ち上がった。

「ミルカさんが——どうしたって！」

テトラちゃんの両肩をつかむ。

「いま、いま、……。あそこで——」半泣きだ。要領を得ない。

「わかんないよ！」思い切りゆさぶる。

「先輩。い、痛い……。信号の向こうにミルカさんがいて——そこに突っ込んできたんです……すごい音で。救急車が来ても、まだ、あたし、動けなくて——」

信号？ 国道か！

僕は、教室から走り出した。一気に階段を下る。上履きのまま、校門を走り抜ける。うねうね道を過ぎる。国道だ。

交差点。ひとだかり。パトカーが一台。信号機の柱で半分ひしゃげたトラック。飛び散ったガラス。

ミルカさんは？　僕は周りを見渡す。いるわけないだろう！　救急車が来たんだ。

救急車、救急車……中央病院か！

僕は——走り出した。

走る。

こんなに力いっぱい走ったことはない。途中の信号は、すべて無視。事故らなかったのは奇跡だ。だめだ、まだ、だめだ……僕は、何も、まだ……。僕は、走りながらずっとミルカさんを呼び続けていた——。

——中央病院。

受付の女性は、息を切らせている僕をじろじろ見て、どこかに電話をかける。壁のホワイトボードを見る。動作がのろくて気が狂いそうだった。

「処置室 A になりますね。あ、走らないでください！」

病院内も全力疾走——そして、処置室 A の前で立ち止まる。

ドアをそっと開ける。消毒薬の匂い。

看護婦が一人。向こうを向いて何かを洗っている。

後ろ手にドアを閉める。廊下のざわめきが消える。

看護婦がこちらを向く。

「はい？」

「先ほど救急車で運ばれてきた……彼女は、ここですか？」

「いま眠っていらっしゃいますので——」

「起きています」

カーテンのかげから凜《りん》とした声。ミルカさんの声だ。

◎　◎　◎

彼女は、ブルーの病院着で横になっていた。目を凝らすようにして僕を見ている。眼鏡を外したミルカさん。

「ミルカさん……」僕は何て言ったらいいかわからない。

「ふうん……」と彼女は言った。

僕はベッドのそばの椅子に腰を下ろす。サイドテーブルに眼鏡が置いてあった。フレームが大きくゆがんでいる。

「ミルカさん……大丈夫？」

彼女は、二三度まばたきをして話し始めた。

「横断歩道を渡ろうとしたら、トラックが突っ込んできた。避《よ》けるときにバランスを崩して転んだ。腕をどこかに思い切りぶつけた。なかなか痛い。ほら——」

左腕全体に包帯が巻かれている。

「じゃ、車にはぶつからなかった？」

「よく覚えていない……右足も包帯だ。なかなか痛い。ほら——」

「ミルカさん！ 足は見せなくていいよ……」

「頭も打った。起き上がれなくて、ぼうっとしていたら、いつのまにか救急車に乗せられていた……。ねえ、君、知ってるか」

「ん？」

「救急車は乗り心地が悪い。運転が乱暴で振動が酷《ひど》い」

僕はちょっと笑った。

「ミルカさん、何か要るものある？ ジュースは？」

「何も要らない」

「じゃ、外にいるから、何か用事があったら呼んで……」

立ちかけると、彼女はベッドから右手を伸ばして言った。

「顔。よく見えない」

僕は、顔を近付ける。

ミルカさんの手が、なめらかに僕の頬に触れた。

(あたたかい)

椅子に座り直し、僕は彼女の手を両手で包んだ。ミルカさんは目を閉じる。そのまま、静かな時が流れた。やがて、彼女は寝息を立て始める。

彼女の手を握ったまま、黙って寝顔を眺める。長いまつげ。ほんのわずか微笑みを浮かべた口元。呼吸に合わせてゆっくりと上下する胸……。

生きていてくれた。

ふいに、僕の目から涙があふれてきた。

6.2　一日目

6.2.1　集合に演算を入れるために

「検査が済んだらすぐに退院だと思っていたのに、三日も入院なんて信じられない。つまらないから、テトラと一緒にお見舞いに来るように。一緒に数学しよう」

これがミルカさんからの依頼——というか、命令だった。

こうして、僕とテトラちゃんは、退屈な女王さまを次の日から見舞うことになった。ミルカさんは群論入門で歓迎してくれた。

「まずは集合から話を始めよう」長い髪を後ろでくくったミルカさんは、ベッドに半身を起こして言った。

◎　◎　◎

まずは集合から話を始めよう。

私たちは数の集合をいろいろ知っている。

- $\mathbb{N}$ は、$\{1,2,3,\ldots\}$ という自然数全体の集合。
- $\mathbb{Z}$ は、$\{\ldots,-3,-2,-1,0,1,2,3,\ldots\}$ という整数全体の集合。
- $\mathbb{Q}$ は、整数の比で作る有理数全体の集合。
- $\mathbb{R}$ は、実数全体の集合。
- $\mathbb{C}$ は、複素数全体の集合。

小学校から高校まで、私たちは数の集合について学び、演算《えんざん》を学んできた。でも、いま述べた集合だけではなく、まったく別の集合に対して、演算を入れるというのもおもしろいんだよ。

6.2.2 演算

「集合 G に対して、$\star$《スター》という演算が定義されているとしよう。演算 $\star$ が定義されるとは、集合 G のどんな要素 a, b に対しても、

$$a \star b \in G$$

が成り立つことだ。このとき、《演算 $\star$ に関して集合 G は**閉じている**》と呼ぶ」

ミルカさんが《閉じている》という用語を説明した直後に、テトラちゃんが手を挙げた。彼女は、教えている相手が目の前にいるときでも、質問があると挙手をするのだ。

「質問です。記号 $\star$ にはどんな意味があるんでしょうか……？」

「意味？ $\star$ が具体的にどんな演算なのかは、いまは問題にしない。$\star$ は何かの演算を行うものと思うだけでいい……というのは不親切かな。とりあえずは、$+$ や $\times$ のようなもの、と思っておいていい。私たちは、具体的な数の代わりに a や b という文字を使う。それと同じように、具体的な演算の代わりに $\star$ という記号を使うだけのこと」ミルカさんは流れるように説明する。

「わかりました。もう一つ、集合のこの記号は……ええと」

「式 $a \in G$ は《a は G の要素である》と読む。英語では "a is an element of G" や "a belongs to G" と呼ぶ。もっと簡単に "a is in G" ともいう。$a \star b \in G$ は《$a \star b$ は集合 G の要素である》という命題だと思えばいい。a と b の演算結果——すなわち $a \star b$——が具体的に何になるのかは、いまは問題にしない。ただ《$a \star b$ も集合 G の要素になっている》ことは保証したいということだ。$\in$ という記号に慣れるまでは……眼鏡がないからよく見えないけれど、いま、彼がノートに描いているはずの図をイメージしてもいいだろう」

ミルカさんの話を聞きながらノートにメモしていた僕は、話を急に振られ

て驚いた。僕はちょうど、ミルカさんの話を聞きながら、$a, b, a \star b$ という三要素を集合 G という囲みの中に書いていた。

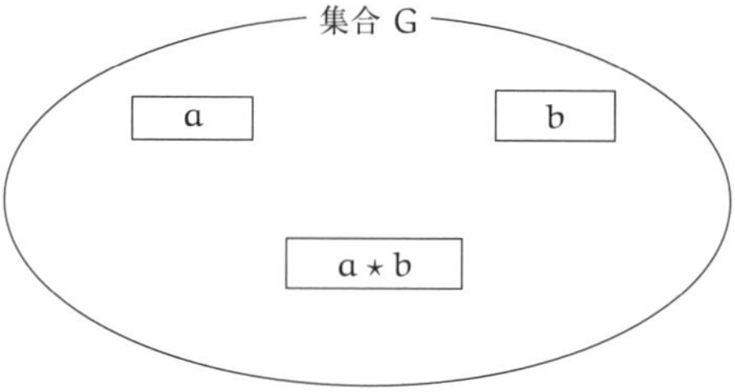

$a \star b$ は集合 G の要素である

「はい、わかりました」とテトラちゃんが答えた。「……っと、どうして集合なのに、G なんですか。集合は確か set ですよね」

「集合をもとに、これから群を定義するからだ。群は英語でグループ」

「G は、group の頭文字なのですね……」

「さて、$\in$ という記号の例を挙げて理解を試すよ。$\mathbb{N}$ は、自然数全体の集合を表す。次の命題は真かな？」ミルカさんは、僕の手からノートとシャープペンを取り上げて書いた。

$$1 \in \mathbb{N}$$

「1 は自然数です。ですから $\mathbb{N}$ の要素です。なので、$1 \in \mathbb{N}$ は真です」テトラちゃんが、はきはきと言った。

「よし。では、これは？」

$$2 + 3 \in \mathbb{N}$$

「$2 + 3$ は 5 で、これも自然数ですから、$2 + 3 \in \mathbb{N}$ は真です」

「よし。でも、《$2+3$ は 5》ではなく《$2+3$ は 5 に等しい》と言いなさい」

「はい。$2 + 3$ は 5 に等しい」

「では、テトラ……《自然数全体の集合 $\mathbb{N}$ は、演算 $+$ に関して閉じている》といえるかな？」ミルカさんはテトラちゃんの目をじっと見て言った。

「えとえと……閉じている——と思います」

「なぜ？」

「なぜかというと——ええと、どう言えばいいのか……」

「テトラちゃん。定義から考えればいいんだよ」と僕が助け船を出す。

「黙ってなさい」ミルカさんが僕をにらんだ。「定義から考えればいいのよ、テトラ。どんな $\mathbb{N}$ の要素 a, b に対しても $a + b \in \mathbb{N}$ が成り立つ。だから、演算 $+$ に関して、自然数全体の集合 $\mathbb{N}$ は閉じているといえる」

「あのう……それって、《二つの自然数を加えたら、その答えはやっぱり自然数》と同じだと思っていいですか？」

「いい。集合 G が演算 $\star$ に関して《閉じている》という表現は、まさにそれを表したものだよ」

「はいっ！ よくわかりましたっ！」テトラちゃんが元気に言った。

演算の定義（演算に関して閉じている）

集合 G が演算 $\star$ に関して閉じているとは、集合 G の任意の要素 a, b に関して、以下が成り立つこと。

$$a \star b \in G$$

6.2.3 結合法則

ミルカさんの話は加速しつつ進む。

「次は、**結合法則**《けつごう》だ。これは《演算の順序は問わない》という法則」

$$(a \star b) \star c = a \star (b \star c)$$

再びテトラちゃんがさっと挙手。

「あの、ミルカさん。足し算で $(2 + 3) + 4 = 2 + (3 + 4)$ が成り立つのはわかります。だから、この《結合法則》もわかります。でも——これは証明すべきこと……なのでしょうか。つまりですね、いまミルカさんが説明してくださっている《結合法則》をどう理解すればいいのかわからないんです」
「いいかな、テトラ」とミルカさんがやわらかな声で言う。「証明せよと言っているのではない。まずは、このルールに《結合法則》という名前がついている、と受け止めなさい。これから、いくつかの法則を説明する。そして最後に、《……以上の法則を満たす集合を群《ぐん》と呼ぶ》と私は宣言したい。つまり、いまは、群を定義するための準備中」
「わかりました。まずはそのまま受け止めます。数学の授業って、今回の結合法則みたいに、すっごく当たり前の話が出てくることがあります。そんなとき――あたしは迷うんです。この当たり前のことは《暗記すべきこと》なの？　それとも《証明すべきこと》なの？――って」
「それはすごくいい問いだと思うよ」と僕が口をはさんだ。「授業なら先生に訊《き》いてみたらいいんじゃないかな」
「答えられない教師はきっと多い」とミルカさんは言った。

結合法則

$$(a \star b) \star c = a \star (b \star c)$$

6.2.4　単位元

《講義》は続く。もう、ここは病室ではなく講義室になってるな。ミルカさんは、人差し指を指揮棒のように振る。彼女が指をひと振りするごとに、新しい音が生まれ出てくるようだ。
「次に、**単位元**《たんいげん》の話をしよう」とミルカさんは続けた。「たとえば、足し算をするとき、どんな数に0を加えても《変わらない》。掛け算をするとき、どんな数に1を掛けても《変わらない》。すなわち《足し算での0》と《掛け算での1》は似ている。その、《変わらない》を数学的に表現したものが単位元だ。普通は単位元を e と表記する。どんな要素 a に対しても、要素 e との

演算結果は a のまま。つまり、変わらない——そのような要素 e を単位元と呼ぶ」

単位元の定義（単位元 e の公理）

集合 G の任意の要素 a に対して、以下の式を満たす集合 G の要素 e を、演算 $\star$ における**単位元**と呼ぶ。

$$a \star e = e \star a = a$$

「ミルカさん……頭がぐるぐるしてきました。結局、単位元っていうのは 0 なんですか。1 なんですか。なんだか……内緒話をされている気分です。わかっている人にはわかるけれど、わからない人にはわからない」

「整数全体の集合 $\mathbb{Z}$ で、演算 $+$ における単位元は 0 だ。でも、演算 $\times$ における単位元は 1 だよ」

「え、えええ？」

「単位元は集合により、演算により違う。その要素 e は具体的に何であってもいい。ただ、集合 G の任意の要素 a に対して $a \star e = e \star a = a$ という式を満たしさえすればいい。そうすればその要素 e は単位元と呼ばれる。e という要素が実際には何なのか——理解のためには問うてもいい。でも、証明のときに使うのは公理だけ」

「？」

「こう言ったほうがいいかな。その要素が単位元かどうかは、単位元の公理を満たしているかどうかがすべてだ。つまり——

公理が定義を生み出している

ということなんだよ」

「……完全ではないですけれど、だいぶわかってきました」

僕は二人のやりとりを黙って聞いている。

僕は定義を《言葉の厳密な意味》と理解していた。それは大筋では間違っていない。しかし、僕は《言葉》の中に《数式》を含めてはいなかった。

《公理が定義を生み出している》——それは、最も厳密な言葉である数式を使い、公理という名の命題を使って定義するという意味か……。

数式が好き、と自負しているくせに、僕は、数学の土台に数式を持ってくるという発想がなかったんだな。

そういえば以前、ミルカさんが虚数単位 i の話をしたときも、公理と定義について語っていた。

> i という数を $x^2+1=0$ という方程式の解として《定義》した。
> i の満たすべき《公理》を方程式の形で示したのだ。

あのときも、公理と定義をわざわざ同列に語っていた——。

6.2.5 逆元

「次は、**逆元**《ぎゃくげん》」とミルカさんが言った。

「そういえば、《元》ってそもそも何ですか。さっきも単位元という用語が出てきましたけれど……」

「集合の元というのは、集合の要素と同じ意味。英語でいえば element だ」

「element？ 全体を構成している個々のもの……ということですね」

「さて、要素 a に対して以下の式を満たす要素 b のことを a の逆元という」

逆元の定義（逆元の公理）
a を集合 G の要素とし、e を単位元とする。a に対して、以下の式を満たす $b \in G$ を、演算 $\star$ に関する a の**逆元**と呼ぶ。

$$a \star b = b \star a = e$$

実数でいえば、演算 $+$ に関する 3 の逆元は -3 だし、演算 $\times$ に関する 3 の逆元は $\frac{1}{3}$ になる。

6.2.6 群の定義

ミルカさんは、ベッドの上で背筋を伸ばし、両腕を広げた。包帯の巻かれた左腕が痛々しいけれど、彼女の仕草はすべて優雅だ。

「さあ、《演算》《結合法則》《単位元》《逆元》を定義した。これでやっと《群》を定義できる」

群の定義（群の公理）

以下の公理を満たす集合 G を**群**《ぐん》と呼ぶ。

- **演算** $\star$ に関して閉じている。
- 任意の元に対して、**結合法則**が成り立つ。
- **単位元**が存在する。
- 任意の元に対して、その元に対する**逆元**が存在する。

演算に関して閉じており、任意の元に対して結合法則が成り立ち、単位元が存在し、任意の元に対して逆元が存在する——

かくのごとき集合を群《ぐん》と呼べ。

ミルカさんは宣言した。

6.2.7 群の例

「こういう公理を見たら、テトラはどうする？」ミルカさんが言った。

「……きちんと読みます」

「もちろん。それから？」

「それから……」ちらっと僕を見るテトラちゃん。

「彼の顔に答えが書いてあるの？」

「違います。ええと……例を作ります。《例示は理解の試金石》」

「そう。例を作るには、理解力と想像力が必要になる。たとえば、次の命題は真かな？」すかさず問うミルカさん。

《整数全体の集合 $\mathbb{Z}$ は、演算 $+$ に関して群になる》

「ええと、整数全体の集合は……群になっていますね」

「どうしてそう思った？」

「え——なんとなく」

「だめ」とミルカさんは言った。

彼女の《だめ》は、切れ味のよい刀だ。ばっさり切られて気持ちがいい。

「群の公理を満たすことを確かめなさい、テトラ。満たしていれば、群。満たしていなければ、群ではない。公理は定義を生み出しているんだから」

「あ、はい……でも……」とテトラちゃんはきょろきょろする。

「$\mathbb{Z}$ は $+$ に関して閉じている？」とミルカさんが訊いた。

「……はい。整数同士を加えると、整数になりますから」

「結合法則は成り立つ？」間髪を入れず、次の質問が飛ぶ。

「はい」

「単位元は存在する？」

「単位元っていうのは——はい、存在します」

「$\mathbb{Z}$ の $+$ に関する単位元とは？」

「足しても変わらない……0 ですか？」

「そう。では、ある整数 a の逆元とは？」

「あ、これがまだよく……逆元というのは……あの……」

「逆元の定義は？」ミルカさんは鋭く続ける。

「演算で……あの。すみません、忘れました」

「単位元を e としたとき、a の逆元を b とすると、$a \star b = b \star a = e$ が成り立つ」とミルカさんは言った。

「ということは……あの、$a + b = b + a = 0$ ということでしょうか……でも、a と b を加えて 0 になるというのは……？」

「a と b を加えて 0 になるとき、b は a の逆元だ。a に加えると 0 になる数とは？」

「マイナス……あの、$-a$ ですか？」

「そう、それでいい。整数の集合 $\mathbb{Z}$ の要素 a の、演算 $+$ に関する逆元とは $-a$ のことだ。どんな整数 a に対しても、$-a$ という逆元は集合 $\mathbb{Z}$ の要素になっている」

「はい」

「……だから？」

「えっ？」

「いま、群の公理を一つ一つ確かめたでしょう。すべての公理を確かめたから……《整数全体の集合 $\mathbb{Z}$ は、演算 $+$ に関して群になる》といえるのよ」

「あっ、それで確かめたことになるのですね」

「そう」

ミルカさんは言葉を切り、一瞬だけ目を閉じた。すぐに話を続ける。

「では、次の問題」

《奇数の集合は演算 $+$ に関して群をなすか？》

「ええと、公理を満たすかどうか確かめます。あ、だめです。たとえば、$1+3=4$ ですけれど、4 は奇数ではありませんから」

「そう。奇数の集合は演算 $+$ に関して、そもそも閉じていない。だから群ではない。では、次」

《偶数の集合は演算 $+$ に関して群をなすか？》

「え？ 奇数のときと同じで、群にはならないと思います」

「……」ミルカさんは黙って目を閉じ、首を振った。

「え……ああっ、違います。今度は群になります。偶数 $+$ 偶数 $=$ 偶数 なんですね。結合法則も、単位元も、逆元も大丈夫です」

「そう。では次」

《整数全体の集合は演算 $\times$ に関して群をなすか？》

「え？ これは先ほど調べました。群になります」

「いや、さっき調べたのは、演算 $+$ に関して群になることだ。今度は演算 $\times$ だ。整数全体の集合 $\mathbb{Z}$ は、加法 $+$ に関して群になる。けれど、乗法 $\times$ に関しては群にならない。テトラ、それはなぜ？」

「え？　整数全体の集合は乗法 $\times$ に関して——群にならない？」

テトラちゃんは、真剣に考えながら、爪を噛む。

「整数 $\times$ 整数 は整数だから、閉じている。結合法則はもちろん成り立つ。単位元は……掛けても変わらない数だから……きっと 1 だ。ほんとうに群じゃないんですか？——あ！」

「わかったかな」とミルカさんが微笑んだ。

「わかりました。逆元がないんです。たとえば、3 にどんな整数を掛けても単位元の 1 にはならないですから、3 の逆元はありません」

「$\frac{1}{3}$ は逆元ではない？」とミルカさんが問う。

「え？——だって、$\frac{1}{3}$ は $\mathbb{Z}$ の要素ではありませんよ！」

「その通り。公理を確かめる感覚がわかってきたかな」

「……はい、少し」

そこでミルカさんは、声のトーンを和らげ、微笑みながら言った。

「公理を確かめるのは、定義を確かめるのと同じ感覚でしょう？」

6.2.8　最小の群

僕は、二人の少女の数学会話を楽しんでいる。

「ではテトラ、要素の個数が最も少ないのはどんな群？」

問題 6-1（要素の個数が最も少ない群）
要素の個数が最も少ない群は何か。

「要素が一個もない集合で作った群でしょうか」とテトラちゃんが言った。

「そうだね。空《くう》集合だ」と僕が割り込んで言った。

「違う」とミルカさんが言った。

「え？」と僕が言った。「集合で要素の個数が最も少ないのは、要素が一個もない集合……つまり空集合だよね」

「それは正しい」とミルカさんが答える。

「……それなら、空集合が、要素の個数が最も少ない群だよ」と僕が言った。

「違う。空集合で群は作れない。君たちは、群の公理を忘れたのか。単位元がなければ群ではない。空集合には要素はない。だから空集合は群になれない」とミルカさんが言った。

「へえ……」

「要素数が最も少ない群は、要素が一個の集合。そしてもちろん、その要素が単位元となる」

「なるほど」と僕は言った。

「ちょっと待ってください。先輩方。単位元が必要なので空集合は群になれない、というのはわかりました。でも、群の公理では、逆元が必要です。単位元という一つの要素だけではだめではないでしょうか」

「単位元の逆元は単位元自身になるから大丈夫」とミルカさんが言った。「群では、単位元の逆元は単位元自身なんだよ」

「あっ……そういうのもありなんですね！」とテトラちゃんは何かを悟ったような目をする。

解答 6-1（要素の個数が最も少ない群）
要素の個数が最も少ない群は、単位元のみからなる群

$$\{e\}$$

である。このとき、演算 $\star$ は次式で定義される。

$$e \star e = e$$

すなわち、e の逆元は e 自身である。

「群の**演算表**《えんざんひょう》はこうなる。単位元 e 一つだからつまらない表だけれど、$e \star e = e$ を表している」

$\star$	e
e	e

「なるほど、演算表は、いわば演算 $\star$ の《九九表》なんだね。演算表を書けば、演算が定義できるわけか」と僕は言った。

「九九表そのものは、閉じた演算表ではないけれどね」とミルカさんがコメントした。

6.2.9　要素が二個の群

問題 6-2（要素数が二個の群）
要素数が二個の群を示せ。

「要素数が二個の群を作ろう」とミルカさんが言った。「単位元を e とし、もう一つの要素を a とする。そして、まず空白の演算表を書き、そこを埋めていこう」

$\star$	e	a
e		
a		

「単位元の定義からすぐに書き込める欄がある。テトラ、それはどこ？」

「単位元は、要素を変えないのですから……。わかりました。ここですね。$e \star e$ と $e \star a$ です」

$\star$	e	a
e	e	a
a		

「縦もだよ。$a \star e = a$ だ」とミルカさんがもう一つ埋めた。

$\star$	e	a
e	e	a
a	a	

「そして、残りは $a \star a$ で、これは e になる」ミルカさんが埋めた。

$\star$	e	a
e	e	a
a	a	e

テトラちゃんがすかさず手を挙げた。

「ミルカさん、最後に埋めたところなのですが、《e になる》とは限らないような気がするんですが……。たとえば、こういう演算表で $\star$ を定義してはどうでしょうか。これでも要素数は二個で、でもさっきとは別の群になりますよね」とテトラちゃんが表を書いた。

$\star$	e	a
e	e	a
a	a	a

テトラちゃんが考えた演算表——これは群？

「だめ」とミルカさんが言った。

「これだとね、テトラちゃん——」と僕が言いかけた。

「だめ。テトラが答えなさい」ミルカさんが言った。「群の公理からわかる」

「はい……考えます。……あたしの考えた演算表が群にならないのは、なぜか。——ええと、そうか、群の公理を一つ一つ確かめればいいんだ。でも、e と a しか出てこないから《閉じている》し……《単位元》は e だし……あっ！」テトラちゃんが顔を上げた。「わかりました。a の《逆元》が存在しません。なぜかというと……a の行には e がありません。だから $a \star e$ も、$a \star a$ も e に等しくなりません。つまり、a には逆元が存在しない！ だから、これでは群にならないのですね」

「それでいい」とミルカさんが言った。

解答 6-2（要素数が二個の群）
要素数が二個の群は、単位元と別の元からなる群

$$\{e, a\}$$

である。このとき、演算 $\star$ は次式で定義される。

$$\begin{aligned} e \star e &= e \\ e \star a &= a \\ a \star e &= a \\ a \star a &= e \end{aligned}$$

すなわち、演算表は以下の通り。

$\star$	e	a
e	e	a
a	a	e

6.2.10 同型

「ところで、要素の数が二個の群の書き方は、$\{e, a\}$ である必要はない。たとえば、偶数と奇数の和はどうだろう。$\{$偶数, 奇数$\}$ は、$+$ に関して群をなす。偶数が単位元」とミルカさんが言った。

$+$	偶数	奇数
偶数	偶数	奇数
奇数	奇数	偶数

「$\{+1, -1\}$ でもいいな。演算は $\times$ で単位元は $+1$」

×	+1	−1
+1	+1	−1
−1	−1	+1

「次のように、要素も演算も記号になっているものはどうだろう。集合 $\{☆, ★\}$ に対して以下の演算 $\circ$ を定義する。☆が単位元だ。これも群」

○	☆	★
☆	☆	★
★	★	☆

「でも、これって全部《同じ》だよね」と僕は言った。「$\{e, a\}$ も、$\{偶数, 奇数\}$ も、$\{+1, -1\}$ も、$\{☆, ★\}$ も……全部《同じ》だ。演算表に出てくる文字を機械的に書き換えれば他の表になる」

「そう。このように、《同じ》群のことを、《**同型**《どうけい》な》群という。実は、要素が二個の群はすべて同型な群になるのだ」

「同型な群……」とテトラちゃんが言った。

「そう、同型な群だ」ミルカさんはだんだん早口になってきた。「同型な群を同一視すると、要素が二個の群というものは、本質的には一つしかない。歴史をいくら遡《さかのぼ》っても、何億年先の未来でも、どこの国に行っても、宇宙の果てまで旅しても、この事実はゆるがない。要素が二個の群は本質的にたった一つなのだ」

僕たちは黙って聞いている。

「群の公理のどこにも《要素が二つの群は本質的に一つ》などとは書かれていない。けれど《要素が二つの群は本質的に一つ》であることは、群の公理から導ける」

ここでミルカさんは、急に話のスピードを落とす。右手で左腕の包帯をゆっくりなでてから、ささやくような声で言った。

「公理によって与えられている暗黙の制約。この制約が集合の要素同士をしっかり結びつける。単純にしばるのではない、相互に秩序ある関係を結ぶ。言い換えれば——公理によって与えられる制約が構造を生み出しているのだ」

制約が、構造を、生み出している……。

6.2.11　食事

食事の時間になった。

おばさんが病院食をトレイに載せて運んできたので、僕たちはちらばったメモ用紙やノートをかたづけて、ミルカさんの食事の仕度を手伝う。

「おいしそうですね」テトラちゃんがお茶をいれながら言った。

「病院食か……」とミルカさんが答えた。「まあ、食器がいま一つで、味がいま一つで、見た目がいま一つなのを除けば文句はないよ」

「いや、それ、じゅうぶん文句いってるって」と僕は言った。

「国際線の機内食に似ている。機内食との違いは——ワインが出ないことだな」とミルカさんが真顔で言った。

「病院だよ……お酒が出てくるわけないじゃないか」僕は言った。

「あの……先輩方。それ以前に未成年なんですけど……」テトラちゃんがあきれたように言った。

「未成年という制約は構造を生み出しているかな？」ミルカさんが言った。

6.3　二日目

6.3.1　交換法則

次の日も病室訪問。

僕とテトラちゃんを病室で迎えたミルカさんの第一声はこうだった。

「任意の元について**交換法則**を満たす群を**アーベル群**という」

交換法則《こうかん》

$$a \star b = b \star a$$

「あれ？」とテトラちゃんが言った。「結合法則と交換法則って同じことを言ってませんか？」

$$(a \star b) \star c = a \star (b \star c) \qquad \text{結合法則}$$

$$a \star b = b \star a \qquad \text{交換法則}$$

「……結合法則って、計算の順序を変えてもよいってことですよね？ もしそうなら、交換法則はいらないんじゃないんでしょうか」

「違う」とミルカさんが言った。「よく見なさい。結合法則では、計算の順序を変えている。でも、$\star$ の右と左を交換しているわけじゃない。整数・有理数・実数の加算はすべてアーベル群。すなわち交換法則が成り立っている群だ。だから交換法則が成り立たないという状況はイメージしにくい」

「差の演算……引き算は？」と僕が言った。

「確かに差の演算子は交換法則が成り立たない。$a - b = b - a$ が成り立つとは限らないから。でも、差の演算子は結合法則も成り立たないからな」

「ああ、そうか。群の例としては不適切になるんだね。……では、行列は？」

「そう。高校数学では《行列の積》が、交換法則の成り立たない典型だな」とミルカさんが言った。

「昨日……要素の数が二個の群を考えましたよね」とテトラちゃんが言った。「あの群では、交換法則が成り立っていると思うんですけれど……そうでしょうか」

$\star$	e	a
e	e	a
a	a	e

「テトラ。なぜそう思った？」

「いえ、あの、$e \star a = a \star e$ だったからですけれど？」
「ふうん。まあ、テトラがいうのは正しい。あの群では交換法則が成り立っている。つまり、いまテトラは《要素が二個の群はアーベル群である》という定理を証明したことになる」
「アーベル群……」

アーベル群の定義（アーベル群の公理）
以下の公理を満たす集合 G を**アーベル群**と呼ぶ。

- **演算** $\star$ に関して閉じている。
- 任意の元に対して、**結合法則**が成り立つ。
- **単位元**が存在する。
- 任意の元に対して、その元に対する**逆元**が存在する。
- 任意の元に対して、**交換法則**が成り立つ。

（交換法則を満たすところが、一般の群との違いになる）

6.3.2　正多角形

興にのったミルカさんはどんどん話を進める。

◎　◎　◎

《要素の数が二個の群》で思い出した。
集合 $\{-1, +1\}$ は通常の積について群になる。

$\times$	$+1$	-1
$+1$	$+1$	-1
-1	-1	$+1$

ところで、$x = -1, +1$ というのは、方程式

$$x^2 = 1$$

の解だ。方程式の解が、群になっている。方程式の解というのは制約の一種なのだけれど、その制約がちょうど群を生み出しているのだ。$x^2 = 1$ だけでピンとこないなら、次数を上げてみよう。三次方程式だ。

$$x^3 = 1$$

この解は 1 の三乗根で、三つある。

$$x = 1, \omega, \omega^2 \quad \text{ただし}\ \omega = \frac{-1 + \sqrt{3}i}{2}$$

実は、$\{1, \omega, \omega^2\}$ は積に関してアーベル群をなしている。演算表はこうだ。$x = \omega$ は $x^3 = 1$ の解だから、$\omega^3 = 1$ という簡略化を行っている。

$\times$	1	ω	ω^2
1	1	ω	ω^2
ω	ω	ω^2	1
ω^2	ω^2	1	ω

指数を残したほうが見やすかったかな。アーベル群の公理を満たすことは簡単に確認できるだろう。

$\times$	ω^0	ω^1	ω^2
ω^0	ω^0	ω^1	ω^2
ω^1	ω^1	ω^2	ω^0
ω^2	ω^2	ω^0	ω^1

話がそれた。一般に、n 次方程式 $x^n = 1$ の n 個の解の集合を、

$$\{\alpha_0, \alpha_1, \alpha_2, \ldots, \alpha_{n-1}\}$$

とすると、この集合は乗算に関してアーベル群になる。……抽象的でわかりにくい？ なら、複素平面上の幾何の視点に立とう。単位円上の複素数は絶

対値が1だから、積は《偏角の和》になる。つまり、1の n 乗根を考えるというのは、単位円の円周を n 等分する点を考えればいいのだ。

$n=1$ のとき、$\{1\}$ は単位元のみからなる群と同型だ。

$n=2$ のとき、$\{1,-1\}$ は二つの元からなる群と同型になる。

$n=3$ のとき、$\{1,\omega,\omega^2\}$ は正三角形の頂点に対応する。

$n=4$ のとき、$\{1,i,-1,-i\}$ は正方形の頂点に対応する。

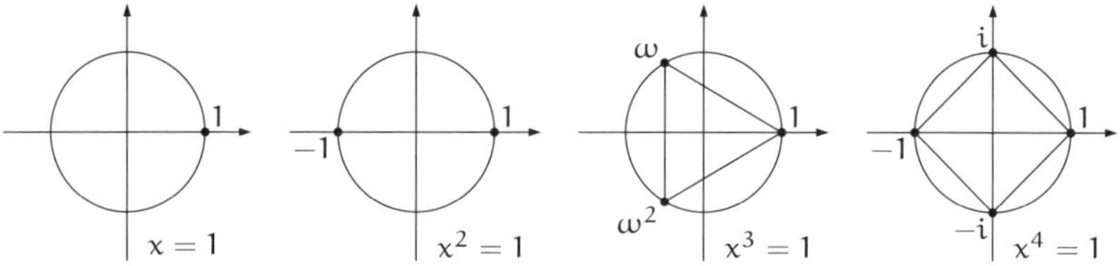

偏角 $360^\circ = 2\pi$ の n 等分だから、$x^n=1$ の解は、$k=0,1,\cdots,n-1$ として以下のように表せる。

$$\alpha_k = \cos\frac{2\pi k}{n} + i\sin\frac{2\pi k}{n}$$

私たちが親しんでいる正 n 角形の頂点は、方程式の視点では《1の n 乗根の解》であり、群の視点では《要素が n 個のアーベル群の例》になっているのだ。単位円上でのダンスは楽しいな。

6.3.3 数学的文章の解釈

「テトラ。このくらい群で遊んでくると、こんな文章も意味がわかるんじゃないかな？」

ミルカさんはそう言って目を閉じ、こんなふうに歌った。

　楕円曲線には
　　アーベル群としての
　　　構造が入る

「ん？ どうかな？」ミルカさんが目を開けて問う。

「あ、あたしにもわかるんですか……」テトラちゃんが不安げに言った。

「まず考えてみなさい」とミルカさんが言った。「わかるかどうか、考えてみなければわからないでしょう。《楕円曲線》や《アーベル群》という言葉の難しさにおびえてはだめ。この言葉は何百年もあなたを待っていた。すぐに理解できなくても怖じ気づいちゃだめ。正面からまっすぐ立ち向かいなさい」

テトラちゃんは真剣に考え込む。少しの沈黙の後、ゆっくりと話し始めた。

「あたし……《だえんきょくせん》は知りません。でも——《アーベル群としての構造が入る》っていうのはわかると思いま——いえ、わかります。アーベル群というのは、交換法則が成り立つ群のことです。これがアーベル群の定義です。あたしは、交換法則を知っていますし、群の公理を学びました。ですから、アーベル群の定義は知っていることになります。えとえと、楕円曲線というのは、何かの集合のはずです。それから、何かの演算も定義されているはずです。だって、ええと……」

「群の定義は——」と僕が言いかけた。

「先輩！ 待ってください。いま思い出しているところです。……群というのは、集合の上で、ある演算を定義したものです。《楕円曲線にアーベル群としての構造が入る》というのでしたら、楕円曲線という集合上に定義されたその演算は、アーベル群の公理を満たしているはず。つまり……その演算は閉じていて、結合法則を満たしていて、単位元もあって、すべての要素にはそれぞれ逆元があって……それから、えっと、交換法則も満たしているはずです」

ミルカさんは満足そうに頷《うなず》く。

僕は驚いた。テトラちゃんが的確に定義を身につけているからだ。そうか……楕円曲線という知らない用語があっても、アーベル群という知っている用語を手がかりに、前に進む努力ができる……。

テトラちゃんは、何かに気づいたように両手を口に当てた。

「あっ。——きっと、楕円曲線に群としての構造を入れたいのは、楕円曲線を研究する人なんですよ。そうすれば、アーベル群の構造を手がかりに楕円曲線を研究することができるのかも……」

そこで、ミルカさんがテトラちゃんの言葉を制する。
「テトラ。テトラ。あなたは、いったい何者？」
「はに？」
「あなたの理解の速さに、私は驚いた。——テトラ、ちょっとおいで」
手招き。
「はい？」素直にベッドのそばに寄っていく。
ミルカさんは、彼女の首にするりと右腕をまきつけ、そして——

ほっぺたに、キスをした。

「ふぎゃ！ ミミミミミルカさん！ $\lim_{x\to 0}\frac{1}{x}\sin\frac{1}{x}$——っ！」
「賢い子、大好きよ」ミルカさんは、ぺろりと舌を出す。

6.3.4　三つ編みの公理

話が一段落し、テトラちゃんがまたお茶をいれた。ミルカさんは、髪をくくり直そうとするけれど、左腕が痛いためか、時間がかかる。
「あたしお手伝いしましょうか」とテトラちゃんが言った。
「ふうん……では、頼もうかな」
「……三つ編みにしても、いいですか？」
「好きに」
テトラちゃんは嬉々としてミルカさんを三つ編みにする。新鮮だ。
「三つ編みって数学的に存在するんでしょうか」テトラちゃんが訊く。
「公理に矛盾がなければ存在する」ミルカさんが即答した。
「《三つ編みの公理》ですねっ」
いったいどんな公理だよ、と僕は心の中で突っ込む。
「無矛盾性は存在の礎《いしずえ》」とミルカさんが言った。
「……はい、三つ編み完了です。子供のころ、あたしも髪長くしてました。朝、いつも母に編んでもらって。あの時間、大好きだったです。お母さんは後ろであたしの髪を編みながら、“Greensleeves” を歌うんです」
「まるで女の子みたいなエピソードだねえ」と僕がからかった。
「あたしっ、女の子ですよっ！ ……それに、ユーリちゃんも女の子なんですよ。こないだだって——」とテトラちゃんが言った。

「ユーリ？」何でユーリがここで出てくるんだ？

「あ、いえ……。あたしの口って、どうしてこんなにうっかりやさんなのかなあっ！　ふえーん……」

テトラちゃんは、頬をむにーっとつねった。

「もしかして《四親等》の話？」と僕は言った。

「えっ、あれっ、先輩？」

「ユーリから聞いたよ。ユーリは妹みたいなもんなんだけどな……」

「あ、そっ、そうですか……？　ええと……あれ？　そういえば、ミルカさんにはご兄弟はいらっしゃるんですか？」

「兄が一人」ミルカさんが自分の髪先を見ながら言った。

「え！」僕とテトラちゃんが同時に声を上げた。

ミルカさんに——お兄さん？　そんなこと、知らなかったぞ。

「もっとも、私が小学三年生のとき、兄は——死んだけれど」

ミルカさんの目から、涙がひとすじ落ちる。

彼女はぬぐおうともしない。

目を閉じる。

涙が、もうひとすじ。

「ミルカさん」テトラちゃんがさっとハンカチを出し、彼女の目に当てた。

「……明日はもう退院だ。来なくていい」とミルカさんが言った。

6.4　ほんとうの姿

6.4.1　本質と抽象化

今日は、病院に行かない日——。

僕とテトラちゃんは、放課後、図書室にいた。でも、挑戦する問題もなく、そもそも計算する気にもなれず、おしゃべりに終始。

「ねえ、先輩——群の話をミルカさんからうかがって思ったんですけれど、数っていったい何なんでしょうね。あたしは、数だから計算ができるんだと思っていました。でも、集合と公理を考えて……計算らしきものを組み立てられる。集合では要素どうしを計算する。複素平面上では点どうしを計算する。——そういうのにはだいぶ慣れたんですけれど、じゃあ、ほんとうの数っていうのはどこにあるのかな……って思うんです。数って実際に存在するんでしょうか」

ほんとうの数。

数の、ほんとうの姿。

ほんとうは何かご承知ですか。

「僕も——病院でミルカさんの話を聞きながら考えていた。数って何だろう。数の本質って何だろうって」

《無矛盾性は存在の礎《いしずえ》》

ミルカさんはそんなことも言っていた。でも、その本意はよくわからない。

「……具体的すぎると本質を見失う。虚数のことを imaginary number というけれど、虚数に限らず、すべての数は想像上《イマジナリー》なのかもしれないね」

「具体的すぎると本質を見失うって、どういうことでしょう」

「ほら、ミルカさんが言ってたじゃない。《二個しか元のない群》は、同型を除いて本質的には一つだけだって。あれは、群の公理から論理的に導かれた結論だ。そういう、演算の本質は、具体的な数のことを忘れないと見えてこない。0や1といった具体的な数から離れなければ見えない」

「……」

「0と1を単位元として同一視するというのは大胆な発想だよね。$+$と$\times$を演算として同一視するというのもすごい。日常の手垢にまみれた概念から、本質的でないものをそぎ落としていくと、本質が浮かび上がるのかなあ」

「……なんとなく、わかります。抽象化して証明しておけば、広い範囲にあてはめることができるんですね」

「本質が同じかどうかは、抽象化しなければわからない。抽象——抜き出すというのは、本質以外を捨象——つまり捨てることだ。ほんとうに大事なものを選び、それ以外は捨てる」

「ほんとうに大事なものを選び、それ以外は捨てる……」

6.4.2 ゆれる心

「先輩……ミルカさんが事故にあった日、教室から飛び出していきましたよね。あのとき――」テトラちゃんはそう言って、自分の肩を抱き締める。

「うん、中央病院まで一気に走ってしまった。自分でも驚きだ。かなり距離あるのにね。足が痛かったよ」

「……」

「それにしてもミルカさんはすごい。事故にあって、ずいぶんショックだと思うんだけれど、あれだけ元気に《講義》するんだから――」

と言いながら、僕はミルカさんの流した涙を思い出していた。お兄さんがいたのか。彼女が小学生のときに亡くなったと言っていた……《欠けた家族》か。

僕は時計を見た。

「あ、もうすぐ、瑞谷《みずたに》先生の宣言だ。そろそろ帰る？」

瑞谷先生は、図書室を管理している司書の先生だ。下校時間になると、先生は司書室から図書室へ入ってきて中央に進み、そこで下校時間を宣言する。濃い色の眼鏡をかけていて表情はよくわからないし、正確な時刻で動いているから、彼女はロボットというジョークもある。

「先輩、もし誰もいなくても瑞谷先生は宣言するんですか？――ちょっとあそこに隠れて確かめてみません？」

僕たちは文学全集の棚の後ろに隠れる。瑞谷先生の巡回ルートはいつも機械のように同じ。この位置は死角のはず。本棚のかげに僕が、僕のかげにテトラちゃんがしゃがみ込む。

「なんだか、かくれんぼみたいですね」

「しっ」

タイトスカートの瑞谷先生が現れた。まっすぐに図書室の中央に来る。

「下校時間です」

宣言完了。そして、司書室に戻ってドアを閉める。いつもと変わらない。

おお、誰もいなくてもやっぱり《宣言》するんだなあ。おかしいね、テトラちゃん――と僕が振り向こうとしたとき。

背中に、テトラちゃんが体を寄せてきた。

「テトラ——ちゃん？」

心拍数が急激に増加する。

「先輩……振り向かないで」

僕は何も言えない。

「わかっています。わかっているんです。ミルカさんは素敵ですもの——あたしは、あんなに素敵になれないです」

背中にテトラちゃんのやわらかな重みを感じながら、僕の目は文学全集の背表紙をさまよっていた。『阿Q正伝』『伊豆の踊子』『杜子春』……

「だから、だから、振り向かないでください。いまだけ、いまだけ——こうさせてください。正面から先輩に向かうのは、あたしには……いまのあたしには無理です。——先輩が振り向いたら、いままで通りのテトラに戻ります。だから、いまだけ、こうさせて……」

テトラちゃんの両手が震えている。

そして彼女は……頭をことんと僕の背中に当てる。

「——さん」

テトラちゃんの、ほのかにゆれる声が、僕の名前を呼ぶ。いま、その声を聞いているのは、世界中で僕ひとり。

直後。

どかどかどかっ。

テトラちゃんが僕の背中をドラムのように叩く。僕はバランスを崩してひっくり返りそうになる。

「なあんてねっ。先輩、びっくりしました？ 冗談、冗談ですよ！ 今日は、あたし、先に帰りますっ。先輩、また明日ねっ！」

軽い調子で言って立ち上がり、フィボナッチ・サインのあいさつもそこそこに、飛ぶように図書室を出ていった。

テトラちゃんはあくまで明るかった。

でも、僕には——

彼女が、泣いているように見えたんだ。

私が人生を振り返り、
一番創造的だったときを選び出すとしたら、
それが最も厳しい制約のもとで
仕事をしなければならなかった時期だったことを
思い知らされます。
——クヌース『コンピュータ科学者がめったに語らないこと』

第7章
ヘアスタイルを法として

汽車はだんだんゆるやかになって、
間もなくプラットホームの一列の電燈が、
うつくしく規則正しくあらわれ、
それがだんだん大きくなってひろがって、
二人は丁度白鳥停車場の、大きな時計の前に来てとまりました。
——宮沢賢治『銀河鉄道の夜』

7.1 時計

7.1.1 余りの定義

「お兄ちゃん、これどう？」とユーリが言った。

「何が？」

「えー、わかんないのー？　ほれほれ」

ユーリは、そう言ってポニーテールを僕に向ける。モスグリーンの新しいリボンがゆれていた。

「きれいなリボンだね」

「ちっちっちっ……お兄ちゃん、それじゃもてないぞ」

「なんだよ、それ」

「《きれいなリボンだね》じゃなくて《よく似合うね》ってゆーんだよ」

「へえ……」

「女の子のこと、わかってないにゃあ」と猫語になるユーリ。

「はいはい……ヨク似合ウネ」

「こらー、棒読みするなー」

「ははは」

「ウォーミングアップ終了。今日の話は？」ユーリが言った。

「ユーリは、**余りの定義**って知ってる？」

「割った残りでしょ」

「はあ……。定義の言い方を忘れちゃった？ 《余りとは……》」

「あ！ そうだった。《余りとは、割った残りのことです》だね」

「……ユーリが言いたいことはわかる。でもね、それじゃ定義にならない。何を何で割ったのか、残りとは何かをはっきりさせなきゃ」

「うーん。そんなふうに考えたことないからわかんないよー」

「じゃあ、一緒に進もう」僕はノートを広げる。

「いいねー」ユーリは眼鏡を掛け、そばに寄ってくる。

勉強開始——。

「きちんと余りを定義するため、数式を使うよ」

$$a = bq + r \quad (0 \leqq r < b)$$

「a を b で割った**余り**とは、この式の r のこと。そのように定義する。a と b は自然数。q と r は自然数または 0 だ」

「へ？ ——ねえお兄ちゃん。この式って、余りを定義してる感じがしないんですけどー。そもそも、割り算が出てきてないし！」

「余りを定義することは、割り算を定義することにもなる。だから、余りの定義に割り算が出てこないのは自然なんだよ……。この式では、掛け算を使って余りを定義している。まずは、この式 $a = bq + r$ をじっくり読んでほしいな。数式は、あわてて読んじゃだめ。数式はね、a, b, q, r といった文字の意味を一つ一つ確かめながら読むものなんだ」

「わかったよ、センセー。えっと、自然数って $1, 2, 3, \ldots$ のことだよね……

式 $a = bq + r$ に出てくる文字は a, b, q, r の四つ。a は割られる数。b は割る数。r は余り。……でも、q ってなーに？」

「何だと思う？」

「b と q を掛けて、それに r を足すと a に等しくなる……もしかして、q は割り算の答えのこと？」

「そうだね。q は、a を b で割ったときの**商**《しょう》になる」

「なら、式の意味はわかったよ。$a = bq + r$ は、a を b で割ると、商が q で余りが r になるってことを表してるんだね……でも、この式の——

$$a = bq + r \quad (0 \leqq r < b)$$

右に書かれている条件 $0 \leqq r < b$ は何のためにあるのかな？」

「よく気づいたね。ユーリは条件を見逃さないんだな。……この条件は何のためにあるのか、よく考えてごらん。気になることがあったら、一つ一つていねいに考える。それは、数学を学ぶ上でとても大切なことだよ」

「《先生トーク》が板についてるう。……うーん、r は余りだから、$0 \leqq r$ という条件はわかる。要するに余りは 0 以上ってことだよね。余りが 0 というのは割り切れるってことでしょ。でも、$r < b$ はわかんないなあ……」

ユーリはセルフレームの眼鏡をくいっと指で上げ、腕組みをした。

「えーと、$r < b$ ね……。r は余り。b は割る数。……あ、あったりまえじゃん！ $r < b$ っていうのは、《余り》のほうが《割る数》より小さいって意味だもの。たとえば、7 を 3 で割ったら、余りは 1 だよね。$7 \div 3 = 2 \cdots 1$ だ。3 で割ってるのに余りが 3 以上になるわけない。3 で割ってるのに 4 余ったりしたら、おーい、余り多すぎだぞーって……」

「そうそう。そういうこと。具体的な数で考えたのはなかなか偉いぞ。条件 $0 \leqq r < b$ は、余りは必ず 0 以上で、しかも割る数より小さいことを表している。——ほら、こんなふうにていねいに読むと、余りを定義する式、

$$a = bq + r \quad (0 \leqq r < b)$$

も頭に入ったよね。数学は、急いで丸暗記しようとしてもだめ。数式をゆっくり読む。何度も書く。疑問が出たらていねいに考える。具体的な例を作っ

て確かめる。そんなふうに遊ぶのが大事。そのうちに、いつのまにか身についていくんだ。——余りをきちんと定義するには、この式を満たす q と r が一通りに定まることを証明しなくちゃいけないんだけど、いまは省略」

余りの定義（自然数）
a を b で割ったときの商 q と余り r を、次式で定義する。

$$a = bq + r \quad (0 \leqq r < b)$$

ここで a, b は自然数、q, r は自然数または 0 とする。

「じゃ、ユーリの例を式にあてはめて理解を確かめよう。7 を 3 で割ったとき、商は 2 で余りは 1 だ。つまり $a = 7, b = 3, q = 2, r = 1$ だ」

$$7 = 3 \times 2 + 1 \quad (0 \leqq 1 < 3)$$

「うん、わかった……でも、これって、おもしろいの？」

「これは、《数式を使って表現する》ことの例として話したんだよ、ユーリ。算数と数学の最も大きな違いは、文字を使った数式が出てくるかどうかだよね。ユーリは、《余り》というものが何か、頭では理解してる。でも、それを表現するためには数式が必要。そして、数式では、文字の意味をきちんと押さえておかなくちゃ。そういうことを言いたかったんだ」

「ふーん。わかったよ、お兄ちゃん」

「それにしても、ユーリは条件を見逃さなかったね。偉いぞ」

「いやー、照れちゃうなー」

7.1.2 時計が指し示すもの

僕は壁のアナログ時計を指さした。

「時計の短い針が 3 を指していたら、午前 3 時かもしれないし、15 時、つまり午後 3 時かもしれない。どちらかはわからない。短い針が指しているのは、《現在時刻を 12 で割った余り》なんだ。$15 \div 12 = 1 \cdots 3$ だから、余りは 3 だよ。だから 15 時には 3 を指す」

「ふーん、言われてみればそうだね。23 時だったら、23 を 12 で割って余りは 11 か。そして短い針は 11 を指す……確かにね」

「だからね、時計は余りの計算をしているんだよ」

「……うそ！ お兄ちゃん、間違ってる！」

「ん？」

「だって、ほら。余りが 0 のときを考えてよ。12 時のとき、短い針は 0 じゃなくて 12 を指してる。余りが 12 っておかしいじゃん」

「あ、そうだけど、12 は 0 と同じだから……」

「12 は 0 とは違うよー。お兄ちゃん、余りの定義を忘れたの？

$$a = bq + r \quad (0 \leqq r < b)$$

12 で割ったときの余り r には $0 \leqq r < 12$ っていう条件があるでしょ。12 は余りにならないよん。にゃはは」

「くっ……」

ユーリめ。鬼の首を取ったように……。

7.2 合同

7.2.1 剰余

「……こんなふうに、従妹《いとこ》にやりこめられたんだよ」と僕は言った。

「ユーリちゃんは条件忘れないんですね……」とテトラちゃんが言った。

「やりこめられて、うれしそうだな」とミルカさんが言った。

ここは僕の教室。

ミルカさんは退院して、今日から学校に戻ってきた。でも、松葉杖をついての登校だ。移動がしにくいので、放課後も図書室には行かず、教室でおしゃべりしている。ミルカさんの眼鏡が新しくなっている。ほんの少しフレームの曲率が違う。左腕と右足にはまだ包帯が巻かれていて痛々しい。

教室でのおしゃべりに、後輩のテトラちゃんも合流している。先日のかくれんぼのことがあったので、僕は彼女を意識してしまう。でも、テトラちゃんの様子はいつもとまったく変わらない。

女の子って、よくわからないな……あれ？

「ねえテトラちゃん、髪型変えた？」

軽やかになってる。バタバタっ娘じゃなく、パタパタっ娘かな。

「え、あ、わかります？ 変えたってほどじゃないんですけれど、伸びてたところをちょっとカットしたんです……切りすぎですか」

テトラちゃんは上目遣いになって、前髪を指でひっぱる。

「だいぶ短くなっ……ていうか、よく似合うね」

「え？ そそそそそうですか——う、うれしいです……」

両手をグーにして頭の上でぐるぐる回すテトラちゃん。何のジェスチャかわからない。

「それで？ 《12は0とは違う》と言われて、君はすごすご引き下がったのかな」とミルカさんが言った。

「というと？」

「時計の話になったなら、modで世界が回り出すからだよ」

「モッド？」

「**剰余**《じょうよ》——すなわち余りのこと——を求める演算は**mod**《モッド》と呼ばれる。たとえば、7を3で割った余りが1に等しいことは、

$$7 \bmod 3 = 1$$

と書ける。商を無視し、余りに注目するのだ。順番に話していこう」

ミルカさんはそう言って、僕に手で合図をする。

……ノートとシャープペンを出せというのだね。はい、はい。

◎ ◎ ◎

順番に話していこう。

君は自然数の範囲で剰余を定義した。自然数 a を b で割ったときの商を整数 q とし、剰余を整数 r とすると、a, b, q, r には次の関係がある。これは正しい。

$$a = bq + r \quad (0 \leqq r < b)$$

ここで、a, b を自然数から整数に広げよう。ただし、《ゼロ割り》を除外するために $b \neq 0$ とする。

整数 a を、整数 $b \neq 0$ で割ったときの商を q とし、剰余を r とし、商と剰余を次式で定義する。b が負のときもあるから、条件の不等式には b の代わりに絶対値 $|b|$ を使う。

$$a = bq + r \quad (0 \leqq r < |b|)$$

a, b が与えられれば、q, r は一意に定まる。これで mod が定義できる。

mod の定義（整数）

a, b, q, r は整数で、$b \neq 0$ とする。

$$a \bmod b = r \iff a = bq + r \quad (0 \leqq r < |b|)$$

難しい話ではない。$+, -, \times, \div$ と同じように、mod という演算があるだけのこと。たとえば、7 を -3 で割ってみると、商が -2 で、余りは 1 になる。

$$7 \bmod (-3) = 1 \iff 7 = (-3) \times (-2) + 1 \quad (0 \leqq 1 < |-3|)$$

条件 $0 \leqq r < |-3|$ という制約があるため、$7 \bmod (-3)$ の値は 1 以外にはならない。

いま定義した演算 mod を使えば、午前 0 時から h 時間過ぎたとき、時針は $h \bmod 12$ を指していることになる。もちろん、君の従妹に突っ込まれないように、12 の目盛りは 0 と書き換えておくわけだけれど。

h は負でもいい。午前 0 時から -1 時間過ぎたとき（つまり 1 時間前）には、時針は 11 を指している。そして、$(-1) \bmod 12$ も確かに 11 になる。

$$-1 = 12 \times (-1) + 11 \quad (0 \leqq 11 < |12|)$$

では、簡単なクイズをテトラに出そう。整数 a, b に対して、

$$a \bmod b = 0$$

が成り立っているとき、a と b の関係を一言で説明してほしい。

◎　◎　◎

「えっと……」ミルカさんの問いかけで、テトラちゃんが考える。「整数 a, b の関係ですか。$a \bmod b$ というのは、a を b で割ったときの余りですよね。ですから、$a \bmod b = 0$ というのは……《a を b で割ったとき、余りが 0 に等しくなる》ってことですね！」

「まちがいではない。でもテトラは、それを一言でいえる」

「え、一言で……？　えっと、あのう……」

「《a は b の倍数》だ。《b は a の約数》でもいい」とミルカさんが言った。

「あるいは《a は b で割り切れる》とか」と僕が言った。

「あ、そうですね！」テトラちゃんは大きく頷《うなず》いた。

「mod は余りだけを求める演算だよね」と僕が言った。「商と余りを両方求めるならわかるんだけれど、余りだけを求めるというのは、意味ある？」

「ふうん……君は《偶奇を調べる》のが好きじゃなかったのかな」とミルカさんが問い返した。

「偶奇を調べるのはセオリーだよ……あ、そうか」

「そう。《偶奇を調べる》というのは《2 で割った余りを調べる》ことにほかならない」

うん。確かにそうだ。偶奇を調べているときは、2 で割って、商を無視し、余りだけに注目している。なるほど。

「mod の定義に出てきた $a = bq + r$ という式で質問です」とテトラちゃ

んが言った。「r は英語の remainder——《余り》の頭文字ですよね。でも、q は何の頭文字ですか。《割る》は divide で、《比》なら ratio で、《分数》なら fraction ですし……」

「quotient」とミルカさんが即答した。「《商》だ。mod は modulo」

7.2.2 合同

「さて、**合同**《ごうどう》の話をしよう」とミルカさんが言った。「合同というのは、余りが等しい数を**同一視**《どういつし》することだ」

「同一視……ですか？」とテトラちゃん。

「異なるものを《同じものと見なす》という意味だよ、テトラちゃん」と僕が補足した。

「時計の例がわかりやすい」とミルカさんが続けた。「3 時と 15 時は異なる時刻だ。けれど、時針はどちらも 3 を指す。そこで、3 と 15 を同一視する。つまり、12 で割ったときの剰余が等しい数同士を同一視するということだ。これを、数式で次のように表現する」

$$3 \equiv 15 \pmod{12}$$

「記号が $=$ ではなく $\equiv$ になっていることに注意。この式を**合同式**《ごうどうしき》という。また、このときの 12 を**法**《ほう》という。$3 \equiv 15 \pmod{12}$ という合同式は、

《12 を法として、3 と 15 は**合同**《ごうどう》である》

と読む。12 を法とした合同式の例をいくつか書いてみよう。要するに、法で割った余りが等しい数同士を $\equiv$ で結ぶのだ」

$$
\begin{aligned}
3 &\equiv 15 && \pmod{12}\\
15 &\equiv 3 && \pmod{12}\\
12 &\equiv 0 && \pmod{12}\\
12000 &\equiv 0 && \pmod{12}\\
36 &\equiv 12 && \pmod{12}\\
14 &\equiv 2 && \pmod{12}\\
11 &\equiv (-1) && \pmod{12}\\
7 &\equiv (-5) && \pmod{12}\\
1 &\equiv 1 && \pmod{12}
\end{aligned}
$$

「$\equiv$ の両辺は剰余が等しいから、一般的にこう表現できる。

$$a \equiv b \pmod{m} \quad \Longleftrightarrow \quad a \bmod m = b \bmod m$$

これを $\equiv$ の定義だと思ってもいい」

「ミルカさん……質問があります」テトラちゃんが手を挙げた。

「なに？」

「なんだか、mod という演算の意味がわからなくなっちゃいました。はじめは $a \bmod b$ を《a を b で割った余り》と理解しました。――でも、《m を法として合同》で出てくる $(\mathrm{mod}\ m)$ では、mod の左に割られる数が何も書いてなくて……」

「ああ、そこは慣れないと確かに混乱する」とミルカさんが言った。「テトラは、この意味はわかるんだね？」

$$a \bmod m = b \bmod m$$

「はい、わかります。余りが等しい――《a を m で割った余り》と《b を m で割った余り》が等しいという等式です」

「それでいい。この式では、割る数が両辺とも m だ。いま、式を簡単にするため、$\mathrm{mod}\ m$ の部分を両辺に分けて書かずに、右にまとめて書きたい。でも、a と b が等しいわけじゃなく、m で割った余りが等しいだけなのだから、$a = b \pmod{m}$ のように等号 $=$ は使えない。そこで等号 $=$ の代わりに、似ているけれども別の記号 $\equiv$ を使うことにする」

$$a \equiv b \pmod{m}$$

「なるほど。わかりました。$a \bmod m$ は余りを計算する式。$a \equiv b \pmod{m}$ は余りが等しいことを表す式ということで……いいですか？」

「それでいい」

ミルカさんは、立てた指を一回くるっと回してから話を続けた。

「さて、a を m で割った余りと、b を m で割った余りが等しいことは、

$$a \bmod m = b \bmod m$$

という等式で直接的に書いてもいいけれど、次のように表現してもいい。

$$(a - b) \bmod m = 0$$

つまり《m を法として合同な数同士の差は、m の倍数になる》のだ」

「え？　え？　……あ、それはそうですね。これはわかります。$a - b$ を計算すると、両方の余りの分が消えちゃうんですよね」うんうん頷くテトラちゃん。

「そう。たとえば、15 と 3 の場合、

$$\begin{aligned} (15 - 3) \bmod 12 &= 12 \bmod 12 \\ &= 0 \end{aligned}$$

のように、確かに 15 と 3 の差は 12 の倍数になっている」

mod の言い換え

a, b, m は整数で、$m \neq 0$ とする。

$$
\begin{array}{ll}
a \equiv b \pmod{m} & \text{m を法として合同} \\
\Updownarrow & \\
a \bmod m = b \bmod m & \text{m で割った余りが等しい} \\
\Updownarrow & \\
(a - b) \bmod m = 0 & \text{差が m の倍数}
\end{array}
$$

7.2.3　合同の意味

「ところで、どうして、余りが等しい二つの数のことを、合同というんでしょうか。三角形の合同ならわかるんですが……」

ミルカさんはその質問に小首をかしげてから微笑む。

「テトラは、いつも言葉が気になるのだね……確かに、合同という用語は幾何にもある。《二つの三角形が合同》というのは、位置や向きの違いを無視して、二つの三角形を同一視することだ。合同な二つの三角形は、位置や向きを変えたり裏返したりすれば、ぴったり重ねられる——よね？」

僕とテトラちゃんは黙って頷く。ミルカさんが続ける。

「違いを無視するのが重要だ。整数の合同も、幾何の合同と似ている。m を法とするのは、m の倍数分の違いを無視して、二つの数を同一視したことになる。合同な二つの数は、m の倍数を加減すれば、ぴったり等しくなる」

7.2.4 おおらかな同一視

「あたし——不思議に思うことがあります」テトラちゃんが言い出した。「数学って、厳密な学問ですよね。日常生活では考えられないくらい、細かい違いを重視します。でも——それなのに、ときどき、すごくおおらかな同一視をしませんか？ 《複素平面》では、点と数を同一視していました。病院で話してくださった《群》では、集合の要素に演算を入れて、数と同一視しました。そして、整数の《合同》では、倍数の違いを無視して同一視を行います。そもそも合同という用語だって、幾何と整数で同一視を行っていますし……」

「同一視が出てくると、何だか楽しくなってくるよね」と僕が頷きながら言った。「何かを《発見》した気分になるというのかなあ。《これとこれは似ている——いや、ほとんど同じだ》という感覚は、喜びに直結しているようだ……それもまた、構造を見抜く喜びなのかな。構造的な同一視……」

「病院で《同型な群》の話をした」とミルカさんも言い出した。「同型という概念は、その《構造的な同一視》を数学的に表現しようとしている。同型を生み出す写像を同型写像という。同型写像は、意味の源《みなもと》——そして、二つの世界に架ける橋」

7.2.5 等式と合同式

「まあ、哲学的な表現はさておき——」とミルカさんが話を続けた。「そもそも、=《イコール》という記号は、≡《合同》と似ている。等式と合同式とがたいへん似ているから、数学者たちはこのように似ている記号を選んだ。実際、等式と合同式とはきわめて似ている。ただし、除法は除く」

等式の場合——

$a = b$ のとき、以下が成り立つ。

$$a + C = b + C \qquad \text{両辺に足しても等しい}$$
$$a - C = b - C \qquad \text{両辺から引いても等しい}$$
$$a \times C = b \times C \qquad \text{両辺に掛けても等しい}$$

合同式の場合——

$a \equiv b \pmod{m}$ のとき、以下が成り立つ。

$$a + C \equiv b + C \pmod{m} \qquad \text{両辺に足しても合同}$$
$$a - C \equiv b - C \pmod{m} \qquad \text{両辺から引いても合同}$$
$$a \times C \equiv b \times C \pmod{m} \qquad \text{両辺に掛けても合同}$$

7.2.6 両辺を割る条件

《除法は除く》とミルカさんは言った。確かに、加減乗除の四則演算のうち、加・減・乗について等式と合同式はそっくりだ。そこから自然に出てくる次の疑問は……と思うと同時に、テトラちゃんが手を挙げた。

「ミルカさん、合同式では、両辺を同じ数で割れないんですか？」

そう、それだ。テトラちゃんは、しょっちゅう条件を忘れるけれど、とても賢い。ミルカさんの話にもずっとついてくるし、疑問をきちんと持ち続ける粘り強さもある。合同式における除算はどうなるんだろう……。

「等式とは違う。いま、彼が具体例を作るよ」とミルカさんは僕を指さした。

僕に振るのか！ ま、いいけど……。

「ええと……うん。たとえば、12 を法として、3 と 15 は合同になる。

$$3 \equiv 15 \pmod{12}$$

でも、両辺を 3 で割ると、合同式はもう成り立たなくなる。両辺を 3 で割ると、左辺は 1 で右辺は 5 になるけれど、12 を法として 1 と 5 は合同ではないからね」と僕は言った。

$$(3 \div 3) \not\equiv (15 \div 3) \pmod{12}$$

「え、そうですか……？」とテトラちゃんが言った。「12 を法として 1 と 5 は合同ではない……あ、そうですね。1 時と 5 時では、時計の短い針は別のところを指しますから。3 時と 15 時のときには同じところだったのに……何だか惜しいですね」

$$3 \equiv 15 \pmod{12} \qquad \text{3 と 15 は合同}$$
$$(3 \div 3) \not\equiv (15 \div 3) \pmod{12} \qquad \text{両辺を 3 で割ったら合同ではなくなる}$$

「いま彼は、割れない例を作った」とミルカさんが言った。「でも、両辺を等しい数で割れる場合もある。たとえば、15 と 75 という例を考えてみよう。この二数は 12 を法として合同だ」

$$15 \equiv 75 \pmod{12}$$

「75 時って何時でしょうか」とテトラちゃんが言った。「$75 \div 12$ を計算すると……えっと、6 あまり 3 ですね。$15 \div 12$ は 1 あまり 3 ですから、確かに 15 と 75 は合同です」

「この場合、両辺を 5 で割っても合同式は成り立つ」とミルカさんは言った。

$$(15 \div 5) \equiv (75 \div 5) \pmod{12}$$

「はい。$15 \div 5 = 3$ で $75 \div 5 = 15$ になり、3 と 15 は合同です。あれえ、でも、こんなふうに両辺を 3 で割っちゃ合同式は成り立ちませんよね……。

$$(15 \div 3) \not\equiv (75 \div 3) \pmod{12}$$

だって、$15 \div 3 = 5$ で、$75 \div 3 = 25$ です。5 時と 25 時……つまり、短い針は 5 時と 1 時を指しますから」

僕はへえ、と思った。合同式の両辺をある数で割ったとき、合同式が成り立つ場合もあるし、成り立たなくなる場合もあるのか。

$$15 \equiv 75 \pmod{12}$$ 15 と 75 は合同

$$(15 \div 5) \equiv (75 \div 5) \pmod{12}$$ 両辺を 5 で割っても合同のまま

$$(15 \div 3) \not\equiv (75 \div 3) \pmod{12}$$ 両辺を 3 で割ったら合同ではなくなる

とすると、次の疑問は……。

僕の思いに呼応するかのようにミルカさんが言った。

「そこで、次の問題が自然に生まれる」

問題 7-1（合同式と除算）

a, b, C, m を整数とする。

C がどのような性質を持っていれば、以下が成り立つか。

$$a \times C \equiv b \times C \pmod{m}$$

$$\Downarrow \text{ならば}$$

$$a \equiv b \pmod{m}$$

「これは、両辺を C で割れる条件ということですね」

「そう」とミルカさんは短く答える。

僕とテトラちゃんは、さっと口を閉じ、思考モードに入る。

僕は mod の定義式をもとに、数式の変形を開始した。ちらっと見ると、テトラちゃんもノートに何かを書き始めた……でも、少しして、すまなそうに言い出した。

「すみません、先輩……それにミルカさん。お邪魔なことはわかるんですが、少しヒントをいただけませんか。考えようと思っても、とっかかりがまったくわからなくて……」

「問題を考える第一歩は？」とミルカさんが問う。

「例を作ることです。《例示は理解の試金石》」とテトラちゃんが答える。

「先ほどの $3 \equiv 15$ と $15 \equiv 75$ の例を再確認しました」

「テトラは、除算を考えようとしているのかな」

「え？ あ、はい、そうです。割り算ができる条件を……」

「テトラなら……除算ではなく、乗算の観察から始めなさい。除算を深く理解するために、乗算を観察するのは無駄じゃない。いま、集合 $\{0, 1, 2, \ldots 11\}$ に $\mathbb{Z}/12\mathbb{Z}$ と名前をつけよう。

$$\mathbb{Z}/12\mathbb{Z} = \{0, 1, 2, \ldots, 11\}$$

そして、集合 $\mathbb{Z}/12\mathbb{Z}$ に演算 $\boxtimes$ を入れる。$\boxtimes$ は《二数を掛け、12 で割った余りを得る》演算として定義する。もちろん、この演算に関して集合 $\mathbb{Z}/12\mathbb{Z}$ は閉じている。12 で割った余り r は $0 \leqq r < 12$ に入るから」

$$a \boxtimes b = (a \times b) \bmod 12 \quad \text{（演算 } \boxtimes \text{ の定義）}$$

「テトラ、病院で群の話をしたときに $\star$ の演算表を作ったように、$\boxtimes$ の演算表を作りなさい。そして、それを研究する」

「は、はい。ええと、この四角に $\times$ の記号は……」

「別に $\star$ でも $\circ$ でも何でもいいのだけれど、掛け算に似た記号を選んでみた。二つほど試しに計算してみよう」とミルカさんは例を示した。

$$\begin{aligned}
2 \boxtimes 3 &= (2 \times 3) \bmod 12 && \boxtimes \text{ の定義から} \\
&= 6 \bmod 12 && 2 \times 3 \text{ を計算} \\
&= 6 && 6 \text{ を } 12 \text{ で割った余りは } 6 \text{ に等しい} \\
6 \boxtimes 8 &= (6 \times 8) \bmod 12 && \boxtimes \text{ の定義から} \\
&= 48 \bmod 12 && 6 \times 8 \text{ を計算} \\
&= 0 && 48 \text{ を } 12 \text{ で割った余りは } 0 \text{ に等しい}
\end{aligned}$$

「わかりました。では演算表を作ります」

素直なテトラちゃんは、自分のノートに演算表を作り始めた。まず 0 の行と列にずらっと 0 を並べ、それから 1 の行と列に $1, 2, 3, 4, \ldots, 11$ と書き込んだ。その後に、せっせと内部を埋め始める。

⊠	0	1	2	3	4	5	6	7	8	9	10	11
0	0	0	0	0	0	0	0	0	0	0	0	0
1	0	1	2	3	4	5	6	7	8	9	10	11
2	0	2	4	6	8	10	0	2	4	6	8	10
3	0	3	6	9	0	3	6	9	0	3	6	9
4	0	4	8	0	4	8	0	4	8	0	4	8
5	0	5	10	3	8	1	6	11	4	9	2	7
6	0	6	0	6								
7	0	7										
8	0	8										
9	0	9										
10	0	10										
11	0	11										

6の行を半分くらい埋めたところで、急にテトラちゃんが顔を上げた。

「あ、まずいっ！　まずいまずいっ、今日は早く帰る日なんでしたっ！　——ごめんなさい、ミルカさん。先輩。今日はこれで失礼します。また、一緒に数学しましょうね！」

テトラちゃんは、演算表を書きかけたノートを持ち、教室を出ていった。

7.2.7　松葉杖

教室には僕とミルカさんが残る。

にぎやかなテトラちゃんがいなくなり、教室は急にしんとなる。

僕は、彼女の足の包帯を見る。まだ、痛いのかな。

「ミルカさん、松葉杖は大変？」

「不本意」

……いつもまっすぐ背を伸ばし、さっそうと歩くミルカさんにしてみれば、松葉杖はもどかしいんだろうな。

「でも、もうすぐ松葉杖なしでも歩けるようになるんだよね」

「もう、なくても歩ける。今日は、ただ、確かめたかっただけだ」

確かめる？　……まあ、何にせよ、大事に至らず本当によかった。

「今日は、もう帰ろうか」と僕は言った。

「ふうん、そうだな……。帰る前にトイレに行きたいな」

彼女は、僕に向かってすっと手を伸ばす。

「え？」

「松葉杖は——めんどうだし」

ああ……肩を貸しなさいということか。

僕は松葉杖を左手に持ち、右腕でミルカさんの背中をそっと抱きかかえるように支える。……んっと、バランスが難しいな。それに——女性に触れるというのは、どうも緊張する。

彼女は、左腕を僕の首にまわす。包帯のざらつく感触と、薬品の匂い。僕たちは一緒に立ち上がり、教室を出て、廊下に立った。ええと……。

「左」とミルカさんは言った。

こっちか。でも、耳元でささやくのは、やめてほしいんだけどなあ……。

僕たちはペースを合わせ、足元を確かめながら歩く。

「早すぎる？」

「大丈夫」

ミルカさんは僕に体重をかけているはずなのに、ほとんど重さが感じられない。感じられるのは、ただ、ふんわりとやわらかな——。心臓が鳴り、顔がほてる。柑橘系の香りも僕の心をかき乱す。

廊下には誰もいない。あかね色の光が窓から斜めに差し込んでいる。

「ここでいい」トイレの前。

「じゃ、待ってるから」僕は松葉杖を渡す。

「やっぱり、二人三脚は楽しいんだな」

ミルカさんは、そう言い残してトイレに入っていった。

はあ……。

僕は廊下の壁にもたれて、ため息を一つ。

窓から美しい夕焼け空が見えた。

帰り道もずっと肩を貸すことになるのかな。女の子って——何だかとっても……。僕は——ええと……ミルカさんに引っ張り回されてばかりだな——ま、いいんだけど。

《やっぱり、二人三脚は楽しいんだな》

やっぱり？

7.3　割り算の本質

7.3.1　ココアを飲みながら

夜。自分の部屋。

「遅くまで勉強ご苦労さま」と母がココアを置いていった。

もうそんな時間か……。僕はマグカップを見ながら、ぼんやりと思う。コーヒーがいいというのに、母はいつもココアを出す。子供扱いもいいかげんにしてほしいな。

……父と母が結婚して僕が生まれた。一つの家族。ミルカさんにも家族があって、テトラちゃんにも家族がある。

僕たちは、まだ十代。でも、僕たちなりに、なんだかいっぱい抱えている。

ミルカさんも。

《私が小学三年生のとき――兄は死んだけれど》

テトラちゃんも。

《だから、だから、振り向かないでください》

――テトラちゃんの手は、僕の背中で震えていた。僕の心もゆれている。

ふう。

僕はノートを開く。

数学――。

数学は、どっしりと存在している……と僕は思っていた。できあがった後の数学は確かにそうかもしれないけれど、できあがるまでの数学は、きっと、違う。

数式を書けば、数式が残る。途中でやめれば、書きかけの数式しか残らない。当たり前のことだ。

でも、教科書には、書きかけの数式なんて載ってない。建築現場から、すでに足場はかたづけられている。だから、数学といえばつい、整然と完成したイメージを持ってしまう。でも実は、数学が生み出されている最前線は、工事現場のようにごちゃごちゃしているのではないだろうか。

数学を見つけ出し、作り出してきたのはあくまで人間だ。欠けがあり、震えてゆれる心を抱えた人間だ。美しい構造に憧れ、永遠に思いを寄せ、無限を何とか捕まえたいと思う人間が、数学を現在まで育ててきた。

受け取るだけの数学じゃない。自分から作り出す数学だ。小さな水晶のかけらから、大きな伽藍《がらん》を築いていく数学。何もない空間に公理を置き、公理から定理を導き、定理からさらに別の定理を導いていく数学。ひとつぶの種から、宇宙を組み立てていく数学。

ミルカさんのエレガントな解答、テトラちゃんのがんばり、ユーリが見せる条件への目配り……。数学へのイメージが変わってきたのは、彼女たちの影響も大きいな。

……温かいココアを飲みながら、あてもなくそんなことを考えた。

7.3.2 演算表の研究

さて、数学だ。

テトラちゃんが書きかけていた ⊠ の演算表を、僕も作ってみよう。

$$a \boxtimes b = (a \times b) \bmod 12$$

乗算を行って 12 で割った余りを書くだけだから、手間はかからない。

⊠	0	1	2	3	4	5	6	7	8	9	10	11
0	0	0	0	0	0	0	0	0	0	0	0	0
1	0	1	2	3	4	5	6	7	8	9	10	11
2	0	2	4	6	8	10	0	2	4	6	8	10
3	0	3	6	9	0	3	6	9	0	3	6	9
4	0	4	8	0	4	8	0	4	8	0	4	8
5	0	5	10	3	8	1	6	11	4	9	2	7
6	0	6	0	6	0	6	0	6	0	6	0	6
7	0	7	2	9	4	11	6	1	8	3	10	5
8	0	8	4	0	8	4	0	8	4	0	8	4
9	0	9	6	3	0	9	6	3	0	9	6	3
10	0	10	8	6	4	2	0	10	8	6	4	2
11	0	11	10	9	8	7	6	5	4	3	2	1

でもなぜ、ミルカさんはこれをテトラちゃんに書かせようとしたのだろう……。話の発端は、合同式の両辺を C で割れる条件を求めることだった。

問題 7-1（合同式と除算）

a, b, C, m を整数とする。
C がどのような性質を持っていれば、以下が成り立つか。

$$a \times C \equiv b \times C \pmod{m}$$

$$\Downarrow \text{ ならば}$$

$$a \equiv b \pmod{m}$$

ミルカさんは、

《除算を深く理解するために、乗算を観察するのは無駄じゃない》

と言った。よし、ならばこの演算表を $m = 12$ の例としてよく観察しよう。

各行を読んでいく。

0 の行は、ぜんぶ 0 だ。0 に何を掛けてもゼロだからね。

1 の行は、$0, 1, 2, \ldots, 11$ と順番に数が並ぶ。まあこれも当然だ。

2 の行は、$0, 2, 4, 6, 8, 10$ までは順番に増えていく。でも 12 になったとたん 0 にリセットされてしまう。12 を法とする演算——つまり、12 で割った余りを取っているのだから当たり前だ。

3 の行は、——これも同じだな。$0, 3, 6, 9$ まで来て、12 になったとき 0 にリセットされる。

ふむ……合同式

$$a \times C \equiv b \times C \pmod{12}$$

は、演算 $\boxtimes$ を使えばこう書ける。

$$a \boxtimes C = b \boxtimes C$$

mod の計算は $\boxtimes$ の中に含まれているから、$\equiv$ ではなく $=$ を使っていい。ええと、ではここから $\boxtimes$ の逆演算を考えようか。

……。

いや、違うな。違うぞ。

集合 $\mathbb{Z}/12\mathbb{Z} = \{0, 1, 2, \ldots, 11\}$ における $\boxtimes$ の逆演算をまとめて考えるより、まずは C の**逆元**を考えるべきなんじゃないか？ C の逆元を仮に C' と置くと、C' は、

$$C \boxtimes C' = 1$$

を満たす。このような数 C' が $\mathbb{Z}/12\mathbb{Z}$ 内に存在すれば《除算》ができるはずだ。なぜなら、

$$a \boxtimes C = b \boxtimes C$$

の両辺に C' を掛けて、以下が成り立つ。

$$(a \boxtimes C) \boxtimes C' = (b \boxtimes C) \boxtimes C'$$

$\mathbb{Z}/12\mathbb{Z}$ は $\boxtimes$ に関して結合法則が成り立つから、上の式は次のように書ける。

$$a \boxtimes (C \boxtimes C') = b \boxtimes (C \boxtimes C')$$

$C \boxtimes C' = 1$ だから、

$$a \boxtimes 1 = b \boxtimes 1$$

演算 $\boxtimes$ の定義を使えば、こう書ける。

$$(a \times 1) \bmod 12 = (b \times 1) \bmod 12$$

つまり、

$$a \bmod 12 = b \bmod 12$$

よって、次の式が成り立つ。

$$a \equiv b \pmod{12}$$

つまり、C **に対する逆元** C' **が存在すれば、合同式の両辺を** C **で割ることができる**のではないだろうか。

ふむふむ。これは要するに、C という数で割りたかったら、$\frac{1}{C}$ という逆数を掛けるということと同じだね。普通の割り算ではなく、mod を考慮した割り算になるけれど。そういう意味では、C の逆元は、C' と書くよりも、象徴的に $\frac{1}{C}$ あるいは C^{-1} と書いたほうがいいかもしれない。

C の逆元が存在する条件を見つけよう。$C \boxtimes C' = 1$ となる数を $\mathbb{Z}/12\mathbb{Z}$ から探せばいい。どうやって探せばいいんだろう……って、そうか。これは簡単だ。演算表を使えばいい！ 表の中で 1 を含む行を探すだけでいい。ははあ——だから、ミルカさんはテトラちゃんに演算表を書かせようとしたのか……。

では、演算表の 1 のところに印を付けよう。

⊠	0	1	2	3	4	5	6	7	8	9	10	11
0	0	0	0	0	0	0	0	0	0	0	0	0
→1	0	①	2	3	4	5	6	7	8	9	10	11
2	0	2	4	6	8	10	0	2	4	6	8	10
3	0	3	6	9	0	3	6	9	0	3	6	9
4	0	4	8	0	4	8	0	4	8	0	4	8
→5	0	5	10	3	8	①	6	11	4	9	2	7
6	0	6	0	6	0	6	0	6	0	6	0	6
→7	0	7	2	9	4	11	6	①	8	3	10	5
8	0	8	4	0	8	4	0	8	4	0	8	4
9	0	9	6	3	0	9	6	3	0	9	6	3
10	0	10	8	6	4	2	0	10	8	6	4	2
→11	0	11	10	9	8	7	6	5	4	3	2	①

おや、意外と少ない。逆元が存在するのは $1, 5, 7, 11$ の 4 個だけか……ん？

$1, 5, 7, 11$？

$1, 5, 7, 11$ は、時計巡回でおなじみ、《12 と互いに素な数》じゃないか！

つまり、12 と互いに素な数には ⊠ に関する逆元が存在する。すなわち、法と互いに素な数なら除算ができる……ということなのかな？

そういえば、ミルカさんが学校で出した例がおもしろかったぞ……。12 を法としたときに合同な 15 と 75 を割る話だ。

$$15 \equiv 75 \pmod{12} \qquad \text{15 と 75 は合同}$$

$$(15 \div 5) \equiv (75 \div 5) \pmod{12} \qquad \text{両辺を 5 で割っても合同のまま}$$

$$(15 \div 3) \not\equiv (75 \div 3) \pmod{12} \qquad \text{両辺を 3 で割ったら合同ではなくなる}$$

予想通りだ。12 と《互いに素》である 5 で割ったときには合同のまま。しかし、12 と《互いに素》ではない 3 で割ると合同ではなくなっている。

7.3.3 証明

僕は、先ほどの演算表から得た予想を書いてみた。

予想：合同式では、法と互いに素な数を使って除算ができる。つまり、以下の式が成り立っているとき、

$$a \times C \equiv b \times C \pmod{m}$$

C と m が互いに素（つまり $C \perp m$）なら、以下の式が成り立つ。

$$a \equiv b \pmod{m}$$

よし、この予想の証明に挑戦してみよう。$\mathbb{Z}/12\mathbb{Z}$ は具体的に演算表を書けるからチェックできた。でも、一般的な $\mathbb{Z}/m\mathbb{Z}$ は無数にあるから、具体的な演算表は書けない。だから、きちんと証明しなければならない。

出発点はここからだ。

$$a \times C \equiv b \times C \pmod{m}$$

この式は次のように変形できる。

$$a \times C - b \times C \equiv 0 \pmod{m}$$

左辺を C でくくると次式を得る。

$$(a - b) \times C \equiv 0 \pmod{m}$$

m を法として、0 に合同なのだから、$(a - b) \times C$ が m の倍数ということだ。つまり、ある整数 J が存在して、次式が成り立つ。

$$(a - b) \times C = J \times m$$

さあ、すべてが整数で両辺とも積の形になっている。

導きたいことは、ある整数 K が存在して、次式が成り立つことだ。

$$a - b = K \times m$$

なぜなら、$a-b$ が m の倍数ならば、$a-b \equiv 0 \pmod{m}$ であり、それは、

$$a \equiv b \pmod{m}$$

を意味するからだ。いま、

$$(a-b) \times C = J \times m$$

が成り立っているのだから、$(a-b) \times C$ は m の倍数。もしも、C が m と互いに素なら、$a-b$ のほうが m の素因数をすべて含むことになる。

言い換えれば、$a-b$ は m の倍数になる。だから、$a-b = K \times m$ という形に書ける。

うん、ここでもまた、《互いに素とは、共通の素因数がない》というとらえ方が役に立っている。

解答 7-1（合同式と除算）

a, b, C, m を整数とする。

C が m と互いに素のとき、以下が成り立つ。

$$a \times C \equiv b \times C \pmod{m}$$

$$\Downarrow \text{ならば}$$

$$a \equiv b \pmod{m}$$

7.4 群・環・体

7.4.1 既約剰余類群

次の日の放課後、教室。僕はミルカさんとテトラちゃんに昨日の成果を話す。

「……こんなふうに解いた。要するに、法と《互いに素》な整数なら合同式の両辺を割れる」と僕は言った。

「証明か……」とミルカさんが答えた。「まあ、《$\mathbb{Z}/m\mathbb{Z}$ は結合法則を満たす》を未証明で通り過ぎた点と、《逆》を考察していない点を除けば文句はないよ」

「なんだか……あの——」とテトラちゃんが言った。いつもと様子が違う。「何ていうか、ちょっと悔しい……のかな。あたしは、合同式で割り算ができる条件を見つけられませんでした。つまり、問題が解けなかったんです。それはそれで残念なんですが、それが悔しいわけじゃなくて……」

ノートをいじりながら言葉を選ぶテトラちゃん。

「あの……ぜんぜんわからなくて解けないなら、いいんです。《ああ、あたしは○○を知らないから問題を解けなかったんだなあ》って納得します。でも、今回の場合、あたしはすべての道具をちゃんと持っていました。

- 余りと mod
- 合同式
- 群（演算、単位元、結合法則、逆元）
- 演算表
- 互いに素

この一つ一つについて《これは何？》と問われれば、あたしは答えられると思います。でも——それなのに、あたしは問題を解くことができませんでした。除算ができる条件を求めなさいという問題で、ミルカさんから乗算の演算表を作るというヒントをいただきました。でも、除算が乗算の逆演算であるということの意味をしっかり捕まえられませんでした。分数の除算なら、逆数を作って乗算をすればいいと知っています。でも、mod という演算が絡《から》んで、ちょっと目先が変わっただけで、お手上げになっちゃいました。除算ができる条件として、逆数に相当する要素——逆元——が存在する条件を調べよう……と発想できませんでした。演算表の中で 1 を含む行を探せば、逆元はすぐ見つかるのに……。1, 5, 7, 11 に出会えば、あたしでも《互いに素》に気づいたかもしれないのに……」

テトラちゃんは少しうつむき、首を横に大きく振った。

僕たちは黙って彼女の言葉を聞く。

「なぜ？ いったい、なぜなんでしょう。なぜ問題が解けないんでしょう。なぜあたしは重要なポイントに気づかないんでしょう。慣れ——なんでしょうか。いくら時間がかかっても、がんばって突破するというのが、あたしの得意技だと思っていました。今回、あたしも演算表を作りました。ちゃんとできました。けれど、そこまで。《1 を探そう》と発想できませんでした……。もっと深く深く、深く、数学を読む力がほしいです……」

ノートの上に乗せた両手をぎゅうっと握りしめる。

「テトラちゃん——」と僕は言いかけて、ちらっとミルカさんを見る。

ミルカさんも僕を見て、かすかに頷いた。

「テトラちゃん。数学の問題は、解けるときは解ける、解けないときは解けない。難しいと思っていた問題が思いがけずあっさり解けたり、簡単だと思ってた問題が意外に解けなかったりする。ほら、テトラちゃんだって、僕が難しいと言っていた《五個の格子点》の問題を解いたじゃないか。鳩の巣原理を立派に使ってね。今回の問題だってそうだよ。テトラちゃんは、よく問題を理解している。解答もよく理解している。大切なポイントを整理するのもうまい。それは無駄にはならないよ。ほらほら、顔上げて、元気少女！ いつものテトラちゃんらしくないぞ」

テトラちゃんは、ゆっくりと顔を上げた。ばつの悪そうな表情。

「……変な愚痴を言ってしまいました。すみません」

彼女は頭を下げる。

僕がミルカさんを横目で見ると、ミルカさんが淡々と言い出した。

「問題が解けなくて落ち込んでいたらきりがない。それに、問題を解いた未熟王子にしても、演算表をどこまで読み解いているか、あやしいものだ」
「え……どういうこと？」矛先が僕に向くとは思わなかったぞ。
ミルカさんは、φ《ファイ》を描くように指を振りながら、さらりと続けた。
「たとえば、君は——

《集合 $\mathbb{Z}/12\mathbb{Z}$ は ⊠ に関して群になっていない》

ことに気づいているかな？」
「……っ！」僕は驚いた。
そうか。僕は逆元がある条件を求めようとしていた。ということは、集合 $\mathbb{Z}/12\mathbb{Z}$ には、逆元がある要素とない要素がある。つまり、この集合は群ではない。群ならば、すべての要素に逆元が必要だからだ。言われてみれば当たり前だけれど、いま言われるまで気づいてなかった……。
「ふうん……これで驚くということは、

《集合 $\{1, 5, 7, 11\}$ が群をなす》

ことも意識していなかったんだね」
「あ……っ！」僕は再び驚いた。
12 と互いに素な整数の集合 $\{1, 5, 7, 11\}$ が群をなすって？　ミルカさんに《群をなす》と言われた瞬間、僕は、この集合に構造が入ったと感じた。集合の要素が、きゅっと引き締まったような感覚。
「確かに、確かに、確かに群になるな！」と僕が言った。
「《確かに》が三回。素数」とミルカさんが僕の口調を真似して言った。
「どんな演算に関する群ですか？」とテトラちゃんが訊《き》いた。
「テトラ……それはいい質問だ。群と聞いて、どんな集合？　どんな演算？と問うのは自然なことだ——群の定義が身についているしるしだ」
「えへへ……」
「テトラ、こっちにおいで」とミルカさんが手招きした。
「はい——おっとと！　いえいえいえいえ結構です」テトラちゃんは、赤くなって両手をぶんぶん振った。……経験から学習したようだ。
「集合 $\{1, 5, 7, 11\}$ は、演算 ⊠ に関して群をなす。つまり、通常の積の後、12 を法とする剰余を求めるという演算だ。演算表はこうなる」

$\boxtimes$	1	5	7	11
1	1	5	7	11
5	5	1	11	7
7	7	11	1	5
11	11	7	5	1

「なるほど……」僕は、頭の中で群の公理をチェックする。集合 $\{1,5,7,11\}$ は $\boxtimes$ に関して閉じている。単位元はもちろん 1 だ。各要素に逆元もある（自分自身が逆元だ）。結合法則も OK だろう。確かに群か……。

$\mathbb{Z}/12\mathbb{Z}$ の要素には、逆元を持つものと持たないものがあった。$\{1,5,7,11\}$ のように、逆元を持つ要素だけを抜き出して部分集合を作ると、群になることもあるんだな。なかなか、おもしろい。

「この群を**既《き》約剰《やくじょう》余《よ》類群《るいぐん》**という。$\mathbb{Z}/12\mathbb{Z}$ に対する既約剰余類群は、数式では $(\mathbb{Z}/12\mathbb{Z})^{\times}$ と書く」

「ミルカさん！　この群はアーベル群ですよねっ！」

「どうしてそう思った？」

「だって、この演算表は、対角線を軸にして対称になっています。つまり交換法則が成り立ってるってことですよ！」

「その通り。演算表をよく読んでるじゃない、テトラ」

その言葉に、テトラちゃんがうれしそうに微笑んだ。

7.4.2 群から環へ

これから**環《かん》**の話をしよう。

群では、一種類の演算しか集合に入れなかった。

環では、二種類の演算を集合に入れる。群のときと同じように、この演算が実際に何なのかは問題にしない。問題にするのは、演算が《環の公理》を満たすことだけだ。

二種類の演算を表す記号として、以下では $+$ と $\times$ を使おう。いつも使っていて見慣れているからだ。そして、二種類の演算のことを加算および乗算と呼ぶことにする。加法と乗法と呼ぶ場合もある。

忘れないでほしいことは、この二種類の演算は、普通の意味での数の加算と乗算を表すとは限らないということ。いつでも、必要に応じて環の公理に戻って確認することが大事だ。

ここには、テトラのいう《おおらかな同一視》がある。加算とは限らない、ある演算を加算と呼び、記号 $+$ を使う。乗算とは限らない、ある演算を乗算と呼び、記号 $\times$ を使う。

同一視はさらに進む。加算の単位元を 0 と呼び、乗算の単位元を 1 と呼ぶ。0 とは限らないのに 0 と呼び、1 とは限らないのに 1 と呼ぶ。

これは、数学を使った《比喩》のようだ。……いいかな。

環の公理を述べる前に、《分配法則》を紹介する。数の世界の分配法則を私たちは知っている。環の世界の分配法則もまったく同じ形をしている。

分配法則は、二つの演算を結びつけている法則だ。二つの演算が出てくるから、群のときに分配法則は出てこなかった。

分配法則

$$(a + b) \times c = (a \times c) + (b \times c)$$

さあ、これが、環の公理だ。

環の定義（環の公理）

以下の公理を満たす集合を環《かん》と呼ぶ。

- **演算＋（加法）に関して——**
  - 閉じている
  - 単位元が存在する（0と呼ぶ）
  - すべての要素について結合法則が成り立つ
  - すべての要素について交換法則が成り立つ
  - すべての要素について逆元が存在する
- **演算×（乗法）に関して——**
  - 閉じている
  - 単位元が存在する（1と呼ぶ）
  - すべての要素について結合法則が成り立つ
  - すべての要素について交換法則が成り立つ
- **演算＋と×に関して——**
  - すべての要素について分配法則が成り立つ

ここで述べたのは、厳密にいえば「乗法の単位元が存在する可換環」と呼ばれる環の定義だ。環の用語は、数学書によって揺れが多少ある。しかし、通常は、本ごとに定義が示されるから、大きな問題にはならない。

では、環のクイズを出そう。

◎　◎　◎

「環のクイズを出そう」とミルカさんがテトラちゃんに言った。

《環は、加法に関してアーベル群か？》

「え……？　意味が——わかりません」

「そう？　環には二つの演算が入っている。加法と乗法という名前をつけた。そのうち、加法に注目し、この演算に関してアーベル群をなすか、と訊いている。テトラは、アーベル群かどうかの調べ方を知らないのかな」

「あ！　――わかります。公理を見比べればいいんですね。ちょっと待ってください。アーベル群の公理を思い出します。アーベル群っていうのは、集合で、演算について閉じていて、えとえと、単位元があって、どのような要素に対しても結合法則が成り立ち、どのような要素に対しても交換法則が成り立っていて、ええっと、あとは……そうそう、どのような要素に対しても逆元が存在します。……ここで、環の公理を読むと――はいはい。確かに、アーベル群の公理が成り立っています。ですから、《環は、加法に関してアーベル群》になっています」

「よし。今度は加法を忘れて、乗法に注目する」

《環は、乗法に関してアーベル群か？》

「ええ、もちろんそうです」

「なぜ？」

「だって、環は加法に関してアーベル群ですから、乗法についても……」

「環の公理を確認した？」

「いえ……してません」

「なぜ？」ミルカさんが机を軽く叩いた。「目の前に命題が並んでいるのに、なぜ読まない？　《深く深く、深く、数学を読む力》がほしいんじゃないのかな」

「すみませんでした。読みます……あああああああっ！違う、違うっ！うっかりしてました。環には二つ演算が入っていますけれど、乗法――と呼ばれる側の演算には、《すべての要素について逆元が存在する》という公理が、ありませんっ！」

「そう。環には、加法と乗法がある。しかし、その公理は対称ではない。乗算のほうでは必ずしも逆元がなくていい。つまり、環は乗算に対して、そもそも群になっているとは限らない。群とは限らないのだから、もちろん、アーベル群とは限らない」とミルカさんが言った。

環と群

環は、加法に関してアーベル群である。

環は、乗法に関してアーベル群とは限らない。

「なんでまた、そんな、中途半端な……」とテトラちゃんがつぶやいた。

「中途半端とは？」

「そんなに非対称な公理にしなくてもいいのに、と……」

「テトラは、代表的な環を知っている。中途半端どころか、美しくて深い世界を作り出す環をね」そう言うミルカさんの目が楽しげに光る。

「どういうことですか？」いぶかしげな顔をするテトラちゃん。

「加算ができる。加法に関する逆元が必ず存在するから、減算もできる。乗算もできる。加算と乗算で分配法則も成り立つ。でも、乗法に関する逆元があるとは限らないから、除算は必ずしもできない——そんな集合を、テトラはよく知っている。私はそう言っているんだよ」

「えっ……割り算ができない集合ですか？ a に対して $\frac{1}{a}$ ができないって意味が、よく……」

「ふうん……まだわからないか。$\frac{1}{a}$ を作ってもいいけれど、それが集合の外に飛び出してしまってはだめなのだ。演算というのは、注目している集合について閉じていることが大前提だ。集合の中に、$\frac{1}{a}$ に相当する要素がない集合——さあ、そんな集合は何か」

「え……わかりません。すみません」

「整数だよ。整数全体の集合 $\mathbb{Z}$ は、加算 $+$ と乗算 $\times$ に関して、環をなす。しかし、整数 $a \neq 0$ に対して乗算の逆元となる $\frac{1}{a}$ は $\mathbb{Z}$ の中にあるとは限らない。$a = \pm 1$ のときだけ、逆元 $\frac{1}{a} \in \mathbb{Z}$ になる。……除算ができないからといって、整数全体の集合が《中途半端》なわけではない。除算がなくても、整数の世界は豊かだ」

僕は、ミルカさんとテトラちゃんのやりとりを聞いていて、ふと気づいた。

「もしかして、環は、集合 $\mathbb{Z}$ の抽象化なのかな、ミルカさん」

「まあ、そう考えても悪くはない。集合 $\mathbb{Z}$ は、加法 $+$ と乗法 $\times$ に関して環になる。これを**整数環**《せいすうかん》という。そして、集合 $\mathbb{Z}/m\mathbb{Z} = \{0, 1, 2, \ldots, m-1\}$ も、加法 $+$ と乗法 $\times$ を $\bmod m$ で考えれば環になる。これを **剰余環**《じょうよかん》という。環という名前で、$\mathbb{Z}$ と $\mathbb{Z}/m\mathbb{Z}$ は同一視できるわけだ」

「……なぜ、環という名前がついているんでしょう」

「なぜ《環》という名前がついているのか、私も知らない。もしかしたら、剰余環 $\mathbb{Z}/m\mathbb{Z}$ が持っている円環のイメージから来ているのかもしれない」[*1]

「英語では、何ていうんですか」

「ring」そこでミルカさんは急に早口になった。「整数環 $\mathbb{Z}$ と剰余環 $\mathbb{Z}/m\mathbb{Z}$ はどちらも《環の公理》を満たす。しかし、この二つはずいぶん異なる。$\mathbb{Z}$ は、数直線上に連なる点のイメージ。$\mathbb{Z}/m\mathbb{Z}$ は、時計の文字盤のように円環に配置された点のイメージ。$\mathbb{Z}$ は無限集合、$\mathbb{Z}/m\mathbb{Z}$ は有限集合。$\mathbb{Z}$ は無限性を持ち、$\mathbb{Z}/m\mathbb{Z}$ は周期性を持つ。両者はこんなに違うけれど、どちらも環の公理を満たしている。ということは、環の公理から導いた定理があったなら、その定理は、$\mathbb{Z}$ に対してもあてはまるし、$\mathbb{Z}/m\mathbb{Z}$ に対してもあてはまる。両者とも《環》だからだ。——これが抽象代数学というものだ」

そうか……。僕が何らかの集合を考え、演算を入れたとき、その集合が環の公理を満たすならば——数学者が証明してくれた環の定理を使うことができるのだ……。

たくさんの命題が森のように、星座のように広がり、大きな体系を作っている様子が一瞬見えた。僕は、環に関する定理を知らない。けれど、きっと、環の公理の上には、環に関するたくさんの定理が、数学者によって積み上げられているのだろう。数学者は壮大な建築物を作り上げている——僕はそんな確信を持った。

7.4.3　環から体へ

「環では、乗法に関する逆元が存在するとは限らない。環の公理に書かれていないからだ。つまり環では、除法ができるとは限らない。これから、除法について考えよう。0 以外の要素で除法ができる環のことを**体**《たい》と呼ぶ。英

---

*1 ヒルベルトが「環《かん》」を表す言葉として “Zahlring”（数の環）を初めて使った。

語では field という。命名の理由は知らない」[*2]

テトラちゃんが頷く。ミルカさんは急に声を落とす。

「群では、集合に一つの演算を入れた。環では、集合に二つの演算を入れた。そして、体では、集合に——」

「三つの演算を入れるんですね！」

「違う」

「あれれ？」

「演算を増やすわけではない。たとえば、《加法》と《加法に関する逆元》があれば、《減法》ができるのと同じことで、《乗法》と《乗法に関する逆元》があれば、《除法》ができることになる。《乗法に関して、逆元が存在するかどうか》——環と体の違いはその一点だ。乗法に関して…… 環では、逆元が存在しない元があってもいい。体では、0 以外のすべての元に逆元が存在しなければならない」

「0 以外の……という条件がつくんですね」

「そう。0 の逆元は存在しなくてもいい。これは《ゼロ割り》を除いていることに相当する」

*2 デデキントが「体《たい》」を表す言葉として “Körper”（体《からだ》）を初めて使った。

体の定義（体の公理）
以下の公理を満たす集合を**体**《たい》と呼ぶ。

- **演算 +（加法）に関して——**
  - ○ 閉じている
  - ○ 単位元が存在する（0 と呼ぶ）
  - ○ すべての要素について結合法則が成り立つ
  - ○ すべての要素について交換法則が成り立つ
  - ○ すべての要素について逆元が存在する
- **演算 ×（乗法）に関して——**
  - ○ 閉じている
  - ○ 単位元が存在する（1 と呼ぶ）
  - ○ すべての要素について結合法則が成り立つ
  - ○ すべての要素について交換法則が成り立つ
  - ○ **0 以外のすべての要素について逆元が存在する**
- **演算 + と × に関して——**
  - ○ すべての要素について分配法則が成り立つ

（乗法に関する逆元の存在が、環との違いになる）

「さあ、いつものように体の例を作ろう。《例示は理解の試金石》」
ミルカさんが両手を広げてテトラちゃんを促す。
「考えます……」
テトラちゃんは口の中でぶつぶつ言いながら、ノートに何かを書く。少しして、手をさっと挙げた。
「はい……たとえば、分数 $\frac{a}{b}$ の集合は《体》ですか？」
「a と b は何？」とミルカさんがすぐに問い返す。
「a と b は整数です。だから $\frac{\text{整数}}{\text{整数}}$ 全体の集合ということです。この集合は体だと思います」
「君なら、テトラの答えをどう評価する？」とミルカさんが言った。

「難点が二つ」と僕は答えた。「一つは分母に 0 がくる危険性を忘れているらしいこと。$\frac{\text{整数}}{\text{0 以外の整数}}$ にしなくては。それから、もう一つの難点は、この集合にはすでに**有理数**全体の集合 $\mathbb{Q}$ という名前があるということ」

「ああっ——そうですね。有理数全体の集合は《体》なのですね」

テトラちゃんの答えに、ミルカさんは頷いた。

「そう。**有理数体**《ゆうりすうたい》 $\mathbb{Q}$ という。そういえば、原始ピタゴラス数の無限性の証明で、有理数全体の集合が体であることを利用したね」

「あ、そうだね。単位円を直線で切断する証明か」と僕は頷く。

「さて、整数環 $\mathbb{Z}$ に自然な除法を入れたものが有理数体 $\mathbb{Q}$ だ」とミルカさんが続けた。「では、剰余環 $\mathbb{Z}/m\mathbb{Z}$ に自然な除法を入れたいのだが、どうしよう……というのが次の問題になる」

問題 7-2（剰余環を体にする）

剰余環

$$\mathbb{Z}/m\mathbb{Z} = \{0, 1, 2, \ldots, m-1\}$$

が体になる、法 m の条件を示せ。

「時間いただいていいですか。まだ、環と体の定義がしっくりきてなくて……」

「好きに」

僕も考える。ヒントはすでにたくさん出ていたから、おそらくこれだという解答の予測はついた。僕はノートにいくつかの剰余環の演算表を作り、考え始めた。

「もしかして、こういう条件でしょうか」

テトラちゃんがおずおずと言った。

「ん、どんな条件？」とミルカさんが言った。

「法 m の条件ですよね。ええと、どんな整数に対しても——じゃなくて、集合の要素だけでよくて、あ、それから 0 も除いて——。はい、ですから、

$m-1$ 個の整数 $1, 2, \ldots, m-1$ の一つ一つが、法 m と《互いに素》ならば、$\mathbb{Z}/m\mathbb{Z}$ は体になる……と思います」

「ふうん……」とミルカさんが言った。

「だって、あの——合同式での割り算の条件を考えたときに、割り算ができるのは、法と《互いに素》な数だけでした。だから、あの……」

「テトラちゃん、それのことは——むごっ」

「君は沈黙を守りなさい」ミルカさんの手が、コメントしようとした僕の口をふさいだ。

（あたたかい）

僕の口を手でふさいだまま、ミルカさんは歌うようにこう言った。

「テトラ、テトラ、言葉が好きなテトラ、

《整数 $1, 2, \ldots, m-1$ と、法 m とが、互いに素である》

という表現に、あなたの心は躍《おど》らないの？」

「え？　え、ええと……。1 と m とは互いに素、2 と m とは互いに素、3 と m とは互いに素、4 と m は互いに——」

そこで、テトラちゃんの言葉が止まる。

三秒が経過する。

テトラちゃんの目が、ゆっくりと大きくなり、

テトラちゃんの口が、ゆっくりと開き、

テトラちゃんの両手が、その口を覆う。

「それって……素数！？」

「そう」ミルカさんが頷く。

「むご」僕も頷く。もう、手を離してほしいな。

「それって、m が素数だということですね。え、ええっと……ということは、**剰余環 $\mathbb{Z}/m\mathbb{Z}$ は、m が素数のとき、体になる**のですか！」

「その通り。m が素数のとき、剰余環 $\mathbb{Z}/m\mathbb{Z}$ の、0 を除くすべての要素が乗法に関して逆元を持つ。つまり、体だ。逆もいえる。剰余環 $\mathbb{Z}/m\mathbb{Z}$ が体

になるとき、m は素数だ。特殊な場合として $m = 1$ もあるけれど」

テトラちゃんは、目をうるませている。

「どうして、どうして——こんなに感動するんでしょう。突然、こんなところに素数が出てくるなんて。環の公理のどこにも、体の公理のどこにも、素数なんて言葉は出てこない。なのに、剰余環から体を作ろうとしたとき、要素の数が素数であることが効いてくるなんて、ほんとうに不思議です！」

ミルカさんは、僕の口からやっと手を離した。ふう……。

「p を素数とし、剰余環 $\mathbb{Z}/p\mathbb{Z}$ を体と見なすとき、それを**有限体** $\mathbb{F}_p$ と呼ぶ。

$$\mathbb{F}_p = \mathbb{Z}/p\mathbb{Z}$$

時計をくるくる回す剰余環を、整数のミニチュアモデルだとするなら、素数 p を使って作り出した有限体 $\mathbb{F}_p$ は有理数のミニチュアモデルともいえるかな。時計から mod へ、そして群・環・体——ずいぶん世界が回ったね」

ミルカさんは、そういって満足げに話を締めくくった。

解答 7-2（剰余環を体にする）
法 m が素数のとき、剰余環 $\mathbb{Z}/m\mathbb{Z}$ は体になる。

7.5 ヘアスタイルを法として

「……こんな話まで発展したんだよ」

週末の自宅。僕は、剰余と合同、そして群・環・体をユーリに話した。

「何だか、すごいなあ……ふーっ」ユーリは深くため息をつく。「お兄ちゃんたち、図書室でいつも三人なんだよね。ミルカさまやテトラさんと、そんな話できるってうらやましいなあ……くうううう」

「合同の話、理解できた？」

「うん。お兄ちゃんの説明はわかりやすいよ。要するに、余りで足し算や引き算ができるってことだね。掛け算も大丈夫。互いに素という条件があれば、割り算もできる。同一視の話もおもしろかった。違いを無視して同一視……。それから、有限体 $\mathbb{F}_p$ の話まで。

ねえ、お兄ちゃん！ いつだったかお兄ちゃんが言ってた《無限を折りたたむ》って話、それこそ合同のことじゃないかなあ……」

無限の時を折りたたみ、封筒に入れてもいい。
無限の宇宙を手に乗せて、歌わせるのもいい。

「確かに、合同を使うと、無数のものが有限個に落ちるね」と僕は言った。
整数環 $\mathbb{Z}$ と剰余環 $\mathbb{Z}/m\mathbb{Z}$、有理数体 $\mathbb{Q}$ と有限体 $\mathbb{F}_p$……。
「だよね……」ユーリはそう言って真剣な顔になり、ポニーテールをいじりながら何か考えている。
「あ、そうだ。アドバイスは役立ったよ」と僕は言った。
「アドバイスって何だっけ？」
「女の子には《よく似合うね》の一言が大切だってこと」
「え！ そんなこと、ほんとに言ったの？ 誰に？」
「テトラちゃんに……。髪を短く切ってたから、似合うねって言ったらオーバーアクションで喜んでたけど……」
「お兄ちゃん！ そーゆーこと軽々しく言うもんじゃないんだよ。あーあ、ユーリが馬鹿だったよ。まさかほんとに言うとは……ところで、テトラさんのヘアスタイル、変わったの？」
「うん、最近、伸びたのを切ったって」
「最近？ ……テトラさんの《違い》って——それだけ？」
「どういうこと？」
「女の子は……難しいってこと！」
「？」
「ヘアスタイルを法として、過去のテトラさんと現在のテトラさんは、合同なのかにゃあ？」

私は勉強と研究の違いってなんだろうと考えたことがあります。
数学の授業は、教科書に書いてあることを読んで、公式を覚えて、
その公式を使って問題を解いて、答え合わせをしたら終わりです。
でも研究は「未知の答え」を求めて、突き進むことだと思っています。
答えがわからないからおもしろいのです。
その答えを自分で探して見つけ出すところに魅力を感じます。
——山本裕子 [4]

第8章
無限降下法

いや、証明するに要るんだ。
ぼくらからみると、ここは厚い立派な地層で、
百二十万年ぐらい前にできたという証拠も
いろいろあがるけれども、
ぼくらとちがったやつからみても
やっぱりこんな地層に見えるかどうか、
あるいは風か水やがらんとした空かに見えやしないか
ということなのだ。
——宮沢賢治『銀河鉄道の夜』

8.1 フェルマーの最終定理

「お兄ちゃん、訊《き》いてもいい？」とユーリが言った。

「いいよ」僕はノートから顔を上げた。

いまは 11 月、土曜の午後。ここは僕の部屋。いつものようにユーリが来ている。お昼のピラフを一緒に食べた後、彼女はごろごろしながら本を読み、僕は有限体 $\mathbb{F}_p$ の演算表を書いていた。

「**《フェルマーの最終定理》**ってあるよね、お兄ちゃん」

「うん」

フェルマーの最終定理
次の方程式は、$n \geqq 3$ で自然数解を持たない。

$$x^n + y^n = z^n$$

「どうして、フェルマーの最終定理って有名なの？」
「そうだなあ……主な理由は三つあると思う」と僕は言った。

- 問題そのものは、誰でも理解できる。
- フェルマーが《驚くべき証明を見つけた》と書き残している。
- それなのに 350 年以上、誰も証明できなかった。

「数学の最先端の問題って、専門の数学者以外はまったく理解できないものだよ。問題を解く以前に、問題の意味が理解できないんだ。でも、フェルマーの最終定理は違う。問題の意味は誰でもわかるのに、解くことは数学者にもできない」
「うん、ユーリは馬鹿だけど、フェルマーの最終定理の意味はわかるよ」
「ユーリは馬鹿じゃないって。……フェルマーが、数学書の余白に書き残したメモは思わせぶりだった」

私は驚くべき証明を見つけたが、
それを書き記すには、この余白は狭すぎる。

「それって……証明できない負け惜しみじゃないの？」
「そう言いたくなるよねえ……。でも、フェルマーは 17 世紀でトップクラスの数学者だったんだよ」
「あれ、お兄ちゃん……。この本にはフェルマーのこと《アマチュア》って書いてたよ」ユーリは読んでいた本を見せる。

「それはね、職業としては数学者じゃないっていう意味。フェルマーの時代は、専門の数学者は少なかったんだ。フェルマーの仕事は法律家。暇な時間の楽しみとして数学をやっていた。でも、当時最高の数学を生み出した人をアマチュアと呼ぶのは誤解を招くと思うな……。フェルマーは数学書の余白に書き込みをいくつか残していた。それらは期せずして《時を越えた問題集》となったんだ。後世の数学者は、フェルマーの残した問題を解いていったけれど、最後にたった一つ、誰にも解けない問題が残った」

「……それが《フェルマーの最終定理》なの？」

「そう」

「最後まで残ったから、最終定理なんだね。ラスボスだ」

「フェルマーがこの問題を書き残したのは 1637 年ごろで、それを証明した**ワイルズ**の論文は 1994 年に提出された。だから、350 年以上かかってやっと証明されたことになる。ワイルズの証明によって、フェルマーの最終定理は、ほんとうに定理になったんだ」

「定理になったってどういうこと？」

「証明されなければ定理とは呼べない。《$x^n + y^n = z^n$ は $n \geqq 3$ で自然数解を持たない》とフェルマーは主張したけれど、証明は残していない。数学的な主張、すなわち命題は、証明しなければ、予想にすぎない。《フェルマーの最終定理》は、証明されるまでは《フェルマーの予想》と呼ぶべきだったんだ」

「ふーん。……そうだ。お兄ちゃん、もう一つ質問。ここにフェルマーの最終定理の解決年表が出てるんだけど……」ユーリは本を開いた。

1640 年	FLT(4)	フェルマーが証明
1753 年	FLT(3)	オイラーが証明
1825 年	FLT(5)	ディリクレとルジャンドルが証明
1832 年	FLT(14)	ディリクレが証明
1839 年	FLT(7)	ラメが証明

《フェルマーの最終定理》の解決年表

「ここに書いてあるFLT(3)やFLT(4)って、何？」

「**FLT**は、Fermat's Last Theorem（フェルマーの最終定理）の頭文字だよ。フェルマーの方程式には、変数 n が出てくるよね」

$$x^n + y^n = z^n$$

「うん」

「フェルマーの最終定理というのは、

$$n = 3, 4, 5, 6, 7, \ldots$$

のうち、どんな n に対しても、

$$x^n + y^n = z^n$$

を満たす自然数の三つ組 (x, y, z) は存在しない、という定理だ」

「うん——で？」

「フェルマーの最終定理は3以上のすべての n に関する命題だけれど、FLT(3)は個別の $n = 3$ に関する命題になる。つまり、《$x^3 + y^3 = z^3$ を満たす自然数の三つ組 (x, y, z) は存在しない》という命題がFLT(3)なんだ」

$$
\begin{array}{lcl}
x^3 + y^3 = z^3 \text{ は自然数解を持たない} & \Longleftrightarrow & \text{FLT}(3) \\
x^4 + y^4 = z^4 \text{ は自然数解を持たない} & \Longleftrightarrow & \text{FLT}(4) \\
x^5 + y^5 = z^5 \text{ は自然数解を持たない} & \Longleftrightarrow & \text{FLT}(5) \\
x^6 + y^6 = z^6 \text{ は自然数解を持たない} & \Longleftrightarrow & \text{FLT}(6) \\
x^7 + y^7 = z^7 \text{ は自然数解を持たない} & \Longleftrightarrow & \text{FLT}(7) \\
 & \vdots &
\end{array}
$$

「ふーん、わかった……あれ？　解決年表にはFLT(6)が抜けてるよ」

「ユーリは偉いね。さらっと読み流さず、きちんと確かめるとは」

「にゃふん……照れるって」

「FLT(6)を証明したのはオイラーになるね」

「え？　でも、オイラーの証明はFLT(3)だよ」

「FLT(3) が証明できれば、FLT(6) も証明されたことになるんだ」

「えー……なんでかなあ？」

「じゃあ、方程式 $x^3 + y^3 = z^3$ が自然数解を持たないなら、方程式 $x^6 + y^6 = z^6$ も自然数解を持たないことを証明しよう」

「そんな難しそうな証明、ユーリにもわかる？」

「わかるさ。使うのは背理法」

◎ ◎ ◎

使うのは背理法。前提として、すでに《方程式 $x^3 + y^3 = z^3$ は自然数解を持たない》は証明されているとする。

証明したい命題は《方程式 $x^6 + y^6 = z^6$ は自然数解を持たない》だ。背理法の仮定は、この命題の否定になる。

背理法の仮定 :《方程式 $x^6 + y^6 = z^6$ は自然数解を持つ》

そして、自然数解を $(x, y, z) = (a, b, c)$ としよう。こんな三数 (a, b, c) は本当は存在しないんだけれど、もしも存在したとするなら何が導かれるかを調べていく。そして矛盾に行き着くことを期待するんだよね。それが背理法。

さて、(a, b, c) の定義から、次の式が成り立つ。

$$a^6 + b^6 = c^6$$

この式は、次のように変形できる。

$$(a^2)^3 + (b^2)^3 = (c^2)^3$$

なぜかというと、$x^6 = (x^2)^3$ が成り立つからだ。6 乗するっていうのは、2 乗したものを 3 乗すればいいってことだ。これは指数法則だね。さてここで、自然数 A, B, C を次のように定義する。

$$(A, B, C) = (a^2, b^2, c^2)$$

すると……、

$$a^6 + b^6 = c^6 \qquad a, b, c \text{ の定義}$$
$$(a^2)^3 + (b^2)^3 = (c^2)^3 \qquad \text{指数法則}$$
$$A^3 + B^3 = C^3 \qquad A, B, C \text{ の定義}$$

つまり、(A, B, C) は方程式 $x^3 + y^3 = z^3$ の自然数解になる。

導かれた命題：《方程式 $x^3 + y^3 = z^3$ は自然数解を持つ》

ところで、議論の出発点での僕たちの前提は FLT(3) だった。

前提：《方程式 $x^3 + y^3 = z^3$ は自然数解を持たない》

これは矛盾だね。したがって、背理法により、背理法の仮定は否定された。これで、《方程式 $x^6 + y^6 = z^6$ は自然数解を持たない》が証明された。

◎ ◎ ◎

「にゃるほど。$x^6+y^6 = z^6$ に自然数解があったら、そこから $x^3+y^3 = z^3$ の自然数解が作れちゃうってこと？」

「そう。いまの議論はさらに一般化できるよ。つまり、$n \geqq 5$ について FLT(n) を証明したいとき、すべての n について証明する必要はないんだ。素数 $p = 5, 7, 11, 13, \ldots$ についてだけ FLT(p) を証明すればいいんだよ」

「へー、素数だけでいいんだ。あれ？ でも、それならディリクレはなぜ FLT(14) を証明したの？ 14 は 7×2 だから素数じゃないよ……。FLT(7) を先に証明したほうがよかったじゃん！」

「ユーリ……確かにそうかもしれないけれど、ディリクレは、きっと FLT(7) を証明できなかったんだよ……」

「あ、そか」ユーリは肩をすくめる。「それにしても、数学者ってよく考えるよねえ、お兄ちゃん。スキがない論理っていうのが気持ちいいなあ。何だか、こう、逃げ場がない……そこにゾクゾクくるよ。裁判物のドラマみたい。数学って、厳密な論理でできてるんだね……うーん、んんんっと」

ユーリは細い腕を上げ、ぐうっと伸びをする。まるでスレンダーな猫だ。

「……でもね、ユーリ。数学って、それだけでもないはず。厳密な論理にたどりつくまで、森の中で迷っていることもあると思うよ」

「えー、そーかなあ。絶対失敗しない優等生が数学者じゃないの？」

「数学者も、考えている途中ではたくさんミスをすると思うな。もちろん、最終的に出てくる論文に間違いがあっては困るけど……」

「ノーミス。パーフェクト。ミルカさま。憧れるよー」

「そういうユーリは、テストで計算ミスする？」

「計算ミス！っていうのはほとんどないけど、問題がさっぱり解けないときはよくあるかな。ほら、ユーリは馬鹿だから」

「違うよ、ユーリ」と僕は言った。「ユーリは馬鹿じゃないって。僕は——お兄ちゃんはね、ユーリが馬鹿じゃないことを知ってる。だから、そんなことを言っちゃいけない。ユーリは賢いよ」

「お兄ちゃん……」

「ユーリは賢いよ——ほんとうに賢い猫娘《ねこむすめ》だ」

「感動してたのに、オチをつけるんじゃにゃい！」

8.2 テトラちゃんの三角形

8.2.1 図書室

次の週、金曜日の放課後。

いつものように図書室に入ると、テトラちゃんがすでに勉強を始めていた。ノートに向かって熱心に書いている。

「早いね」

「あ、先輩！……さっきまでミルカさんも一瞬いらしたんですよ。エィエィさんと練習があるからって、もうお帰りになりましたけど」

「……テトラちゃんのそれ、村木先生の？」

「そうです。また三角形の問題ですね」

問題 8-1
三辺が自然数で面積が平方数である直角三角形は存在するか。

「もうだいぶ考えたの？ 解けそう？」と僕は言った。

「いま、実例を作って自分の理解を確認しているところです！ だから、先輩は黙っていてくださいね」テトラちゃんは《黙っていて》と唇に人差し指を当てる。僕はどきっとする。

「じゃ、僕はあっちで自分の計算してるよ。あとで一緒に帰ろう」

「はいっ」テトラちゃんがにっこりした。

僕は、有限体 $\mathbb{F}_p$ の計算を進めようと思ったが、さっきのテトラちゃんのカードが気になってきた。

《三辺が自然数で面積が平方数である直角三角形は存在するか》

直角三角形……ってことは、三辺の長さはピタゴラス数になっているはずだ。三辺の長さを変数で表して、条件を調べれば解けるかな？

しかし、まず**実例**を作って理解を確かめよう。《例示は理解の試金石》だ。

三辺の長さを a, b, c（c は斜辺の長さ）とする。典型的なピタゴラス数、

$$(a, b, c) = (3, 4, 5)$$

を調べてみよう。

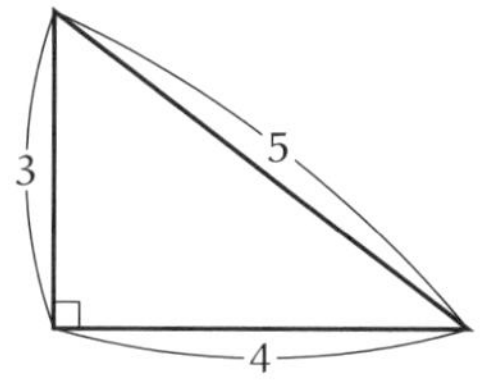

このとき、

$$\text{直角三角形の面積} = \frac{ab}{2} = \frac{3 \times 4}{2} = 6$$

となる。二乗して6になる整数はないから、6は平方数ではない。なるほど。

別の例を調べよう。$(a, b, c) = (5, 12, 13)$ を調べると、

$$\text{直角三角形の面積} = \frac{5 \times 12}{2} = 30$$

になる。30も平方数ではない。へえ。

僕は、いくつかのピタゴラス数について表にまとめてみた。

(a, b, c)	直角三角形の面積	平方数か？
$(3, 4, 5)$	$\frac{3 \times 4}{2} = 6$	×
$(5, 12, 13)$	$\frac{5 \times 12}{2} = 30$	×
$(7, 24, 25)$	$\frac{7 \times 24}{2} = 84$	×
$(8, 15, 17)$	$\frac{8 \times 15}{2} = 60$	×
$(9, 40, 41)$	$\frac{9 \times 40}{2} = 180$	×

なるほど……確かに面積は平方数にならない。でも、五個調べただけで《絶対に平方数にならない》とはいえない。証明しなければ、予想にすぎない。

よし、では、

《三辺が自然数で面積が平方数である直角三角形は存在しない》

という命題の証明に挑戦してみよう。

証明全体の構成は、やっぱり**背理法**かな。面積が平方数になっている直角三角形があったと仮定して矛盾を導くほうが見通しがよさそうだ。

証明したい命題：《三辺が自然数で、面積が平方数になっている直角三角形は存在しない》

証明したい命題の否定は次のようになる。これを仮定しよう。

背理法の仮定：《三辺が自然数で、面積が平方数になっている直角三角形は存在する》

さて、命題の重要ポイントを**数式で表現**していこう。

まずは《直角三角形》だ。三辺を自然数 a, b, c として、c が斜辺とする。そうすると、ピタゴラスの定理より、

$$a^2 + b^2 = c^2$$

になる。この式で《直角三角形》が表現できた。

できるだけ単純な形で考えを進めたいから、a, b を《互いに素》な二数に変換したい。《互いに素》にするには、a と b の最大公約数で割ればいい。a と b の最大公約数を g と置くと、以下のような自然数 A, B が存在する。

$$a = gA, \quad b = gB, \quad A \perp B \ (A \text{ と } B \text{ とは《互いに素》})$$

a と b の共通な素因数をすべて g という形で外に出したので、もう A と B は共通の素因数を持たない。つまり、A と B とは《互いに素》になる（$A \perp B$）。

ピタゴラスの定理に、$a = gA, b = gB$ を使ってみる。

$$\begin{aligned}
a^2 + b^2 &= c^2 && \text{ピタゴラスの定理}\\
(gA)^2 + (gB)^2 &= c^2 && a = gA, b = gB \text{ を代入}\\
g^2(A^2 + B^2) &= c^2 && g \text{ でくくった}
\end{aligned}$$

つまり、c^2 は g^2 の倍数だ。ということは、c は g の倍数となり、以下の整数 C が存在することになる。

$$c = gC$$

よし、計算を続けよう。

$$
\begin{aligned}
g^2(A^2+B^2) &= c^2 && \text{さっきの式} \\
g^2(A^2+B^2) &= (gC)^2 && c = gC \text{ を代入} \\
g^2(A^2+B^2) &= g^2C^2 && \text{右辺を展開} \\
A^2+B^2 &= C^2 && g^2 \text{ で両辺を割る}
\end{aligned}
$$

ここで、$A \perp B$ と $A^2+B^2=C^2$ から、$B \perp C$, $C \perp A$ もすぐにわかる。a, b, c の代わりに、どの二つをとっても互いに素な三数 A, B, C が導入できた。(A, B, C) は原始ピタゴラス数だ。

さて、ここまで、一本道といってもいいほど素直な道をたどってきた。次は、どっちに進むべきだろうか……。

うん、今度は《面積が平方数》の部分を A, B を使って研究していくことにしよう。なんだか調子が出てきたぞ……。d をある自然数として、次のように書けば《面積は平方数》を数式で表したことになる。

$$\frac{ab}{2} = d^2$$

$a = gA, b = gB$ を代入する。

$$\frac{(gA)(gB)}{2} = d^2$$

計算する。

$$g^2 \times \frac{AB}{2} = d^2$$

(A, B, C) は原始ピタゴラス数だから、A と B のどちらかは偶数。つまり $\frac{AB}{2}$ は自然数。したがって、d^2 は g^2 の倍数となり、d は g の倍数。よって、$d = gD$ と置くことができる。D は自然数だ。

$$g^2 \times \frac{AB}{2} = (gD)^2$$

分母を払って、両辺を g^2 で割り、以下の式を得る。

$$AB = 2D^2$$

ここまでで、与えられた数の間に《互いに素》という条件を付けた新しい問題を作ったことになる。この問題は、テトラちゃんのカードの言い換えだ。

うん、なかなかスムーズに進んだぞ。

しかし——かんじんの矛盾はまだ見つかっていない。

問題 8-2（問題 8-1 の言い換え）
次式を満たす自然数 A, B, C, D は存在するか。

$$A^2 + B^2 = C^2, \quad AB = 2D^2, \quad A \perp B$$

（$A \perp B$ は、A と B が互いに素であることを表す）

「下校時間です」

瑞谷先生の宣言に、はっと顔を上げる。

もう外は暗い。数学にのめり込んでいる間、僕は時の感覚を失い、夢のような別世界で過ごす。でも、自分がそれに気づくのは、いつもこちらの世界に帰ってきてからだ。こちらの世界——僕がいて、テトラちゃんがいて、ミルカさんがいて……。

「先輩？」

テトラちゃんが僕の前に立った。

「もう、帰りませんか？」

僕は、テトラちゃんを見る。しばらく黙って見つめていると、彼女はちょっぴり頬を赤らめて首を傾《かし》げた。

「……先輩？」

「……うん、帰ろうか。——ありがとう、テトラちゃん」

「え？ 何がですか？」

「いや、なんとなく、ね」

8.2.2　うねうね道

帰り道。住宅地を抜けるうねうね道を並んで歩く。

「あたしって、どうしてこう……余裕がないんでしょうか……」とテトラちゃんが言った。「数式が一つ出てくると、それで頭がいっぱいになってしまって、条件がどこかに飛んでっちゃうんです……」

テトラちゃんは、頭の上でグーとパーを何度か繰り返す。

「そういえば以前、変数が多いと難しいって言ってたよね」

「そうそう！　先輩も、ミルカさんも、気軽に**定義式**《ていぎしき》を書きますよね——《$m = \heartsuit\heartsuit\heartsuit$ とおく》や、《$b = \spadesuit\spadesuit\spadesuit$ と定義する》などです……あたし、あれ、苦手なんです」

「定義式で変数は増える。でも、あとの式変形が楽になるんだけどね」

「だから！　今回の問題では、がんばってそれに挑戦しているんですよ。あのピタゴラ・ジュース・メーカーを使って」

「ん？　どういうこと？」

「あの《m と n を使って原始ピタゴラス数を作る》って方法ですよ！　《原始ピタゴラス数の一般形》を使って考えようとしてるんです」

「あっ、なるほど。その方法があったか」

そうか。確かに、原始ピタゴラス数の一般形を使えば、A, B, C を m と n で表せる。そこからスタートすれば、矛盾を出せるかな？

「ヒントもらっちゃったなあ」

「あ、先輩も考えているんですか。テトラも負けませんよ」

テトラちゃんはそう言って、パンチを繰り出すそぶりを見せた。

8.3　僕の旅

8.3.1　旅の始まり：A, B, C, D を m, n で表す

夜の自宅。

僕はこれから、矛盾を導く旅に出発する。出発点の確認。自然数 A, B, C, D に以下の関係がある。ここから矛盾を導くのだ。

出発点

$$A^2 + B^2 = C^2, \quad AB = 2D^2, \quad A \perp B$$

$A^2 + B^2 = C^2$ と $A \perp B$ から、A, B, C は原始ピタゴラス数の三つ組になっていることがわかる。ということは《原始ピタゴラス数の一般形》を使って、A, B, C を m, n で表せる。これがテトラちゃんの言ってたピタゴラ・ジュース・メーカーだ。

原始ピタゴラス数の一般形（ピタゴラ・ジュース・メーカー）

$$A^2 + B^2 = C^2, A \perp B \quad \Longleftrightarrow \quad \begin{cases} A &= m^2 - n^2 \\ B &= 2mn \\ C &= m^2 + n^2 \end{cases}$$

自然数 m, n の条件：

- $m > n$
- $m \perp n$
- m, n の片方のみが奇数（両者の偶奇は不一致）

（p. 51 参照）

では、《面積が平方数》という条件から作った $AB = 2D^2$ という式に m, n をあてはめて、D の性質を調べよう。

テトラちゃんには定義式の効用を説いたけれど、実際に自分が変数を導入するときには不安がよぎる。変数が増えて収拾がつかなくなるのではないか……そんな不安だ。

僕は《数式への信頼》を思い出して、不安を追い払う。数式のいいところは、意味を離れ、機械的な操作で問題を解きほぐせるところだ。原始ピタゴラス数の一般形を式に組み込んだら、もう直角三角形のことを忘れていい。あとは、数式を武器として使いこなせるかどうかの勝負だ……。

まずは $AB = 2D^2$ を m, n で表そう。

道の先に何かが見えているわけではないけれど——旅の始まりだ。

いくぞ。

$$
\begin{aligned}
AB &= 2D^2 && \text{《面積が平方数》から作った式} \\
(m^2 - n^2)B &= 2D^2 && A = m^2 - n^2 \text{ を代入した} \\
(m^2 - n^2)(2mn) &= 2D^2 && B = 2mn \text{ を代入した} \\
mn(m^2 - n^2) &= D^2 && \text{両辺を 2 で割って整理した} \\
mn(m + n)(m - n) &= D^2 && \text{《和と差の積は二乗の差》}
\end{aligned}
$$

さあ、こんな式が出てきた。

$$D^2 = mn(m + n)(m - n)$$

これは——以前やったことがあるパターンじゃないか？

左辺 D^2 は《平方数》。

そして、右辺は《互いに素な数の積》だ……よ、な？

m と n は《互いに素》だから、ここに出てくる四つの因子

$$m, n, m + n, m - n$$

は、どの二つをとっても互いに素といえる……かな？

たとえば、$(m + n) \perp (m - n)$ は成り立つ？

……不安。

ここで $(m + n) \perp (m - n)$ が成り立たないと、重要な武器が奪われることになる。背理法できちんとやろう。

$m+n$ と $m-n$ が互いに素じゃないと仮定する。このとき、ある素数 p と自然数 J, K が存在して、次の式が成り立つはずだ。

$$\begin{cases} pJ &= m+n \\ pK &= m-n \end{cases}$$

この素数 p は、$m+n$ と $m-n$ に共通の素因数のことだ。

この式から矛盾を導ければ、$m+n$ と $m-n$ は互いに素であると証明できたことになる。さあ、武器を守れるか。

二式を辺々《へんぺん》加えて p と m の関係を出す。

$$\begin{aligned} pJ + pK &= (m+n) + (m-n) && \text{辺々加えた} \\ p(J+K) &= (m+n) + (m-n) && \text{左辺を } p \text{ でくくった} \\ p(J+K) &= 2m && \text{右辺を計算した} \end{aligned}$$

辺々引いて p と n の関係を出す。

$$\begin{aligned} pJ - pK &= (m+n) - (m-n) && \text{辺々引いた} \\ p(J-K) &= (m+n) - (m-n) && \text{左辺を } p \text{ でくくった} \\ p(J-K) &= 2n && \text{右辺を計算した} \end{aligned}$$

次の関係を得た。

$$\begin{cases} p(J+K) &= 2m \\ p(J-K) &= 2n \end{cases}$$

積の形になった。もうわかったぞ。

まず、$p=2$ はありえない。なぜなら、m と n の偶奇が異なっていることから、$pJ = m+n$ は奇数になる。よって、p は偶数ではない。つまり、$p=2$ はありえない。

しかし、$p \geqq 3$ もありえない。なぜなら、m と n は両方とも p の倍数になる。でも、$m \perp n$——つまり m と n に共通の素因数はないのだから、$p \geqq 3$ もありえない。

以上のことから、$(m+n) \perp (m-n)$ がいえた。

ふう……。

念のために、$m+n$ と m が互いに素であることも示しておこう。

$m+n$ と m が互いに素じゃないと仮定する。このとき、ある素数 p と自然数 J, K があって、次の式が成り立つ。

$$\begin{cases} pJ &= m+n \\ pK &= m \end{cases}$$

さっきと同様の計算で、次式を得る。

$$\begin{cases} pK &= m \\ p(J-K) &= n \end{cases}$$

m, n が両方とも p の倍数になってしまったから、$m \perp n$ に矛盾する。

$m-n$ と m、$m+n$ と n、$m-n$ と n についても同様だ。

よしっ。四つの因子

$$m, n, m+n, m-n$$

は、どの二つをとっても互いに素だ。重要な武器を守りきったぞ。

さてさて、話を元に戻す。検討していたのは次の式だった。

$$D^2 = mn(m+n)(m-n)$$

左辺 D^2 は平方数。素因数分解すれば、各素因数は偶数個ずつ含まれる。

一方、右辺の四つの因子 $m, n, m+n, m-n$ はどの二つをとっても互いに素——すなわち共通の素因数がない。

左辺の素因数を、右辺の四つの因子に分配する様子を想像すると、四つの因子のそれぞれは、素因数を偶数個ずつ含むことになる。要するに《$m, n, m+n, m-n$ は、すべて平方数》なのだ！

《互いに素》というのは、ほんとうに使える武器だな……《互いに素》を

《最大公約数が 1》と表現しているうちはピンと来ないけれど、《共通の素因数がない》と読むとすごくいい。切れ味のよい長剣《ロングソード》のようだ。

8.3.2　原子と素粒子の関係：m, n を e, f, s, t で表す

さて、$m, n, m+n, m-n$ が平方数であることを数式で表現しよう。

さっきは、A, B, C, D を m, n で表した。

今度は、m, n を e, f, s, t で表す……。

うん？

僕は——

僕は、もしかしたら、**ミクロな構造を発見する旅**をしているのか？

分子（A, B, C, D）を調べて、小さな原子（m, n）を発見した。

原子（m, n）を調べると、さらに小さな素粒子（e, f, s, t）を発見して……。

今回の旅は、そんなイメージだなあ。

もしかしたら、さらに小さなクォークがあったりして……。

さて。

$m, n, m+n, m-n$ が平方数なので、以下の自然数 e, f, s, t が存在する。

$m, n, m+n, m-n$ を e, f, s, t で表す《原子と素粒子の関係》

$$\begin{cases} m &= e^2 \\ n &= f^2 \\ m+n &= s^2 \\ m-n &= t^2 \end{cases}$$

e, f, s, t は、どの二つをとっても《互いに素》

……また新たな変数の導入か。しかも四つも。けれど、きっとうまくいく。数式への信頼、数式への信頼……。

次は、どっちに進むべきなんだろうか。僕は、ノートを読み返して考える。

m を e, f, s, t で表してみよう。すでに、$m = e^2$ という等式があるけれど、次の式からは、何がいえるだろう。

$$\begin{cases} m + n &= s^2 \\ m - n &= t^2 \end{cases}$$

うん、この二式を辺々足したり引いたりすれば、m, n を s, t で表すことができる。いわば、原子の構造を素粒子で表現しているのだ。

$$\begin{cases} 2m &= s^2 + t^2 \\ 2n &= s^2 - t^2 \end{cases}$$

$2n = s^2 - t^2$ の右辺は《和と差の積は二乗の差》を使って積の形にできる。積の形に持ち込むのは、整数の構造を調べやすくするためだ。

$$\begin{aligned} 2n &= s^2 - t^2 && \text{上の式} \\ 2n &= (s + t)(s - t) && \text{《和と差の積は二乗の差》} \\ 2f^2 &= (s + t)(s - t) && n = f^2 \text{ を代入} \end{aligned}$$

f と $s + t, s - t$ の関係が得られた。いわば、素粒子同士の関係だ。

f と $s + t, s - t$ の関係《素粒子同士の関係》

$$2f^2 = (s + t)(s - t)$$

8.3.3　素粒子 $s+t, s-t$ を調べる

得られた式 $2f^2 = (s+t)(s-t)$ を探る。右辺を構成している因子、$s+t$ と $s-t$ を調べていこう。

$s+t$ と $s-t$ は整数だ。まずは《偶奇を調べる》ところから。

s の偶奇はどうだろう。《原子と素粒子の関係》から、$m+n = s^2$ が成り立つ。$m+n$ の偶奇は……わかる。m と n の偶奇が不一致だから、偶数＋奇数 または 奇数＋偶数 のどちらか。いずれにしても、$m+n$ は奇数。つまり s^2 も奇数。二乗して奇数になるということは s も奇数。よし、**s は奇数**であることが判明！

t の偶奇も同じように考えられる。$m-n = t^2$ が成り立っている。m と n の偶奇は不一致。t^2 は奇数になり、二乗して奇数になるので、**t も奇数**。

よって、s と t は両方とも奇数——よしきたっ！

s も t も奇数だから、**$s+t$ と $s-t$ は両方とも偶数**になる。

ところで、s と t は互いに素だろうか。

$(m+n) \perp (m-n)$ なので、$s^2 \perp t^2$ となる。二乗した数同士が互いに素なんだから、元の数同士も互いに素になる。共通の素因数がないことには代わりはないからね。つまり、**s と t とは《互いに素》**だ。

よし、$s \perp t$ であることが判明！

……あれ？《原子と素粒子の関係》で、《e, f, s, t は、どの二つをとっても互いに素》として変数を導入したんだっけ……まあ、ともかく $s \perp t$ であることに変わりはない。

s, t についてだいぶわかってきたぞ。

s, t でわかったこと

- s は奇数
- t は奇数
- $s+t$ は偶数
- $s-t$ は偶数
- s と t は互いに素（$s \perp t$）

僕はノートを読み返し、いま得た $s+t$ と $s-t$ の知識をどの式にあてはめるべきかを考える。

$s+t$ と $s-t$ を因子に持つ数は……この《素粒子同士の関係》にある。

$$2f^2 = (s+t)(s-t)$$

$s+t, s-t$ は偶数だから、$\frac{s+t}{2}$ と $\frac{s-t}{2}$ は整数になる。だから——

$$2f^2 = 2 \cdot \frac{s+t}{2} \cdot 2 \cdot \frac{s-t}{2}$$

このように書いたとき、右辺は四整数の積の形になっている。

両辺を 2 で割る。

$$f^2 = 2 \cdot \frac{s+t}{2} \cdot \frac{s-t}{2}$$

左辺は平方数だ……って、あれ、これ、さっきもやったっけ？　同じ道をぐるぐる回っているのか……？

いやいや、大丈夫。左辺は f^2 で平方数。右辺には 2 が素因数として含まれている。右辺も平方数になるはずだから、もう一個の素因数 2 が二つの因子 $\frac{s+t}{2}$ または $\frac{s-t}{2}$ のどちらかに分配されるに違いない。

つまり、**$\frac{s+t}{2}$ と $\frac{s-t}{2}$ のどちらかは偶数**だ。

$\frac{s+t}{2}$ と $\frac{s-t}{2}$ は《互いに素》かな。

たとえば、《互いに素》ではないと仮定しよう……こういうチェック、もう何回もやっているなあ。共通の素因数 p を持つことになるから、ある整数 J, K が存在して、以下のように書ける。

$$\begin{cases} pJ &= \dfrac{s+t}{2} \\ pK &= \dfrac{s-t}{2} \end{cases}$$

辺々加え、辺々引いて、次の式を得る。

$$\begin{cases} p(J+K) &= \dfrac{s+t}{2} + \dfrac{s-t}{2} = s \\ p(J-K) &= \dfrac{s+t}{2} - \dfrac{s-t}{2} = t \end{cases}$$

もうわかった。上の式から、s も t も p の倍数になる。s も t も共通の素因数 p を持つことになり、$s \perp t$ と矛盾する。したがって、**$\frac{s+t}{2}$ と $\frac{s-t}{2}$ は《互いに素》**といえる。

$f^2 = 2 \cdot \frac{s+t}{2} \cdot \frac{s-t}{2}$ がいえて、$\frac{s+t}{2}$ と $\frac{s-t}{2}$ のどちらかは偶数で、$\frac{s+t}{2}$ と $\frac{s-t}{2}$ は《互いに素》である……と。共通の素因数がないんだから、偶数でないほうは奇数。

ということは、いつものように素因数の分配を考えると……偶数のほうは《$2 \times$ 平方数》の形だし、奇数のほうは《奇数の平方数》になる。

言葉で書くとややこしいなあ。《素粒子》s, t の構造を作っている《クォーク》u, v を新たに導入すればいいのか。u, v は《互いに素》な自然数だ。

そうすれば、《$2 \times$ 平方数》は $2u^2$ と書けて、《奇数の平方数》は v^2 と書ける。

$\frac{s+t}{2}$ と $\frac{s-t}{2}$ のうち、片方は $2u^2$ で、他方は v^2 になる。

ふう……。

8.3.4 素粒子とクォークの関係：s, t を u, v で表す

そろそろ、洪水のような文字の多さに耐えられなくなってきた。僕はノートをもう一度ゆっくり読み返し、クォークについて整理する。

$\frac{s+t}{2}, \frac{s-t}{2}$ について《素粒子 s, t とクォーク u, v の関係》

- $\frac{s+t}{2}, \frac{s-t}{2}$ は、《互いに素》である。
- $\frac{s+t}{2}, \frac{s-t}{2}$ の片方は $2u^2$ で、他方は v^2 である。
- u と v は《互いに素》である（$u \perp v$）。
- v は奇数である。

よし、いいぞ！

いや、まずい！

これだけでは、$\frac{s+t}{2}$ と $\frac{s-t}{2}$ のうち、どっちが $2u^2$ で、どっちが v^2 かわからない。ということは……**場合分け**が発生してしまう。

僕は頭を抱えた。

ケース 1: $\frac{s+t}{2} = 2u^2, \frac{s-t}{2} = v^2$ **の場合——**

$$\begin{cases} s &= 2u^2 + v^2 \\ t &= 2u^2 - v^2 \end{cases}$$

ケース 2: $\frac{s+t}{2} = v^2, \frac{s-t}{2} = 2u^2$ **の場合——**

$$\begin{cases} s &= 2u^2 + v^2 \\ t &= -2u^2 + v^2 \end{cases}$$

場合分けになってしまった。

森の奥の分かれ道に、呆然と立つ僕。

確かに、両方の道をたどればいいんだけど。

でも……探索の手間が二倍になってしまう。

うーん、何かうまい手はないのか……。僕はこれまでたどってきた道をもう一度振り返り、忘れている関係式がないかを探す。

——む？

m は？ 《原子と素粒子の関係》で出てきた $m = e^2$ はどこでも使っていないな。m は素粒子 s, t とつながっていたはずだ……ええと、関係式、

$$\begin{cases} m + n &= s^2 \\ m - n &= t^2 \end{cases}$$

から、辺々加えて 2 で割れば、

$$m = \frac{s^2 + t^2}{2}$$

が得られる。そこで、次式を得る。

$$e^2 = m = \frac{s^2 + t^2}{2}$$

つまり、以下が成り立つ。

$$e^2 = \frac{s^2 + t^2}{2}$$

よしよし、s と t を二乗して加えているから、ケース 1, 2 の両方を一つの式にまとめることができる。これで場合分けを避けられるぞ！

$$\begin{aligned} e^2 &= \frac{s^2 + t^2}{2} && \text{上の式} \\ e^2 &= \frac{(2u^2 + v^2)^2 + (2u^2 - v^2)^2}{2} && s, t \text{ を } u, v \text{ で表した} \\ e^2 &= 4u^4 + v^4 && \text{計算した} \end{aligned}$$

おお、なかなかシンプルな式ができた。素粒子 e とクォーク u, v の関係式だ。満足、満足……。

……って、あれ？ そもそも、僕は何をやってたんだ？

式変形で喜んでちゃだめだ。やりたかったことは――矛盾探しだ。

ここから矛盾は出てくるのか？

《素粒子 e とクォーク u, v の関係》（ここから矛盾は出てくるのか？）

$$e^2 = 4u^4 + v^4$$

- $u \perp v$
- v は奇数

うーん、悔しいけれど、もう眠い。

今日はここまでか……。

8.4 ユーリのひらめき

8.4.1 部屋

「ちーっす」ユーリの声。

次の日、土曜日の午後。僕の部屋。

机に向かったまま「うん」と返事する僕。

「えー、お兄ちゃん。かわいいユーリも見ずに生返事ですか」

「うん」

「ひ、ひどっ。……ねー、何してるのー？」後からのぞき込むユーリ。

「計算」

「手、動いてないじゃん」

「頭は動いてる」

「へー、口もよく動くじゃん」皮肉るユーリ。
「はいはい。わかったよ」僕はあきらめて振り向いた。
いつものポニーテールを揺らし、ジャンパーをはおってジーンズ姿のユーリが立っていた。シャツのポケットに眼鏡とボールペンを挿し、両手を腰にあてている。
「お兄ちゃんって、ほんっと数学好きだよね。どっか遊び行こーよー」
「外、寒いよ」
「冬は寒いもんだにゃ」
「……本屋とか？」
「えーっ……ま、そこで手を打ってあげようか」

8.4.2　小学校

ユーリを連れて町を歩く。
「ところで、何の計算してたの？」
僕は歩きながら《三辺が自然数の直角三角形の面積は平方数になるか》について話した。数式は省略。考え方だけをかいつまんで説明。「……という具合で、いろいろ計算しているうちに、意味ありげな式《素粒子 e とクォーク u, v の関係》ができた。そこから矛盾が導ければ証明は完了。導けなかったら、他の道を探索に行く……という段階」
「ふーん」
歩道橋の近くまで来たとき、ユーリが言った。
「ねー、お兄ちゃん。小学校いかない？　グラウンドで遊ぼうよ」
「え？　本屋に行きたいんだけどな」
「いいじゃん！」
「……ま、いいけど」
歩道橋を渡ると、小学校はすぐだ。正門は閉まっているけれど、裏門からグラウンドに入れる。
それほど大きくない陸上用のトラックがあり、その向こうには、低学年向けの遊具として、ブランコ、雲梯《うんてい》、正十二面体のワイヤフレームになった回転遊具、それに滑り台がある。冬の土曜日。寒々しいグラウンドには誰もいない。でも、なつかしいなあ。

「お兄ちゃんの話聞いてて思ったんだけどさあ、そのカードの問題って《……存在するか》なんだよね？」

「そうだけど」

「《……存在しないことを証明せよ》じゃないんだよね？」

ユーリはそう言って、ブランコのほうに走っていった。

「えっ……？」僕はユーリを追いかける。

「へー、こんなにブランコちっちゃかったんだね」

ユーリが立ち漕ぎをする。

僕も隣のブランコに腰を下ろす。確かに小さいな。

「ユーリは、僕の予想が間違っていると言いたいの？」と僕は訊いた。「面積が平方数になる直角三角形は存在するって？」

「えー、なにー？ 聞こえなーい」ユーリは大きくブランコを揺する。

……確かに、村木先生のカードは《存在するか》という問いだった。僕が直接確かめた直角三角形は数個しかない。もしかしたら、面積が平方数になる三角形は存在するのかもしれない。その可能性は否定できない。しかし……もし、そんな直角三角形が存在するなら——《存在しない証明》なんてできっこない！ 昨晩考えたことはまったくの無駄かも……。

これは、やっかいだ……。

「おにーちゃーん」

いつのまにかユーリは滑り台に移動し、てっぺんで手を振っている。

「やほー、高いぞー」身軽に滑り降りるユーリ。「あ、でも意外に短いにゃ。スピードも出ないし」

「はじめの高さの位置エネルギーが——」

「はいはいはいはい。お兄ちゃん、理系だねー」

8.4.3 自販機

ひとしきり遊んだ後、のどが渇いたとユーリが訴えた。裏門から出て、道路の自販機でホットレモンジュースを二人分買い、ベンチに並んで座る。

「はいよ」

「ありがと——あちち」

ユーリは、両手でジュースを持ち、僕を見上げておずおずと言った。

「お兄ちゃん……ごめんにゃ」

「何が？」

「勉強してたのに、無理矢理ひっぱり出しちゃって」

「何をいまさら……別にいいよ。気分転換になるし」

「さっき言ってた《素粒子となんとかの関係》って、どんなの？——あ、ノートないからわかんないか」

「ノートは家だけど、手帳がある。あ、でもペンがないな」

「ペンならあるけど……え、覚えてんの？」

「もちろん。これがその式」

$$e^2 = 4u^4 + v^4$$

「ふーん。なんでこれが意味ありげ？」

「簡単すぎず、複雑すぎないから——なんとなく」

「男の直感ってやつ？」

「なんだよ、それ。ともかく、この数式を探るのが現在の大問題。……でも、行き止まりかも」

そう。$e^2 = 4u^4 + v^4$ で、$e^2 - 4u^4 = v^4$ のようにし、それから $(e + 2u^2)(e - 2u^2) = v^4$ のように積に直してもみたんだけど、そこからどうも進まないんだよな……。

「数式の《ほんとうの姿》を探ってるんだにゃ？」

「……え？」僕はユーリを見た。

「『銀河鉄道の夜』に出てきたじゃん」

《ほんとうは何かご承知ですか》

「ああ、そうだね」

「ねー、もっとよく見せて」

「いいよ」手帳を渡す。

じっと、数式を見るユーリ。

「ねー、お兄ちゃん……」
「ん？」
「この式ってさー、左右を入れ替えるとね、なんだか——」
「うん」

そして——
ユーリの次の一言は——
僕にとって、天啓となった。

「ピタゴラスの定理に似てない？」

え？
ピタゴラスの定理？

$$4u^4 + v^4 = e^2$$

確かに似てる！
僕は手帳に書き込む。指数法則で二乗の形。

$$\left(2u^2\right)^2 + \left(v^2\right)^2 = e^2$$

次のように A_1, B_1, C_1 を定義。

$$A_1 = 2u^2, B_1 = v^2, C_1 = e$$

次式が成り立つ。

$$A_1^2 + B_1^2 = C_1^2$$

ちょっと待った。今回の長い旅の出発点もピタゴラスの定理だ。僕は急いで記憶をたぐる。そう、出発点……何度も書いたからもう忘れない。

$$A^2 + B^2 = C^2, \quad AB = 2D^2, \quad A \perp B$$

もしかしたら、$A_1B_1 = 2D_1^2$ として D_1 も定義できるのか？　確かに、$A_1 = 2u^2, B_1 = v^2$ だから、

$$A_1B_1 = \left(2u^2\right)\left(v^2\right) = 2\left(uv\right)^2$$

という式ができる。それなら、

$$D_1 = uv$$

と置けば、

$$A_1B_1 = 2D_1^2$$

という式が得られる。へえ……。では、

$$A_1 \perp B_1$$

は成り立つか。うん、成り立つ……はず。$u \perp v$ で、v が奇数なのだから。

変数こそ違うけれど——

出発点と完全に同じ形の数式が構成できたことになる。

旅の出発点と導いた数式

$A^2 + B^2 = C^2$	$AB = 2D^2$	$A \perp B$	旅の出発点
$A_1^2 + B_1^2 = C_1^2$	$A_1B_1 = 2D_1^2$	$A_1 \perp B_1$	導いた数式

これには、どういう意味がある？

同じ場所をぐるぐる回っただけなのか……？

ぐるぐる……回る。

ぐるぐる……巡る。

円環と周期性。

直線と無限性。

無限？ いや、無限のはずがない！

「お兄ちゃん……？」

「黙って」

出発点の A, B, C, D は《分子》レベルの大きさだったはず。僕は、それをここまで《原子 m, n》、《素粒子 e, f, s, t》、《クォーク u, v》と小さい構造に《分解》してきた。$C_1 = e$ だから、C_1 も《素粒子》レベル。だから……もしかすると、《分子》レベルの C よりも C_1 は小さいんじゃないか。

だとすれば……。

くっ。

やっぱり、ノートを持ってくるべきだった。

「ユーリ、帰ろう」

「え？」

とまどうユーリを引っ張って家に急ぐ。

「待ってよー！ お兄ちゃん」

「ごめん、急ぐ」

もしも、$C > C_1$ が成り立つなら……。

もしも、成り立つなら……。

家。

部屋に飛び込む。

ノートを開き、ページをめくる。

どこだ、どこだ……あった。

出てくる数はすべて自然数だから……うん、成り立つ。

- $C = m^2 + n^2$ から $C > m$ が成り立つ。
- $m = e^2$ から $m \geqq e$ が成り立つ。

これらを、$C_1 = e$ と合わせると、$C > m \geqq e = C_1$ だ。つまり——

$$C > C_1$$

が成り立っている。

A, B, C, D という自然数を《分解》していったら、A_1, B_1, C_1, D_1 という

自然数が作れた。しかも、出発点と同じ形の関係式が成り立つってことは、同じような《分解》を無限にくりかえすことで、$C_1, C_2, C_3, \ldots$ を作り出せる。

つまり、

$$C > C_1 > C_2 > C_3 > \cdots > C_k > \cdots$$

で、C_k はいくらでも小さくなる。……って、そんなことは、ありえない。なぜなら、自然数を無限に小さくすることはできないからだ。自然数には最小数がある。1だ。

$$C > C_1 > C_2 > C_3 > \cdots > C_k > \cdots > 1$$

これで、矛盾を導けるじゃないか！

自然数は、無限に小さくなることはできない。だから、$C > C_1 > C_2 > C_3 > \cdots$ の連鎖には、《C_k が最小である》といえる自然数 C_k が存在するはずだ。

導けた命題：C_k が最小である。

しかし、ここまでの議論で、C_k よりも小さな自然数 C_{k+1} を構成できる。つまり——

導けた命題：C_k は最小ではない。

矛盾だ。

背理法により、三辺が自然数の直角三角形の面積は、平方数にならない。

証明できた。

僕は、所在なく本を見ているユーリの頭をくしゃくしゃっとなでた。

「ユーリ！　できたよ！」

「あ？　あ？　なになに、なんだか、わかんにゃいよ。あーもー、髪ぐちゃぐちゃにするなよー」

解答 8-2

以下の式を満たす自然数 A, B, C, D は存在しない。

$$A^2 + B^2 = C^2, \quad AB = 2D^2, \quad A \perp B$$

解答 8-1

三辺が自然数で面積が平方数である直角三角形は存在しない。

旅の地図

証明したい命題：面積は平方数ではない

↓ 背理法：証明したい命題の否定を仮定

仮定：面積は平方数である

↓《数式で考える》

直角三角形は忘れて a, b, c で考える

↓《互いに素》

A, B, C で考える《分子》

↓ 原始ピタゴラス数の一般形

A, B, C, D を m, n で書く《ピタゴラ・ジュース・メーカー》

↓《整数の構造は素因数分解が示す》

m, n を e, f, s, t で表す《原子と素粒子の関係》

↓《和と差の積は二乗の差》

f を $s+t$ と $s-t$ で表す《素粒子同士の関係》

↓《整数の構造は素因数分解が示す》

e を u と v で表す《素粒子とクォークの関係》

↓ 矛盾を導け

同じ形の A_1, B_1, C_1, D_1 が作れ、$C > C_1$ になる

↓

矛盾

↓

仮定は偽

↓

証明完了：面積は平方数にならない

8.5 ミルカさんの証明

8.5.1 バトルに備えて

「はふう……」テトラちゃんが大きなため息をついた。「先輩、長いですよう。しかも、文字がそんなに大量に出てくるとは……」

ここは図書室。月曜日の放課後。僕はテトラちゃんに、《三辺が自然数で面積が平方数である直角三角形は存在しない》ことの証明を話していた。

「あたし、あえなくダウンでした……。でも、先輩が使っていらっしゃる武器って、またまたあたしも持ってるものなんですよね……」

- 原始ピタゴラス数の一般形
- 互いに素
- 和と差の積は二乗の差
- 積の形
- 偶奇
- 最大公約数
- 素因数分解
- 背理法
- 矛盾

「それなのに、あたしには解けなかったです。原始ピタゴラスの一般形を使うところまではたどり着いたのですが、《互いに素》という条件を使って考えることはできなかったです。それ以前に、途中であたし、互いに素という条件すら忘れてしまって……」

「いま話した僕の証明は確かに長いけれど、実際にはこの何倍もの道をたどっている。式変形を試す。ノートを読み返す。何か発見できないかと考え込む。計算の途中でミスをする。それに気づく。間違ったところからやり直す……その繰り返しだ。最初のヒント《原始ピタゴラス数の一般形》はテトラちゃんにもらったね」

「先輩。進む方向はどうやったらわかるんですか？」

「僕にもわからない。変数同士の関係は少しずつ見えてくる。はじめから見通せるわけがない。だから、やってみる。まずは進む。そして現れた式を見て、次の一歩を考えるんだ。難関は、最後の最後、同じ形の数式を組み立てたところだった。それで矛盾を導けたんだよ。最後は従妹《いとこ》のユーリにヒントをもらったなあ……」

《ピタゴラスの定理に似てない？》

「図形の問題を数式に落とし込むという方法は、あたしもだいぶ理解しました。でもせっかく数式に落とし込んでも、そこから先に進めなければ意味がありませんね……。数式の扱いに慣れていなければ、有効な武器にはならないです……」

「そうだね。テトラちゃん、確かにそれはいえる。具体的に手を動かして、数式を書く練習は絶対に必要になるね」

テトラちゃんは、考えをたどるようにゆっくり話し出した。

「あたし……授業で習っている数学は、先輩方がやってらっしゃる数学と違う、と思っていました。授業の数学は無味乾燥でつまらないけれど、先輩方がやっている数学は生き生きして楽しそうって……。でも、あたし、間違っていたかもしれません。授業の数学って、武器の基本的使い方のようなものなのですね。剣道の素振りや、拳銃の試し撃ちみたいに。だから、地味でつまらない。でも、そういうところできっちり練習を重ねてないと、いざバトル！ のときに、もたつく」

テトラちゃんはまじめな顔で話しているけれど、《素振り》というときには素振りのジェスチャをするし、《拳銃の試し撃ち》では片目をつぶって僕を狙う。

律儀なジェスチャ娘。

8.5.2　ミルカさん

「おもしろい問題？」ミルカさんが、机に両手をついた。包帯はもうない。

「あ、ミルカさん、こんにちは！　先輩が証明の話をしてくださったんです。三辺が自然数で面積が平方数である直角三角形は存在しないという命題の証明です。いわば——

《面積が平方数になれない直角三角形の定理》

——とでもいいましょうか」

「……そのまんまだ。《いわば》になってないよ」僕は苦笑した。

証明の概略を話すと、ミルカさんは、「**無限降下法**《むげんこうかほう》」と言った。

「無限降下法？」名前があるのか。

「そう。フェルマーの得意技だ。まず、自然数に関する数式を作る。そして、その数式を操作して、同じ形をした別の数式を作る。そのとき、小さくなる自然数を含んでいるのがポイント。同じ操作を繰り返すと、その自然数はさらに小さくなる。操作を繰り返していけば、無限に小さくなる……。ところが自然数には最小値がある。自然数では、無限降下は不可能なのだ。そこから矛盾を導ける。この証明法は、背理法あるいは数学的帰納法の特殊なパターンと考えてもいい。フェルマーが無限降下法を生んだ——」

ミルカさんはふいに言葉を切り、すっと目を閉じた。その瞬間、あたりの空気は一変する。何か大きなものが生み出される気配があたりを満たす。

沈黙。

数秒後、黒髪の才媛は頷《うなず》きながら目を開ける。眼鏡が光る。

「……ふうん、なるほど。では、その《面積が平方数になれない直角三角形の定理》とやらを借りて、初等的に証明してみせよう」

「初等的に証明するって——何を？」

「フェルマーの最終定理を」とミルカさんが言った。

「はあ？」

これはまた、とんでもないことを言い出したぞ……。

「フェルマーの最終定理を初等的に証明する——ただし、四次の場合」ミルカさんは、そう言いながらカードを取り出し、そっと机に置いた。「村木先生、最近は趣味に走りすぎじゃないか？　……ともあれ、背理法だ」

◎　◎　◎

問題 8-3 (フェルマーの最終定理:四次の場合)
次の方程式は自然数解を持たないことを証明せよ。

$$x^4 + y^4 = z^4$$

ともあれ、背理法だ。

証明したい命題は、《$x^4 + y^4 = z^4$ は自然数解を持たない》だ。これを否定した《$x^4 + y^4 = z^4$ は自然数解を持つ》を仮定して矛盾を導こう。

背理法の仮定:《$x^4 + y^4 = z^4$ は自然数解を持つ》

自然数解を $(x, y, z) = (a, b, c)$ とする。互いに素を仮定してもいいけれど、必ずしもその必要はない。

a, b, c は次式を満たす。

$$a^4 + b^4 = c^4$$

さて、a, c を使って、以下のような m, n を定義する。

$$\begin{cases} m &= c^2 \\ n &= a^2 \end{cases}$$

さらに、この m, n を使って、以下のような A, B, C を定義する。

$$\begin{cases} A &= m^2 - n^2 \\ B &= 2mn \\ C &= m^2 + n^2 \end{cases}$$

この定義を使って、A, B, C を a, b, c で表す。

$$
\begin{aligned}
A &= m^2 - n^2 && \text{A の定義から} \\
&= (c^2)^2 - (a^2)^2 && \text{m, n の定義から} \\
&= c^4 - a^4 && \text{計算をした} \\
B &= 2mn && \text{B の定義から} \\
&= 2c^2a^2 && \text{m, n の定義から} \\
C &= m^2 + n^2 && \text{C の定義から} \\
&= (c^2)^2 + (a^2)^2 && \text{m, n の定義から} \\
&= c^4 + a^4 && \text{計算をした}
\end{aligned}
$$

$(A, B, C) = (c^4 - a^4, 2c^2a^2, c^4 + a^4)$ となる。a, b, c が自然数で $c > a$ だから、A, B, C も自然数だ。

ここで、$A^2 + B^2$ を計算しよう。

$$
\begin{aligned}
A^2 + B^2 &= \left(c^4 - a^4\right)^2 + \left(2c^2a^2\right)^2 && A = c^4 - a^4, B = 2c^2a^2 \text{ を代入} \\
&= \left(c^8 - 2c^4a^4 + a^8\right) + \left(2c^2a^2\right)^2 && \left(c^4 - a^4\right)^2 \text{ を展開} \\
&= \left(c^8 - 2c^4a^4 + a^8\right) + 4c^4a^4 && \left(2c^2a^2\right)^2 \text{ を展開} \\
&= c^8 + 2c^4a^4 + a^8 && \text{計算} \\
&= \left(c^4 + a^4\right)^2 && \text{因数分解} \\
&= C^2 && C = c^4 + a^4 \text{ から}
\end{aligned}
$$

これより、A, B, C は次式を満たす自然数の三つ組みになる。

$$A^2 + B^2 = C^2$$

すなわち、A, B, C は直角三角形の三辺をなす自然数である。C が斜辺だ。では、この直角三角形の面積を考えよう。

$$\begin{aligned} \text{面積} &= \frac{AB}{2} && \text{直角三角形の面積} \\ &= \frac{(c^4 - a^4)(2c^2a^2)}{2} && A = c^4 - a^4, B = 2c^2a^2 \text{ を代入} \\ &= (c^4 - a^4)c^2a^2 && \text{分子分母を 2 で割る} \end{aligned}$$

ところで、$a^4 + b^4 = c^4$ という式から、$c^4 - a^4$ は b^4 に等しい。これを使って、直角三角形の面積を求める計算を続ける。

$$\begin{aligned} \text{面積} &= \frac{AB}{2} && \text{直角三角形の面積} \\ &= (c^4 - a^4)c^2a^2 && \text{先ほどの計算} \\ &= b^4c^2a^2 && c^4 - a^4 \text{ を } b^4 \text{ で置き換える} \\ &= a^2b^4c^2 && \text{順序を変える} \\ &= (ab^2c)^2 && \text{平方数の形に} \end{aligned}$$

だから、この面積は平方数。$D = ab^2c$ と置けば、はっきりするだろう。

$$\frac{AB}{2} = D^2$$

よって、次の命題が導けた。

《三辺が自然数で面積が平方数である直角三角形は存在する》

一方《面積が平方数になれない直角三角形の定理》から次の命題が成り立つ。

《三辺が自然数で面積が平方数である直角三角形は存在しない》

これは矛盾だ。したがって、背理法により、

《$x^4 + y^4 = z^4$ は自然数解を持たない》

というフェルマーの最終定理——ただし四次の場合——が証明された。

はい。これで、ひと仕事おしまい。

解答 8-3 （フェルマーの最終定理：四次の場合）
背理法を使う。

1. $x^4 + y^4 = z^4$ が自然数解を持つと仮定する。
2. その解を $(x, y, z) = (a, b, c)$ とする。
3. $m = c^2, n = a^2$ と置く。
4. $A = m^2 - n^2, B = 2mn, C = m^2 + n^2$ と置く。
5. $D = ab^2c$ と置く。
6. すると、$A^2 + B^2 = C^2, \frac{AB}{2} = D^2$ が成り立つ。
7. これは解答 8-1 と矛盾する。
8. したがって、$x^4 + y^4 = z^4$ は自然数解を持たない。

8.5.3 最後のピースを埋めただけ

「これで、ひと仕事おしまい」とミルカさんは満足げに言った。

「こんなに簡潔に証明できるんだね……」と僕は言った。

「君の証明があったからだよ。私は、君が証明した命題にぶつける形で矛盾を導いた。私がやったのは、最後のピースを埋めただけだ」

ミルカさんはにこにこしている。

「何だかすごいですねえ……」とテトラちゃんが言った。「背理法は、すでに証明された命題と矛盾する命題を作ればいいのですね……」

テトラちゃんは熱心にミルカさんの証明を再計算している。

「このカード、村木先生から？」僕が言った。

「そう。さっき職員室に寄ったときにもらった」

すごくおもしろい証明だ。テトラちゃんのカードは《直角三角形の面積》の話だった。それを使って——FLT(4) が証明できるとは。

直角三角形という図形の世界が、数式によってFLT(4)とつながる。命題は、ばらばらな星ではない。星座のようにどこかでつながっていて……。

「そうだ」とミルカさんが言った。「村木先生が、冬のオープンセミナーに行くか？ と言ってた」

「オープンセミナーって何ですか？」テトラちゃんが顔を上げた。

「大学で開かれる一般向けのセミナーだよ」と僕が答えた。「まあ、講義だね。村木先生が僕たちに行くように毎回勧めてくれるんだ。昨年は僕とミルカさんと都宮の三人で行った。今年も12月なのか」

「あたしも行きたいです！」両手を挙げるテトラちゃん。「あ……でも、受講するのに試験とかあるんでしょうか？」

「ないない」と僕は言った。「誰でも参加できるから、大丈夫。——ところで、今年のテーマは？」

「フェルマーの最終定理」とミルカさんが言った。

そしてこれを無限に続けて
同じ条件を満たすだんだん小さくなる自然数を
つねに得ることになる。しかしそれは不可能である。
なぜならだんだん小さくなる自然数の無限列は
存在しないからである。
——『フェルマーの大定理』[9]

第９章
最も美しい数式

カムパネルラは、そのきれいな砂を一つまみ、
掌《てのひら》にひろげ、指できしきしさせながら、
夢のように云っているのでした。
「この砂はみんな水晶だ。中で小さな火が燃えている。」
――宮沢賢治『銀河鉄道の夜』

9.1　最も美しい数式

9.1.1　オイラーの式

「お兄ちゃん、お兄ちゃん」

いつもの週末。僕の部屋。外は木枯らしが吹いているけれど、部屋の中はぽかぽかで気持ちがいい。

さっきまで静かに本を読んでいたユーリが、出し抜けに立ち上がった。

僕がノートから顔を起こすと、ユーリは眼鏡を外しながら意味ありげに笑って言った。

「ねえ、お兄ちゃん。《最も美しい数式》って知ってる？」

「知ってるよ。オイラーの式、$e^{i\pi} = -1$ だろ？」

《最も美しい数式》（オイラーの式）

$$e^{i\pi} = -1$$

「ちぇ、なんで知ってんのー」露骨につまらなそうな顔。
「有名だからね。理系なら誰でも知ってる」
「そーなの？　……ところで、この数式、どういう意味？」
「どういう意味って、どういう意味？」
「ほら、ピタゴラスの定理だったら《直角三角形の三辺の関係》っていう理屈があるじゃん。このオイラーの式は？」
「そうだねえ……」一言で説明するのは難しいな。
「たとえば、e って何？」
「自然対数《たいすう》の底《てい》。有名な定数だね。$e = 2.71828\cdots$ という無理数」
「知らなーい。……えーと、$e^{i\pi}$ の i は、$i^2 = -1$ の i だよね」
「そう、i は虚数単位」
「π は、円周率 $3.14\cdots$？」
「そう。$\pi = 3.14159265358979\cdots$ と続く無理数」
「むー……でね、一番わかんないのは、e の $i\pi$ 乗ってとこだよ」

$$e^{i\pi} \quad \text{（どういう意味？）}$$

「うん、そうだろうね」
「みんな、この数式の意味わかってんのかな？　ユーリはわかんないな！」ユーリは、ふむっと腕を組んだ。「だっておかしいじゃん。2^3 ならわかるよ。二の三乗。2 を 3 個、掛ければいいんでしょ。e もいい。いくらややこしくても数は数じゃん。でもね、$i\pi$ 乗は、どうするわけ？　……$i\pi$ 個掛けるなんて意味わかんない」
「そうだよね」
「《最も美しい数式》なんて言われたら、どんなのかなって思っちゃうじゃん。でも、ユーリは、$e^{i\pi} = -1$ という式を見てもさっぱり意味わかんない。《美しい》なんて言えないにゃ」

僕は、なんだかうれしくなってきた。

「ユーリはほんとに賢い子だなあ……」頭をなでようと手を伸ばすと、ユーリは、その手を払いのけた。

「あのね……女の子の髪に、気安く触るもんじゃないんだよっ！」

「はいはい……僕たちは普通、2^3 という式を見ると《2 を 3 個、掛ける》って思うよね。でも、オイラーの式を理解するためには、その発想から大きく離れなければいけない。そうだな……オイラーの式 $e^{i\pi} = -1$ は、《オイラーの公式》の特別な場合だから、オイラーの公式を先に学んだほうがいいかもしれない」

「じゃ、それ、教えてよ。e を $i\pi$ 乗することに意味あるの？」

「発想の転換がいるけど、ちゃんと意味はある。聞きたい？」

「うん！……でも、ユーリにもわかるのかな」

「わかるさ。厳密さをちょっと省略すれば、話の流れは難しくないはず」

僕は、部屋の中央にある小テーブルに移動し、ノートを開いた。ユーリは、隣にぺたんと座ってのぞき込む。

部屋をノックして母が入ってきた。くすくす笑っている。

「勉強中悪いんだけれど、かわいらしい《ストーカー》が、さっきから玄関前をうろうろしてるのよ。あなたのお友達じゃないかしら」

ストーカー？

玄関の扉を開けると、門の前を小柄な女の子が右往左往していた。

テトラちゃんだった。

9.1.2 オイラーの公式

僕の部屋。

小テーブルの周りを、僕とユーリとテトラちゃんが囲む。母が紅茶とケーキを運んできた。

「寒かったでしょう。ゆっくりしていってくださいね」

「おおおおおかまいなく」

テトラちゃんの口が回っていない。むちゃくちゃ緊張している。

「すすすすすみません。お家にお邪魔するなんて、そんなつもりじゃなかったんですけれど……。ふと通りかかったもので……」

「別にいいよ。いまユーリと一緒に数学してたところなんだ」

「おひさしぶりです。テトラさん」とユーリがあいさつした。

そうか、ユーリが足の手術で入院したとき以来だっけ。

二人はしばらく顔を見つめ合って、やがて両方とも深々とお辞儀をした。

……おいおい。

「問題を解いていらしたんですか」とテトラちゃんが僕に言った。

「オイラーの公式を説明してた……これがオイラーの公式」

◎ ◎ ◎

オイラーの公式（指数関数と三角関数）

$$e^{i\theta} = \cos\theta + i\sin\theta$$

これがオイラーの公式。とりあえず虚数単位 i のことは忘れて、この式を眺めてみようね。この式の左辺は指数関数になっているのに、右辺は三角関数になっている。

指数関数は急激に大きくなる関数。

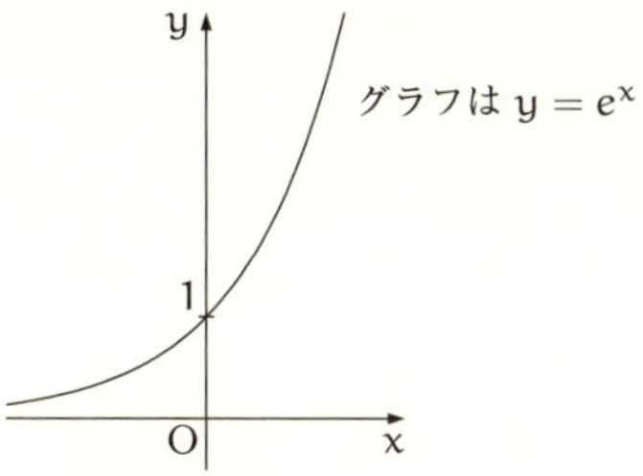

指数関数のグラフ

三角関数は波。

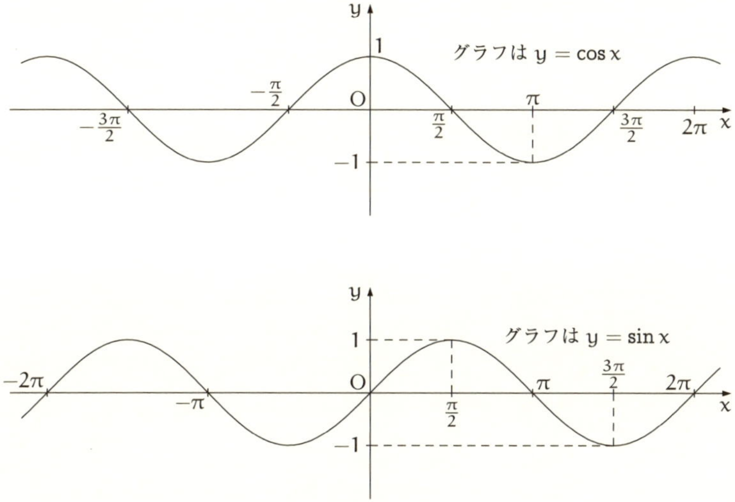

三角関数のグラフ

指数関数と三角関数という、まったく異なる性質を持った関数がオイラーの公式では等号で結ばれている。奇妙だね。

まずは、オイラーの公式からオイラーの式が導けるということを先に説明しておこうか。オイラーの公式を書いておいて……

$$e^{i\theta} = \cos\theta + i\sin\theta$$

変数 θ《シータ》 に円周率の π を代入する。

$$e^{i\pi} = \cos\pi + i\sin\pi$$

$\cos\pi$ の値は、先ほどの $y = \cos x$ のグラフを見ればわかる。$x = \pi$ のとき $y = -1$ だから、$\cos\pi = -1$ だね。そこで次の式を得る。

$$e^{i\pi} = -1 + i\sin\pi$$

$\sin\pi$ の値は、$y = \sin x$ のグラフを見よう。$x = \pi$ のとき $y = 0$ だから、$\sin\pi = 0$ だ。

$$e^{i\pi} = -1 + i \times 0$$

最後に、$i \times 0 = 0$ を使うと、ほら、オイラーの式を得た。

$$e^{i\pi} = -1$$

つまり、《最も美しい数式》というのは、オイラーの公式で $\theta = \pi$ とした数式のことなんだ。

◎　◎　◎

「ねえ……ちょっと待ってよ、お兄ちゃん。オイラーの公式からオイラーの式が出るというのはわかったけど、指数関数とか、三角関数とかわかんないよ。ユーリ、中学生なんだからね！」

「はいはい」

テトラちゃんは、ユーリと僕のやりとりを微笑みながら見ている。

「お兄ちゃん。そもそも、$\sin x$ は sin と x の掛け算じゃないよね？」

「うん、違う。$\sin x$ は関数だ。$\sin(x)$ のようにカッコを付けて書いたほうがわかりやすいかな。x の値《あたい》を決めると、$\sin x$ の値が一つ決まる。それが関数。たとえば、$\sin 0$ の値は 0 だ。これは $x = 0$ のとき、$\sin x = 0$ になるという意味だね。$y = \sin x$ のグラフを見てみると、確かに $(x, y) = (0, 0)$ という点を通過している」

「うん」

「同じように、$x = \frac{\pi}{2}$ のとき $\sin x = 1$ だし、$x = \pi$ のとき $\sin x = 0$ になる。グラフから読み取れるよね」

「うん——これ、サインカーブっていうんでしょ」

「そう。$y = \sin x$ を満たす点 (x, y) の集まりがサインカーブという曲線を作っているんだ」

「わかったって」

「じゃあ、ユーリ。$\cos\pi$ の値は何になる？」

「わかんない」

「おいおい——グラフを見てよ」

「あ、そか。ええと、コサインのほうだね。π のとき、カーブの下のほうにいるなあ。-1 かな。そうだね。$\cos\pi = -1$ だよ」

「はい、正解。わかってるんだ、ユーリ」

「だーかーらー、わかってるって。それより、問題は $e^{i\pi}$ だよ」

「はいはい」

僕とユーリがやりとりしている一方で、テトラちゃんは静かに紅茶を飲んでいる。何だか、いつもとトーンが違う。雰囲気を楽しむように、にこにこしてる。

「なんだか、この部屋、落ち着きますねえ」

9.1.3 指数法則

「じゃ、オイラーの公式から離れて、基本的なところを押さえていこうか。わかんなくなったらユーリでもテトラちゃんでも止めていいからね。2^3（二の三乗）という数式を見たとき、僕たちは、**《指数《しすう》》**——つまり 2 の右肩に乗っている 3 のこと——は 2 を《掛ける個数》を表していると習う」

$$2^3 = \underbrace{2 \times 2 \times 2}_{2\text{ を掛ける個数は }3\text{ 個}}$$

「え、それ、まちがいなの？」ユーリが言った。

「いや、まちがいじゃない。完全に正しい。もしも指数が $1, 2, 3, 4, \ldots$ ならば、指数は《掛ける個数》を表しているといっていい。もっとも、指数が 1 のときは実質的に掛け算していないけれど、まあわかるよね」

$$2^1 = \underbrace{2}_{\text{2 を掛ける個数は 1 個}}$$

「うん、わかる」とユーリは言った。テトラちゃんも頷《うなず》く。

「では、指数が 0 のときはどうだろう。2^0 の値は？」と僕は言った。

「それは 0 でしょ」とユーリが言った。

「え、1 ですよね」とテトラちゃんが言った。

「テトラちゃんが正解。2^0 は 1 に等しいんだ」

$$2^0 = 1$$

「え！ なんで？ 掛ける個数が 0 個だよ。なのに 0 じゃないわけ？」

「……テトラちゃんはなぜ $2^0 = 1$ になるか説明できる？」

「え、あたし、ですか。……うまく説明できません。すみません」

「こんなふうに考えると納得がいく。$2^4, 2^3, 2^2, 2^1, 2^0$ のように指数を 1 ずつ減らしていくとしよう。そうすると、計算結果はどのように変化するかな」

$$\begin{aligned}
2^4 &= 2 \times 2 \times 2 \times 2 = 16 \\
2^3 &= 2 \times 2 \times 2 = 8 \\
2^2 &= 2 \times 2 = 4 \\
2^1 &= 2 = 2 \\
2^0 &= ?
\end{aligned}$$

「16 → 8 → 4 → 2 と毎回、半分になってるねー」

「そう。2^n の指数 n が 1 減ると、2^n の値は $\frac{1}{2}$ になる。では、2^1 から指数を 1 減らそう。2^0 の値は何になるのが一貫しているだろうか」

「2 の半分だから……あ、1 になるのか。へえ。$2^0 = 1$ なんだ」

「そうだね。だから、$2^0 = 1$ と定めることにする」

「えー、でもー、なんだか納得いかにゃい」

「あたしも、話をうかがっているうちに、わからなくなってきました。ユーリちゃんが言うように、0 個掛けると 1 になるっていうのがどうも……ひっかかるんです。こじつけみたいで……」

「ほらほら、発想が《掛ける個数》にまた戻ってるよ。あのね、指数を《掛ける個数》だと考えている限り、納得することはないんだよ。納得したとしても、なんだか無理矢理こじつけたような気分になる。《掛ける個数》という発想でいる限り、自然数の呪縛から逃れられない。つまり、1, 2, 3, 4, ...ならわかるけれど、0 や −1 のように自然数から離れると意味がはっきりしなくなる」

「ユーリは、0 個ならわかるよ。《ない》ってことだもん」

「でも、《0 個掛ける》については、意味がはっきりしなかったよね」

「まー、そーだけど……」

「さらに、−1 個ならどうだろう」

「−1 個ってゆーのは 1 個借りている、ってことだにゃ」

「うん、そういう《解釈》は場合によっては正しい」と僕は頷いた。「でも《解釈》には限界があるってことをわかってほしい。0.5 個ってなんだ？ π 個だったらどうする？ i 個 だったら？ iπ 個ってどういう意味？ ……ってね」

「そっか……もともと、ユーリもそこが疑問なんだった」

「うん、だから、指数を《掛ける個数》と考えるのは、自然数のときだけにしよう。0 個や −1 個について、無理な解釈はしない。指数は《掛ける個数》で定義するのではなく——

《数式》を使って定義する

という立場に立とう」

「数式を使って定義する？」テトラちゃんとユーリが同時に言った。

「そう。いま僕たちは 2^x の意味を定めたい。そこで、指数を、以下のような**指数法則**《しすうほうそく》を満たすものとして定義するんだ」

指数法則

$$\begin{cases} 2^1 & = 2 \\ 2^s \times 2^t & = 2^{s+t} \\ (2^s)^t & = 2^{st} \end{cases}$$

「一般の正の数 $a > 0$ を使って指数法則を説明してもいいけれど、具体的なほうがずっと考えやすいから 2 で説明するよ」

「先輩、その前に——」テトラちゃんが手を挙げた。「2^3 の 3 は《指数》といいますよね。では 2^3 の 2 は何と呼ぶんですか」

「《**底**《てい》》と呼ぶね。《**基数**《きすう》》と呼ぶこともある」

「テトラさんって、名前、気になるの？」とユーリが訊《き》いた。

「ええ、とても、気になります。大事な存在なのに名前を呼べない、って不安じゃないですか。名前を呼べたら、安心するでしょ。ユーリちゃんはそういうふうに思わない？」

「うーん、そーかなー」

テトラちゃんって、バタバタっ娘の妹キャラだと思っていたけど、こうやってユーリと一緒にいると、しっとり大人っぽい感じがするなあ……。

「お兄ちゃん！　続き続き。指数法則を使って指数を定義する話の続き！」

「たとえば 2^0 の値を調べよう。指数は指数法則を満たす。

$$2^s \times 2^t = 2^{s+t}$$

だから、指数法則に $s = 1, t = 0$ を代入した等式も成り立たなくちゃ困る」

$$2^1 \times 2^0 = 2^{1+0}$$

「へえ……それで？」

「右辺の指数 $1 + 0 = 1$ を計算すると、次の等式が成り立つ。

$$2^1 \times 2^0 = 2^1$$

指数法則から 2^1 の値はわかる。$2^1 = 2$ だ。よって次の等式を得る。

$$2 \times 2^0 = 2$$

両辺を 2 で割れば、2^0 の値が 1 に定まるね」

$$2^0 = 1$$

「待って待って」とユーリが言った。「いま何をやったんだっけ。指数を《掛ける個数》と考えるのをやめて、指数法則で定義する——んだっけ」

「そうそう」

「なるほど……」とテトラちゃんが頷く。「指数法則を見て、指数に 0 が出るように工夫するんですね。そして、2^1 の値から 2^0 の値を決める……」

「そういうこと。《2 を何回掛けるか》という発想から、もう離れたよね。指数法則を土台にして値を定めたんだ」

「……あたし、思い出しました」とテトラちゃんが言った。「以前、$2^{\frac{1}{2}}$ は $\sqrt{2}$ に等しいという話をうかがいました。一貫性——それを守るんですね。指数法則をきちんと満たすように、0 乗を定める」

テトラちゃんはかなり深く納得したようだ。

一方、ユーリは不満を訴える。

「お兄ちゃん、いまのテトラさんの話はユーリもわかった。でも、納得できないにゃあ……。いま、$s = 1, t = 0$ を代入したじゃない。でも、たまたま思いついた値で決めていいのかなって思うんだよ……別の s, t を使ったら、別の値にならないのかなって……うーん、うまく説明できない！」

僕は手を挙げてユーリを制する。

「鋭いな……大丈夫、伝わっているよ。ユーリは、指数法則がそもそも一貫しているのかという疑問を持っているんだね。《指数法則を守るように指数を定義する》というのはいいけれど、それですべての指数のつじつまは合うのか、という疑問だ。きちんとすべてにつじつまが合う定義のことを、数学では well-defined という」

「うぇる・でぃふぁいんど」とユーリが復唱した。

「数学で何かを定義するときには、その定義が well-defined であることを証明する必要がある。勝手な法則を作って、勝手に概念を定義することはできない。一貫性がなくなるからだ。指数法則は well-defined だよ。いまは証明しないけどね」

……と、二人に well-defined を説明しながら、僕は、ミルカさんの言葉を思い出していた。

《無矛盾性は存在の礎《いしずえ》》

無矛盾性か……。僕はいま《つじつまが合う》と表現した。これは、まさに無矛盾性じゃないか。同じ指数法則を使っているのに、2^0 の値が 1 になったり 0 になったりしては矛盾になる。矛盾が起きるような法則では、2^0 という概念は存在できないともいえる。なるほど……確かに《無矛盾性は存在の礎》なんだ。

“Is the term ‘well-defined’ well-defined?” とテトラちゃんが言った。

「え？」

「well-defined っていう概念は well-defined なのかなって……」

「テトラちゃん……君って、ほんとに何者？」

9.1.4　-1 乗、$\frac{1}{2}$ 乗

「ねー、マイナス乗もできるんじゃないかなー」とユーリが言った。

「やってみようか。ええと、たとえば $s = 1, t = -1$ とすると……」

「だめ、ユーリがやる！　指数法則からだよね……」

$$
\begin{aligned}
2^s \times 2^t &= 2^{s+t} && \text{指数法則} \\
2^1 \times 2^{-1} &= 2^{1+(-1)} && s = 1, t = -1 \text{ を代入} \\
2^1 \times 2^{-1} &= 2^0 && 1 + (-1) = 0 \text{ を計算した} \\
2 \times 2^{-1} &= 1 && 2^1 = 2, 2^0 = 1 \text{ を使った} \\
2^{-1} &= \frac{1}{2} && \text{両辺を 2 で割った}
\end{aligned}
$$

「できたー。へえ、$2^{-1} = \frac{1}{2}$ なんだ」

「うん、できたね」と僕が言った。

「先輩、これで、すべての整数 $n = \ldots, -3, -2, -1, 0, 1, 2, \ldots$ に関して 2^n も定まりますよね」

「えー、どしてですか？ テトラさん」

「だって、指数法則から、2^1 を掛ければ指数を 1 増やすことになるし、2^{-1} を掛ければ指数を 1 減らすことになりますから」

「あ、そっか。あとは繰り返せばいいんだ」ユーリが頷いた。

「そうだね。指数法則を使えば、整数乗だけではなく有理数乗もできるよ。たとえば $2^{\frac{1}{2}}$ をやってみよう」

$$
\begin{aligned}
(2^s)^t &= 2^{st} && \text{指数法則} \\
\left(2^{\frac{1}{2}}\right)^2 &= 2^{\frac{1}{2}\cdot 2} && s = \tfrac{1}{2}, t = 2 \text{ を代入} \\
\left(2^{\frac{1}{2}}\right)^2 &= 2^1 && \tfrac{1}{2}\cdot 2 = 1 \text{ を計算した} \\
\left(2^{\frac{1}{2}}\right)^2 &= 2 && 2^1 = 2 \text{ を計算した} \\
2^{\frac{1}{2}} &= \sqrt{2} && \text{両辺の平方根を取った}
\end{aligned}
$$

「そうそう、$\frac{1}{2}$ 乗は平方根なんですよね」とテトラちゃんが言った。

「え、最後、おかしくない？」とユーリが言った。

「うん、説明不足だった。ユーリはよく気がつくなあ……」

「何か、おかしいですか？」とテトラちゃんが式を見直す。

「えーとねー、ルート取るところ」とユーリが言った。

「そう。平方根を取るときに、$2^{\frac{1}{2}} > 0$ であると言わなくちゃだめ。なぜかというと、2 乗して 2 になる数は $+\sqrt{2}$ と $-\sqrt{2}$ の二つがあるからだ」

「あちゃちゃ……また条件にひっかかるとは！」とテトラちゃんが言った。

9.1.5 指数関数

「さて、僕たちの目的はオイラーの公式の解明だった。なので、ちょっと先を急ごう。e^x の微分方程式から指数関数というものを考える」

「びぶんほうていしきぃ？」とユーリが言った。

e^x の微分方程式

$$\begin{cases} e^0 & = 1 \\ (e^x)' & = e^x \quad \text{《微分しても同じ形》} \end{cases}$$

「指数関数はこのような微分方程式を満たす関数だとする」

「お兄ちゃん——びぶんほうていしきなんて言われてもユーリ困るよ」

「うん、そうだよね。でも、ちょっと待って。微分方程式そのものを理解しなくても、式の形がわかればいいから……。指数関数の具体的な形を求めるため、以下のように、指数関数を**冪《べき》級数**で書けるとしよう」

$$e^x = a_0 + a_1 x + a_2 x^2 + a_3 x^3 + \cdots$$

「また新しい言葉が……べききゅうすう？」

「言葉は難しいけれど、数式の形だけに注目してほしいんだ。

- a_0 というのは、x の 0 次式。係数は a_0。
- $a_1 x$ というのは、x の 1 次式。係数は a_1。
- $a_2 x^2$ というのは、x の 2 次式。係数は a_2……。

そして、x の 0 次式、1 次式、2 次式……という項を無限に足し合わせた式のことを冪級数という。指数関数を冪級数の形で表現しようというんだよ」

「そんなこと、できるの？」

「ええと、ユーリの突っ込みは痛いな。どんな関数でも冪級数で表現できるとは限らない。でもそこはいまは省略……させてください」

「……むー、わかった。ゆるしたげる」

「微分するっていうのは、関数から関数を作る方法の一つ。プライム（$'$）という記号を使う。微分についていま考えなくちゃいけないのは二つのルールだけ。一つは、定数を微分すると 0 に等しくなるというルール。もう一つは、x^k を微分すると kx^{k-1} に等しくなるというルール。いま話した二つのルールは、数式で次のように表現できる。

$$\begin{cases} (a)' &= 0 \\ \left(x^k\right)' &= kx^{k-1} \end{cases}$$

で、このルールを、さっきの《指数関数の冪級数》に対して使ってみる」（ほんとうは微分演算子の線形性と冪級数への適用可能性も証明しなくちゃいけないけどね）

「えーと……。テトラさんは、こーゆーのわかるんですよね」

「……ええ、以前少しやりましたから」

「くううっ！」

$$e^x = a_0 + a_1x + a_2x^2 + a_3x^3 + \cdots \qquad \text{指数関数の冪級数}$$

$$(e^x)' = \left(a_0 + a_1x + a_2x^2 + a_3x^3 + \cdots\right)' \qquad \text{両辺を微分}$$

$$(e^x)' = 0 + 1a_1 + 2a_2x + 3a_3x^2 + \cdots \qquad \text{右辺を計算}$$

「さて、《微分しても同じ形》というのが指数関数の微分方程式だった。$(e^x)' = e^x$ という式が成り立つということ。両辺を冪級数の形にしてみよう。

$$(e^x)' = e^x$$

$$1a_1 + 2a_2x + 3a_3x^2 + \cdots = a_0 + a_1x + a_2x^2 + a_3x^3 + \cdots$$

これで、両辺の係数を比較すると、次の式を得る」

$$\begin{cases} 1a_1 &= a_0 \\ 2a_2 &= a_1 \\ 3a_3 &= a_2 \\ &\vdots \\ ka_k &= a_{k-1} \\ &\vdots \end{cases}$$

「これをちょっと書き換えると、次の式を得る。

$$\begin{cases} a_1 &= \frac{a_0}{1} \\ a_2 &= \frac{a_1}{2} \\ a_3 &= \frac{a_2}{3} \\ &\vdots \\ a_k &= \frac{a_{k-1}}{k} \\ &\vdots \end{cases}$$

この式をよく見ると、a_0 が決まれば a_1 が決まる。そして a_1 が決まれば a_2 が決まる……というように、ドミノ倒しのように値が決まることがわかる。では、a_0 は何か？　——実は e^x の冪級数を考えると、a_0 の値を決めるのは難しくない。

$$e^x = a_0 + a_1x + a_2x^2 + a_3x^3 + \cdots$$

$x = 0$ を代入すれば、x を含んでいる $a_1x + a_2x^2 + a_3x^3 + \cdots$ の部分は消える。微分方程式で $e^0 = 1$ であることがわかっているから……

$$\begin{aligned} e^0 &= a_0 + a_1 \cdot 0 + a_2 \cdot 0^2 + a_3 \cdot 0^3 + \cdots \\ 1 &= a_0 \end{aligned}$$

つまり $a_0 = 1$ だ。a_0 が決まったから……」

$$
\begin{cases}
a_1 &= \frac{a_0}{1} = \frac{1}{1} \\
a_2 &= \frac{a_1}{2} = \frac{1}{2\cdot 1} \\
a_3 &= \frac{a_2}{3} = \frac{1}{3\cdot 2\cdot 1} \\
 &\vdots \\
a_k &= \frac{a_{k-1}}{k} = \frac{1}{k\cdots 3\cdot 2\cdot 1} \\
 &\vdots
\end{cases}
$$

$$e^x = 1 + \frac{x}{1} + \frac{x^2}{2\cdot 1} + \frac{x^3}{3\cdot 2\cdot 1} + \cdots$$

「ここで、$k\cdots 3\cdot 2\cdot 1$ は階乗を使って $k!$ と表現できるから、次の式を得る。これが指数関数 e^x をテイラー展開して得られた冪級数だ。

$$e^x = +\frac{x^0}{0!} + \frac{x^1}{1!} + \frac{x^2}{2!} + \frac{x^3}{3!} + \cdots$$

ここでは、x^0 や x^1 の指数や先頭の符号 $+$ を明示的に書き、また、$0! = 1$ であるとして、パターンがよくわかるように表現した」

指数関数 e^x のテイラー展開

$$e^x = +\frac{x^0}{0!} + \frac{x^1}{1!} + \frac{x^2}{2!} + \frac{x^3}{3!} + \cdots$$

9.1.6 数式を守る

「さて、ここからが指数関数のクライマックスだよ」

「ふへー」

「さっき、《指数は掛ける個数を表す》という考えを捨てたよね。代わりに導入したのは、指数法則という数式の形を守ることだった。数式が持つ一貫性を手がかりに、指数の意味を拡張したんだね。今度も、さっきと同じことをやろう。つまり、指数関数を定義するのに数式を利用するんだ。どうするかというと、さっきのテイラー展開——

$$e^x = +\frac{x^0}{0!} + \frac{x^1}{1!} + \frac{x^2}{2!} + \frac{x^3}{3!} + \cdots$$

を、《指数関数の定義》にしちゃうんだ」

「あれー？ よくわかんないなー。ねえ、お兄ちゃん。指数関数が先にあって、それをテイラー展開したんじゃなかったっけ？」

「そう。確かにそうなんだけれど……テイラー展開したときには指数関数 e^x の x はあくまで実数の範囲だった。でも、いま僕たちは指数関数 e^x の x に複素数を入れたい。そこで……テイラー展開して得られた冪級数という数式の形を利用して指数関数を定義するんだよ」

「ほえー」

「オイラーの公式の左辺の形を覚えているかな。

$$e^{i\theta}$$

だよね？ $e^{i\theta}$ を求めるため、指数関数の冪級数で、$x = i\theta$ と代入する。これは、数式の力を信頼した《大胆な代入》だといえる。

$$\begin{aligned} e^x &= +\frac{x^0}{0!} + \frac{x^1}{1!} + \frac{x^2}{2!} + \frac{x^3}{3!} + \cdots \\ e^{i\theta} &= +\frac{(i\theta)^0}{0!} + \frac{(i\theta)^1}{1!} + \frac{(i\theta)^2}{2!} + \frac{(i\theta)^3}{3!} + \cdots \end{aligned}$$

$x = i\theta$ を代入して、$i^2 = -1$ を使うと、$1 \to i \to -1 \to -i \to$ という周期 4 のループがうまく効いて——」

「ああああああっ！」しばらく黙っていたテトラちゃんが声を上げた。

「なになになにっ！」ユーリがつられて声を上げた。

「どうかしたのっ！」母がやってきた。

なんで母さんまで来るんだよ。

「すみません、すみません……なんでもないです。ちょっと驚いただけです……」とテトラちゃんが赤くなった。

9.1.7 三角関数へ橋を架ける

「テトラさん、何にびっくりしたの？」とユーリが訊いた。

「あたし、$\cos\theta$ と $\sin\theta$ のテイラー展開を知っているんです」

「……さすが高校生」

「いえ、先輩に——個人的に教えていただいたことがあるだけです」

一瞬、ユーリがむっとした顔になる。が、すぐに元に戻る。

「$\cos\theta$ と $\sin\theta$ のテイラー展開ってどーゆーの？」

「こうです」

$\cos\theta$ のテイラー展開

$$\cos\theta = +\frac{\theta^0}{0!} - \frac{\theta^2}{2!} + \frac{\theta^4}{4!} - \frac{\theta^6}{6!} + \cdots$$

$\sin\theta$ のテイラー展開

$$\sin\theta = +\frac{\theta^1}{1!} - \frac{\theta^3}{3!} + \frac{\theta^5}{5!} - \frac{\theta^7}{7!} + \cdots$$

「ふーん……で？」とユーリが言った。

「ユーリちゃんは驚かないんですか？」

「なんで？」

「だって、すでにオイラーの公式が出ているじゃないですか」

「へ……？」

「ほら、$\cos\theta$ のほうは $0, 2, 4, 6, \ldots$ って偶数だけが出てきてますよね。一方 $\sin\theta$ のほうは $1, 3, 5, 7, \ldots$ って奇数だけでしょう？」

ユーリはまだよくわかっていないようだ。

「その通りだね」と僕は言った。「テトラちゃんに先に気づかれてしまった。つまり、指数関数 e^x と、三角関数 $\sin\theta, \cos\theta$ のテイラー展開をよく見る。すると、オイラーの公式が出てくるんだよ」

「えー、話だけじゃわかんないよ。ちゃんと式を書いて説明してよー」

「はいはい……」

◎　◎　◎

はいはい……じゃ、まず、e^x のテイラー展開を書くよ。

$$e^x = +\frac{x^0}{0!} + \frac{x^1}{1!} + \frac{x^2}{2!} + \frac{x^3}{3!} + \frac{x^4}{4!} + \frac{x^5}{5!} + \cdots$$

そして、$x = i\theta$ を代入する（大胆な代入）。

$$e^{i\theta} = +\frac{(i\theta)^0}{0!} + \frac{(i\theta)^1}{1!} + \frac{(i\theta)^2}{2!} + \frac{(i\theta)^3}{3!} + \frac{(i\theta)^4}{4!} + \frac{(i\theta)^5}{5!} + \cdots$$

$(i\theta)^k = i^k\theta^k$ を計算する。

$$e^{i\theta} = +\frac{i^0\theta^0}{0!} + \frac{i^1\theta^1}{1!} + \frac{i^2\theta^2}{2!} + \frac{i^3\theta^3}{3!} + \frac{i^4\theta^4}{4!} + \frac{i^5\theta^5}{5!} + \cdots$$

次に、$i^2 = -1$ を使うと、奇数乗の i だけが残る。符号にも注意。

$$e^{i\theta} = +\frac{\theta^0}{0!} + \frac{i\theta^1}{1!} - \frac{\theta^2}{2!} - \frac{i\theta^3}{3!} + \frac{\theta^4}{4!} + \frac{i\theta^5}{5!} - \cdots$$

さてここで、θ の偶数乗の項と、奇数乗の項を分けて並べよう。

$$\begin{cases} 《\theta\text{ の偶数乗の項}》 = +\dfrac{\theta^0}{0!} - \dfrac{\theta^2}{2!} + \dfrac{\theta^4}{4!} - \cdots \\ 《\theta\text{ の奇数乗の項}》 = +\dfrac{i\theta^1}{1!} - \dfrac{i\theta^3}{3!} + \dfrac{i\theta^5}{5!} - \cdots \end{cases}$$

わかるかなあ。指数関数 e^x の冪級数で $x = i\theta$ を代入した。そして、θ の偶数乗と奇数乗の項を分けた。テトラちゃんが書いてくれた三角関数のテイラー展開と見比べると分かるけれど、《θ の偶数乗の項》は、$\cos\theta$ のテイラー展開そのもので、《θ の奇数乗の項》は、$\sin\theta$ のテイラー展開に i を掛けたものになっている。その二つを加えれば、オイラーの公式が出てくる。

$$\begin{aligned} e^{i\theta} &= +\frac{\theta^0}{0!} + \frac{i\theta^1}{1!} - \frac{\theta^2}{2!} - \frac{i\theta^3}{3!} + \frac{\theta^4}{4!} + \frac{i\theta^5}{5!} - \cdots \\ &= \left(+\frac{\theta^0}{0!} - \frac{\theta^2}{2!} + \frac{\theta^4}{4!} - \cdots\right) && \text{カッコの中は } \cos\theta \\ &\quad + i\left(+\frac{\theta^1}{1!} - \frac{\theta^3}{3!} + \frac{\theta^5}{5!} - \cdots\right) && \text{カッコの中は } \sin\theta \\ &= \cos\theta + i\sin\theta \end{aligned}$$

厳密な議論はかなり省略してるけどね。どうかな、ユーリ。

◎ ◎ ◎

「どうかな、ユーリ」

「うーん……」ユーリは眉を寄せて真剣に考えている。「ねえ、お兄ちゃん。今回のオイラーの公式の話、まだユーリは、ほんとうにはわかっていない。やっぱりいきなり指数関数、三角関数、微分方程式にいくのは無理だよ。頭の中、あふれそうだよー」

ユーリは腕組みをして、話を続ける。

「でもね……ユーリだってわかったことはあるよ。それは、$e^{i\pi}$ の意味。お兄ちゃんの話を聞くまではさー、$i\pi$ 乗なんて絶対に無意味！ って思ってた。指数は《掛ける個数》だとばかり思っていたからだよ。テトラさんが言ったんだっけ、無理矢理こじつけるって。——でも、お兄ちゃんの冪級数を使った説明を聞いて、ユーリが間違っていたことがわかった。こじつけをするんじゃないんだね。《掛ける個数》で指数を定義するんじゃなく、指数法則という数式で定義する。さらに、指数関数 e^x を、冪級数という数式で定義する」

そこでユーリは何度も強く頷いた。ポニーテールが合わせて揺れる。

「ユーリは賢いね。それだけわかるとは」と僕はほめた。

「先輩、いまユーリちゃんが言ったことで感じたんですけど」とテトラちゃんが言った。「指数法則で定義したり、冪級数で定義したりするのって、とても数式を大切にしてますよね」

「うん、その通りだね。《数式への信頼》といえる」

「それから先輩……あたし、冪級数は特にすごいと思います。指数関数と三角関数みたいに、まったく違うように見えるものを、関係付けることができるんですから。これも……おおらかな同一視といえますね。冪級数が、指数関数と三角関数との間に橋を架けています」

「確かにそうだね」と僕は同意した。「虚数単位の i もおもしろい。単に $i^2=-1$ というだけなのに、

$$i^0, i^1, i^2, i^3, i^4, i^5, i^6, i^7, \ldots$$

のように並べていくと、

$$1, i, -1, -i, 1, i, -1, -i, \ldots$$

という $1, i, -1, -i$ の繰り返しになる。これは 90° 回転で周期が 4 になること、$x^4=1$ の解が $x=1, i, -1, -i$ になること、三角関数の微分の周期が 4 になること……などと呼応している」

「なるほど……」とテトラちゃんが感心した。

「幾何的にも考えておこう。複素平面に原点中心の単位円を描く——」

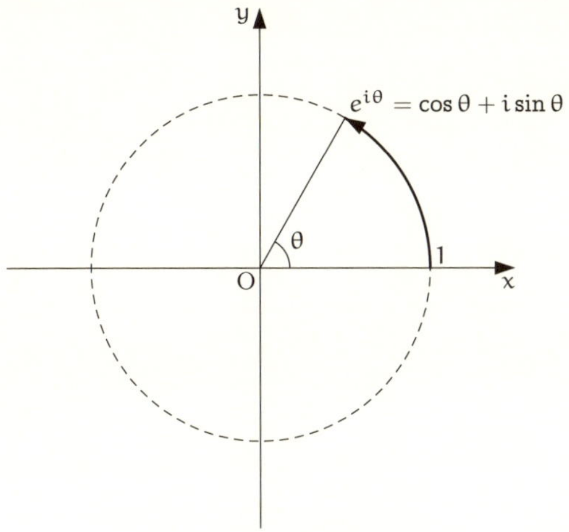

オイラーの公式と複素平面

「——すると、この単位円周上の点は、偏角を θ として $\cos\theta + i\sin\theta$ という複素数に対応する。オイラーの公式から $e^{i\theta} = \cos\theta + i\sin\theta$ だから、円周上の点は、$e^{i\theta}$ という複素数に対応するといってもいい。つまり、《最も美しい数式》と言われるオイラーの式 $e^{i\pi} = -1$ は、

《単位円周上、偏角が π の複素数は -1 に等しい》

という意味を持っていることになる。これが《オイラーの式はどんな意味？》というユーリの質問への答えになる」

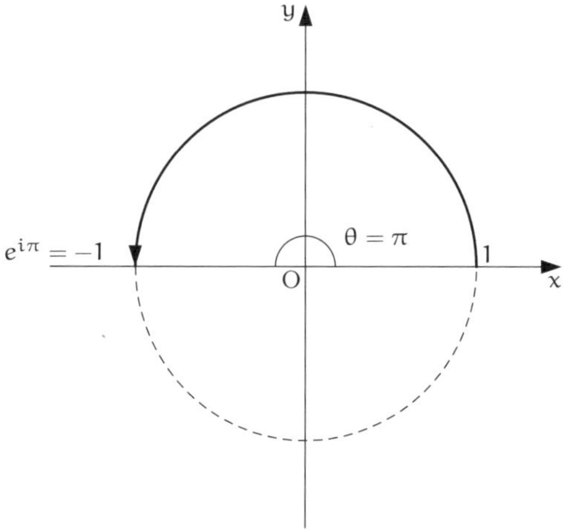

オイラーの式の意味

「先輩……ということは、《右を向いている人は、回れ右をすると、左を向く》というのがオイラーの式ということでしょうか」テトラちゃんが左右に顔を動かして言った。

「まあ、そうだね……」僕は思わず苦笑する。

「へー……なんとなく、だけど、わかった。理屈があるのはわかったよ……」ユーリは言った。

そのとき、母が部屋に顔を出した。

「ねえ、お勉強は終わりにして、三人ともこっちでお茶にしない？」

「わかった、いますぐ行くから」

「待ってるわね」と言って母は引っ込んだ。

僕は単位円に戻る。

「でね、θ をずっと増やしていくと、複素数 $e^{i\theta}$ に対応する点は単位円周上をぐるぐる回る。角度 θ が 360° つまり 2π ラジアン増えるごとに、点は同じ場所に戻る。つまり、周期性があるわけだよね。それを数式で確認してみよう！」

$$
\begin{aligned}
e^{i(\theta+2\pi)} &= e^{i\theta+2\pi i} && \text{i}(\theta+2\pi)\ \text{を展開} \\
&= e^{i\theta}\cdot e^{2\pi i} && \text{指数法則から} \\
&= e^{i\theta}\cdot(\cos 2\pi + i\sin 2\pi) && \text{オイラーの公式から} \\
&= e^{i\theta}\cdot(1 + i\times 0) && \cos 2\pi = 1, \sin 2\pi = 0\ \text{から} \\
&= e^{i\theta} && 1 + i\times 0 = 1\ \text{から}
\end{aligned}
$$

「ほら、周期性が確認できた。偏角 $\theta+2\pi$ の複素数は、偏角 θ の複素数に等しいんだね」

「なんだか全部つながってますね……」とテトラちゃんが言った。

「ねえ、お兄ちゃん！　いま教えてもらったばかりのユーリが偉そうに言うのはあれだけど……オイラーの式 $e^{i\pi}=-1$ は美しいかもしれない。でも、ユーリは、オイラーの公式のほうが好き。

$$e^{i\theta} = \cos\theta + i\sin\theta$$

うん、オイラーの公式、とても好き。ユーリ、まだよくわかってないけど、たった一行の数式の中に、きれいなものがいっぱい詰まっている。そう思う。オイラーってすごいにゃ」

「うん、すごいよね」と僕も言った。

「ねえ、ユーリちゃん。お兄ちゃんに、ありがとうって言おっか」

「……そだね。お兄ちゃん、ありがと」

「先輩、いつも数学の話をありがとうございます」

「いえいえ、いつも聞いてくれて、こちらこそありがとう」

母がまた顔を出した。

「来てくれないと、お母さんとしては、ちょっぴりさびしいなあ……」

「いま行きまーす」とユーリが言った。

9.2　打ち上げ準備

9.2.1　音楽室

「あんたん家《ち》がいいやん」とエィエィが言った。

かわいいストーカー・テトラちゃんが僕の家にやってきた次の週のこと。僕、ミルカさん、テトラちゃん、それにエィエィは、放課後の音楽室で期末試験が終わった後の《打ち上げ》の相談をしていた。といっても、おいしいものを食べておしゃべりするだけの企画だけど……。

話の発端はエィエィ。

「うちとミルカたんで打ち上げするんやけど、あんた、友達少なそうやしな。誘ったげるわ。あと、テトラっちも」

「友達少なそうって……言いたいことというなあ。《誘ったげるわ》はいいんだけど、なぜに僕の家が会場？」

「細かいこと気にせんとき。いいやん、いいやん、お母さんも優しいってもっぱらの噂やで。美少女集結で、お母さんも喜ぶで。いいピアノあるらしいし」

「ピアノ、重要？」

「このエィエィが行くんやで。ピアノは必須や」

親がいるところで打ち上げもないよなあ……。

「決まりね」とミルカさんが言った。

「はあ……じゃ、親の了承は取っておくよ」何だか流されているような……ま、いいか。「メンバーは僕、ミルカさんとエィエィ、それからテトラちゃんの四人かな」

「ユーリちゃんは？」とテトラちゃんが言った。

「……中学生一人で参加だと、さびしくないかな」と僕が言った。

「ボーイフレンドも連れてくるように言うたら？」

「いるわけないよ。ユーリ、まだ中学生なんだよ」

「そんなんわからへんで。あんた、保護者なん？」

テトラちゃんが、“M” のアクセサリが付いた例のペンケースと、ファンシーなスケジュール帳をカバンから取り出した。

「あの……あたし、日曜日はまずいです。すみません」

「土曜日にしよう」ミルカさんの鶴の一声。

「ねえ、テトラちゃん、このアクセサリ、M って……」

と僕は言いかけたけれど——何て訊けばいいんだ？

《M って誰かのイニシャル？》

間が抜けてるな。僕は何を気にしてるんだ……。

「エム？ ああ、これですか……先輩、アイの分だけずれてますよ」

テトラちゃんはにっこりした。

（愛の分だけ、ずれてる？）

テトラちゃんの、ボーイフレンドのイニシャルとか……？

「わかりませんか？」

9.2.2 自宅

「打ち上げ？ もちろん、大歓迎よ！」

母は、僕の話を聞いて、急にはりきりはじめた。

「メニューは何がいいかな。あまり堅苦しいのはよくないよね。定番のピザにする？ でも、あまりジャンクに走るのはやだなあ……」

「……ねえ、母さん。別に場所だけあればいいんだけど」

「素材は用意するから、みんなで手巻き寿司っていう案はどう？ それとも、会費ちょっと取って豪華版にしちゃう？」

「母さん、聞いてる？ 食べ物は、みんなで持ち寄ることにしたんだよ」

「ピアノのエィエィさんもいらっしゃるんでしょ？ いろんな曲、弾いてくれるかしら。そうだ、調律しといたほうがいいわよね。——楽しみねえ！」

なぜ、母さんがそんなに盛り上がる？

$e^{i\pi} = -1$

この式は，数学で最も有名で，且《か》つ最も有用な二つの定数，
「ネイピア数」と「円周率」が「虚数」を仲立ちとして結びついている
正に驚異的な式である．これは“宝石”である．
この世に存在する如何なるダイアモンドもエメラルドも相手にはならない．
――吉田武『虚数の情緒』[15]

第 10 章
フェルマーの最終定理

つまりは私どもも天の川の水のなかに棲《す》んでいるわけです。
そしてその天の川の水のなかから四方を見ると、
ちょうど水が深いほど青く見えるように、
天の川の底の深く遠いところほど星がたくさん集まって見え
したがって白くぼんやり見えるのです。
——宮沢賢治『銀河鉄道の夜』

10.1 オープンセミナー

「お兄ちゃん……わかんなかったよ」
「先輩……わかりません」
「ミルカさん……わかった？」
「楽しかった」

いまは 12 月。クリスマス商戦の喧噪から遠く離れ、僕たちは大学の《オープンセミナー》に参加した。高校の村木先生から紹介されたこのセミナー、演目は《フェルマーの最終定理》である。大学の講堂を使い、200 名ほどの一般聴衆に向けて、大学の先生が講義をしてくれるのだ。僕と一緒に参加したのは、ミルカさん、テトラちゃん、そして……ユーリ。

「お兄ちゃん！ ユーリも行きたい！」
「ユーリには難しいと思うよ」……と、そんなやりとりがあったけれど、彼女はいうことをきかない。ミルカさんに会えるのがうれしいらしい。まあ、中学二年生のユーリにも、少しはわかるかな……と僕は軽く考えていた。

ところが、そのセミナーは、ワイルズの証明を駆け足で説明する難解なものだった。ユーリにわかるどころか、僕にもさっぱりわからない。会場の聴衆もついていけなかったと思う。確かに刺激にはなったけれど……。

セミナー終了後、僕たちはランチを食べに大学キャンパス内の食堂に移動した。土曜日で大学生は少なく、セミナーに参加した他校の高校生らしいグループがあちこちにいる。

このキャンパスには、大学祭のときに入ったことがある。そのときはお祭り騒ぎで幻滅したけれど、今日はまったく違う。構内は静か。講堂に向かう途中、窓から中が見えた研究室には、本棚とコンピュータが整然と並んでいた。

「わかったのは、谷山、志村、岩澤っていう日本人の名前だけだったよ」とユーリがシーフードスパゲティを食べながら言った。「内容は難しいし。先生は下向いたままだし。よくわからず終了——だったにゃ」

「新しい用語の洪水についていけませんでした」とテトラちゃんがオムライスを食べながら言った。「心になじむ前に、その用語を使って別の用語を定義されてしまうので……。待って待って、まだそのコトバとお友達になっていないのに……と思いました。もっと予習してくればよかったです……」

「スクリーンの数式を読んでいたら迷子になった」と僕がカニピラフを食べながら言った。「テトラちゃんが言うように準備してくるべきだった」

「あの講義だけでわかるのは無理」とミルカさんがティラミスを食べながら言った。「ちょっとの予習でも難しい。個々の用語や数式の問題ではなく、もっと深い理解が必要だ。ワイルズの証明は専門的すぎて追えない。しかし、ワイルズの証明でつながった二つの世界のことはわかった。下を向いていた先生、一度だけ顔を上げたのを覚えていない？

《FLT の奥にある、谷山・志村の定理に目を向けなさい》

この一言に共感する」

「ミルカさま！ 馬鹿なユーリにもわかる解説を切望いたします！」

「ユーリは馬鹿じゃないよ」と僕とミルカさんがハモって言った。

10.2 歴史

10.2.1 問題

食事を終えた後、僕たちはミルカさんの解説に耳を傾ける。

「17 世紀の数学者フェルマーは、研究していた『算術』という本の余白に問題を書き残した。いわゆる《フェルマーの最終定理》だ」

フェルマーの最終定理

次の方程式は、$n \geqq 3$ で自然数解を持たない。

$$x^n + y^n = z^n$$

「彼はこの数式と同じ内容を文章で表現し、有名なひとことを添えた」

私は驚くべき証明を見つけたが、

それを書き記すには、この余白は狭すぎる。

「そして、フェルマーは証明を書かなかった」とミルカさんが言った。「これだけ思わせぶりだと、多くの数学愛好者が挑戦したくなるのも無理はない。——ところで、本の余白にフェルマーが書いた個人的な書き込みの内容を、どうして後世の人たちが知っていると思う？」

「そういえば、そうですね」とテトラちゃんが首を傾《かし》げた。

「フェルマーの息子、サミュエルの貢献だ」とミルカさんが言う。「彼が、父の書き込みを含めた『算術』を再版したのだ。失われかけた《フェルマーの最終定理》をサミュエルが復活させたことになる。『算術』を書いたのは 3 世紀ごろの数学者、ディオファントス。17 世紀にそれをギリシア語・ラテン語の対訳として復活させたのがバシェ。フェルマーはバシェ版『算術』を学び、そこに書き込みをした。サミュエルが再版したのは、ディオファントス著、バシェ対訳、フェルマーの書き込み付き『算術』なんだ」

「そうか……」と僕が言った。「3 世紀のディオファントスからバシェを通じて 17 世紀のフェルマーへ。そしてサミュエルを通じてさらに未来へ。時代を越えて数学が受け渡されてきたのか……」

「そして、現代のあたしたちへ。……まるで、数学のリレーですね」とテトラちゃんがバトンを受け取るジェスチャをしながら言った。

「三世紀半以上にわたる数学者たちの挑戦が始まる」ミルカさんはゆっくりと歴史を語り始めた。「まず、17 世紀」

10.2.2　初等整数論の時代

17 世紀。**初等整数論の時代**だ。フェルマーの最終定理は《すべての n》に関する命題なので、一度に証明するのは難しい。そこで数学者は、個別の n について証明しようとした。

最初に、フェルマー自身が FLT(4) を証明した。使った道具は無限降下法。そういえば以前《面積が平方数になれない直角三角形の定理》を使って FLT(4) を証明したことがあったね。

18 世紀に入り、オイラー先生が FLT(3) を証明した。

19 世紀には、ディリクレが FLT(5) を証明し、ルジャンドルがその証明を補った。しかし、ラメが FLT(7) を証明した後、続く者はなくなった。証明があまりにも複雑になったためだ。

この時代に使われた武器は、倍数、約数、最大公約数、素数、互いに素、それに無限降下法。

◎ ◎ ◎

「まずは具体例から解こうとしたんですね……」とテトラちゃんが言った。

「僕たちが問題を解くときと同じだ。《特殊から一般へ》の順番だよ」

「にゃるほど」

「新しい時代は——」とミルカさんは話を続ける。「ソフィ・ジェルマンから。時は 19 世紀」

10.2.3 代数的整数論の時代

19 世紀。**代数的整数論の時代**だ。1825 年ごろ、ソフィ・ジェルマンは、FLT の一般解で成果を上げた。彼女は、《p と $2p+1$ の両方が奇数の素数ならば、$x^p + y^p = z^p$ は自然数解を持たない》という定理を証明した。ただし、$xyz \not\equiv 0 \pmod p$ という条件付き。

1847 年、ラメとコーシーが《フェルマーの最終定理》証明の先陣争いを始める。そこでは、$x^p + y^p = z^p$ を砕く、複素数での因数分解が鍵だった。

$$x^p + y^p = (x+\alpha^0 y)(x+\alpha^1 y)(x+\alpha^2 y)\cdots(x+\alpha^{p-1}y) = z^p$$

ここで α は、$\alpha = e^{\frac{2\pi i}{p}}$ という複素数。オイラーの公式より $\alpha = \cos\frac{2\pi}{p} + i\sin\frac{2\pi}{p}$ だから、 α の絶対値は 1 で、偏角は $\frac{2\pi}{p}$ になる。つまり、α は 1 の p 乗根の一つ。整数と α から自然な加法と乗法を使って作り出される環《かん》 $\mathbb{Z}[\alpha]$ は**代数的整数環**の一種。

$$\mathbb{Z}[\alpha] = \left\{ a_0\alpha^0 + a_1\alpha^1 + a_2\alpha^2 + \cdots + a_{p-1}\alpha^{p-1} \;\middle|\; a_k \in \mathbb{Z}, \alpha = e^{\frac{2\pi i}{p}} \right\}$$

代数的整数環 $\mathbb{Z}[\alpha]$ 上で、$x^p + y^p$ を《素因数分解》し、 因子 $(x + \alpha^k y)$ 同士を《互いに素》にし、 各因子が《p 乗数》であることを示し、無限降下法に持ち込もうとした。だが失敗。なぜなら——

代数的整数環では《素因数分解の一意性》が成り立つとは限らない

からだ。《素因数分解の一意性》が成り立たないなら、p 乗数の各因子が《互いに素》であっても、各因子が p 乗数とは限らない。クンマーの指摘で、争いは終わった。代数的整数環では《素因数分解の一意性》は死んだ。

この状況を打開するため、クンマーは**理想数**を考え、デデキントが**イデアル**として集合の形にまとめた。イデアルにはイデアルの公理があり、数のように計算が定義されている。イデアルが持つ最も大事な性質は——もちろん、素因数分解の一意性だ。イデアルによって《素因数分解の一意性》は復活した。クンマーは、正則と呼ばれる素数に関してはフェルマーの最終定理が成り立つことを証明した。

19 世紀が終わる。フェルマーの書き込みから、250 年が過ぎていた。

◎　◎　◎

「フェルマーの最終定理は、そういう流れの中で証明されたのですね！」とテトラちゃんが胸の前で両手を握りしめて言った。

「ところが、違う」

「あれ、あれれ？」

「クンマーの代数的整数論は、豊かな実を結んだ」とミルカさんが言った。「ワイルズの証明でも、代数的整数論は基本的な道具。しかし、代数的整数論の直接的な拡張でフェルマーの最終定理が証明されたのではなかった。幾何学的数論の時代へと話を進めよう。時代は 20 世紀。舞台は日本だ」

10.2.4 幾何学的数論の時代

時代は 20 世紀。舞台は日本だ。1955 年、つまり第二次世界大戦が終わって十年後、数学の国際会議が日本で開かれた。**谷山・志村の予想**が生まれたのはそのときだ。しだいに、谷山・志村の予想は《楕円曲線》と《保型形式》という二つの世界を結ぶ大きな橋となることがわかる。この予想を定理にすることは数論上の重要課題となったが、それはとてつもない難問であるとわかった。 ところが、この数論上の重要課題が、フェルマーの最終定理でも重要課題であることには、誰も気づかなかった。

1985 年、**フライ**が素晴らしいアイディアを出す。《フェルマーの最終定理が成り立たない》と仮定すると、谷山・志村の予想に矛盾する反例を作れるというのだ。フェルマーの最終定理は谷山・志村の予想に結びついた。といっても、難問が難問に帰着されただけであり、問題が簡単になったわけじゃない。

その難問に挑戦したのが**ワイルズ**。彼は自宅でたった一人、七年間の研究を行った。大学の講義は続けていたけれど、彼がフェルマーの最終定理に挑戦していることは誰一人知らなかった。

1993 年に、ワイルズは証明ができたと宣言する。しかし、その証明には誤りが見つかった。彼はさらに挑戦を続け、とうとう 1994 年、テイラーと共に誤りを正し、フェルマーの最終定理を完全に証明した。

◎　◎　◎

ミルカさんは早口で話を終えた。歴史を話すのがもどかしいのだろう。

「数学の話に進みたいな」とミルカさんが僕を見た。

「いま、ノートを出す」

僕がノートとシャープペンを出していると、ユーリが小声で言った。

「ユーリ、先に帰っていい？ 歴史だけで、いっぱいいっぱいだよ」

そのささやきに反応して、ミルカさんが言った。

「ふうん……わかった。じゃ、ユーリに解ける問題を出そう」

10.3　ワイルズの興奮

10.3.1　タイムマシンに乗って

ミルカさんは目を閉じ、大きく呼吸を一回。そして目を開けた。

「タイムマシンに乗ろう。Anno Domini 1986——西暦 1986 年の時点まで時間遡行《タイムリープ》する。太陽系の第三惑星に住む人類は、フェルマーの最終定理をまだ証明していない。ユーリはワイルズになりきり、次に証明すべきことを考える。さあ、**1986 年の風景**はこうだ——」

1986 年の風景

谷山・志村の予想

【未証明】すべての楕円曲線は、モジュラーである。

$\mathbf{FLT}(3), \mathbf{FLT}(4), \mathbf{FLT}(5), \mathbf{FLT}(7)$

【証明済み】$k = 3, 4, 5, 7$ について、
$x^k + y^k = z^k$ を満たす x, y, z は存在しない。

フライ曲線

【証明済み】$x^p + y^p = z^p$ を満たす p, x, y, z が存在すれば、
フライ曲線も存在する。(x, y, z は自然数。$p \geqq 3$ は素数)

フライ曲線と楕円関数の関係

【証明済み】フライ曲線は、楕円曲線の一種である。

フライ曲線とモジュラーの関係

【証明済み】フライ曲線は、モジュラーではない。

「これが《1986 年の風景》だ」とミルカさんは言った。「【証明済み】は、自分で証明しなくても使える命題。ここで、ユーリの出番だ」

ユーリを見るミルカさん。ぴくっと背筋を伸ばすユーリ。

「たとえわからない用語があっても、ユーリなら次の問題を解ける」

問題 10-1(タイムマシンに乗って)

《1986 年の風景》から考えて、あとはどんな命題を証明すれば、フェルマーの最終定理を証明したことになるか。

10.3.2 風景から問題を見出す

ユーリは、べそをかきそうな顔で僕を見て（お兄ちゃん……）と言いかけた。でも、そこでぐっと表情を引き締め、ミルカさんの問題に目を戻す。（背理法だから……）とつぶやきつつ考え始めた。

僕自身は、いまの問題をすぐに解いた。ミルカさんが《1986 年の風景》と称して、解答に至る明解なヒントを与えてくれたからだ。

でも、それはそれとして、僕は軽い驚きを感じていた。

僕は、数式が好きだ。数式は具体的で一貫性がある。数式を解読して構造を理解し、数式を変形して思考を導く。数式があれば納得するし、なければ不満。

しかし——《フェルマーの最終定理》の証明は、あまりにも難しい。オープンセミナーの先生が見せた数式は、ほとんど理解できなかった。悔しい。

けれど——ミルカさんが《1986 年の風景》で示した論理はスムーズに追える。数式は追ってない。しかし、論理の流れをたどれることに喜びを感じる。星の探査ができなくても、夜空の星座を楽しめるようなものか。

学校では《これを証明しなさい》と言われる。《何を証明すべきか考えなさい》とは言われない。与えられた問題を解くことは大切だ。しかし、解くべき問題を発見することも大切ではないか。入り組んだ命題の森で、進むべき小道を見出す……

「わかりました」緊張した声のユーリ。「谷山・志村の予想、つまり——

《すべての楕円曲線は、モジュラーである》

という命題を証明すれば、フェルマーの最終定理を証明したことになります」

「その理由は？」ミルカさんが間髪入れず問う。

「背理法——を使います」ユーリはていねいに話し始める。「背理法の仮定は証明したい命題の反対……いえ、証明したい命題の否定です。

仮定：《フェルマーの最終定理は成り立たない》

すると、$x^n + y^n = z^n$ を満たす n, x, y, z が存在することになります。すると——あれ？　p は素数か……あ、そだそだ。FLT(4) はすでに証明されていますから、$n \neq 4$ だと考えてかまいませんし、n は $8, 16, 32, 64, \ldots$ にもなりません。ということは、n は $n = mp$ のように書けます。《自然数 m》と《n の素因数 $p \geqq 3$》との積です。$x^n + y^n = z^n$ を満たす n, x, y, z が存在するなら、m, p は指数法則により、

$$(x^m)^p + (y^m)^p = (z^m)^p$$

を満たします。結局——この x^m, y^m, z^m に改めて x, y, z と名前をつけると、$x^p + y^p = z^p$ を満たす p, x, y, z があるんです」

ユーリはここで僕をちらっと見た。僕は黙って頷《うなず》く。

「ふうん、それから？」とミルカさん。

「それから、《1986 年の風景》によると……式 $x^p + y^p = z^p$ を満たす p, x, y, z が存在するなら、フライ曲線も存在します。フライ曲線は楕円曲線の一種ですが、モジュラーではありません。だから……フライ曲線という《モジュラーではない楕円曲線》が存在することになります。論理的にそうです。《フライ曲線》《楕円曲線》《モジュラー》が何か、わからないけど……」

導けた命題：モジュラーではない楕円曲線が存在する。

「ここまではすべて【証明済み】を使ってきました。そして、いま——

たとえば私が、谷山・志村の予想を証明したとします。

すると《すべての楕円曲線は、モジュラーである》が成り立ちます。すべての楕円曲線がモジュラーなので、次の命題が導けます」

導けた命題：モジュラーではない楕円曲線は存在しない。

「モジュラーではない楕円曲線が《存在する》と《存在しない》の両方が導けました。これは矛盾です。したがって、背理法により仮定は否定され、フェルマーの最終定理が証明されます。

仮定の否定：《フェルマーの最終定理は成り立つ》

——ですから、いまお話しした通り、谷山・志村の予想を証明すれば、フェ

ルマーの最終定理も証明したことになります！」

ユーリは、目をきらきらと輝かせて、ミルカさんを見た。

僕も、テトラちゃんも、ミルカさんを見た。

ミルカさんはウィンクしてひとこと言った。

「パーフェクト」

解答 10-1（タイムマシンに乗って）
谷山・志村の予想を証明すれば、フェルマーの最終定理も証明したことになる。

ミルカさんは、微笑みながら静かな声で補足した。「フライは、フライ曲線を考えた。セールは、フライ曲線がフェルマーの最終定理の反例を与えるという予想を定式化した。リベットは、その予想を証明した。この話を聞いたワイルズが興奮した理由も、ユーリにはもうわかるだろう。フェルマーの最終定理——それは 350 年以上だれにも解けなかった古いジグソーパズルだ。しかしそのパズルも、いまや欠けているピースはたった一枚。しかも、谷山・志村の予想を証明すればそのピースが埋められるとわかったのだから」

ユーリは、激しく何度も頷いた。

10.3.3 半安定な楕円曲線

「ワイルズさんは、谷山・志村の予想を証明したのですね！」とテトラちゃんが胸の前で両手を握りしめて言った。

「ところが、違う」とミルカさんが言った。

「あれ、あれれ？」

「ユーリが答えたように、谷山・志村の予想が証明できたなら、フェルマーの最終定理も証明されたことになる。それは正しい。しかし、実際の歴史は違っていた。実際にワイルズが証明したのは《すべての半安定な楕円曲線は、モジュラーである》という命題だ。《半安定》という制限がついている」

ミルカさんはそこで席を立ち、僕たちの周りを歩きながら話を続けた。

「なぜ、制限つきの証明をしたか——制限なしの谷山・志村の予想を証明することが難しすぎたからだ。ではなぜ、制限つきの証明でかまわないのか——わかるかな」ミルカさんはテトラちゃんの肩に手を置く。

「え、ええと……わかりません」

「ユーリは？」

ユーリはしばらく黙って考えていたが、やがてさっと顔を上げて答えた。

「はい。フライ曲線が半安定な楕円曲線だったからですね！」

「その通り」ミルカさんは中指で眼鏡のブリッジを押し上げた。「ユーリの推測は論理的《ロジカル》だ。ワイルズは、背理法を使うため、フライ曲線の存在にぶつける命題を証明したかった。そんな彼が、半安定という制限つきの谷山・志村の予想を証明したのはなぜか。フライ曲線が半安定という性質を持っていたからだ。さあ、彼が証明した最も重要な定理はこれだ——

　　ワイルズの定理：すべての半安定な楕円曲線はモジュラーである。

この定理によって、矛盾を導くことができる」

フライ曲線から：

　　モジュラーではない半安定な楕円曲線が存在する。

ワイルズの定理から：

　　モジュラーではない半安定な楕円曲線は存在しない。

「矛盾だ。背理法により、証明が完成した。フェルマーの最終定理が、ほんとうの定理になったのだ」

10.3.4 証明の概略

《フェルマーの最終定理》証明の概略

背理法を使う。

1. 仮定：フェルマーの最終定理は成り立たない。
2. 仮定から、フライ曲線が作れる。
3. フライ曲線：半安定な楕円曲線だが、モジュラーではない。
4. すなわち《モジュラーではない半安定な楕円曲線が存在する》。
5. ワイルズの定理：すべての半安定な楕円曲線は、モジュラーである。
6. すなわち《モジュラーではない半安定な楕円曲線は存在しない》。
7. 上記 4. と 6. は矛盾する。
8. したがってフェルマーの最終定理は成り立つ。

ミルカさんは、無言の僕たちをぐるりと見渡す。

「この《証明の概略》は、論理的に正しい。でも、物足りない。当然だ。これは、あらすじにすぎないからだ。谷山・志村の予想がどんなものか、わからない。《楕円曲線》《フライ曲線》《モジュラー》という重要な単語の意味も、わからない。ワイルズの証明は理解できないとしても、谷山・志村の予想を味わうことはできないのか。せめて、もう一歩、数学的に踏み込めないのか——と思う……よね？」とミルカさんは言った。

僕たちは思わず頷いた。

「これから、以下の四つのテーマについて数学的な話をする。

- 楕円曲線の世界
- 保型形式の世界
- 谷山・志村の定理
- フライ曲線

《谷山・志村の予想》は 1999 年に完全に証明されたから、ここからは《谷山・志村の定理》と呼ぶことにする。まず、楕円曲線とは……おっと、話の前に場所を変えよう。ギャラリーが多すぎる」とミルカさんが言った。

食堂の中、僕たちの席の周りには人だかりができていた。セミナーに参加した高校生たちが、ミルカさんの話を熱心に聞いていたのだ。

10.4　楕円曲線の世界

10.4.1　楕円曲線とは

食堂から二階のカフェに移動。広めのテーブルを四人で確保し、みんなでコーヒー（ユーリだけはココア）を飲みつつ、話を再開。

「ユーリ、まだ帰りたい？」とミルカさんが訊《き》いた。

「お話、聞いてます。わかっても、わからなくても」

「よし。では、定義から始めよう。楕円曲線とは——」

◎　◎　◎

楕円曲線とは、a, b, c を有理数として、こんな方程式で表現される曲線だ。

$$y^2 = x^3 + ax^2 + bx + c$$

ただし、以下の条件が付く。

三次方程式 $x^3 + ax^2 + bx + c = 0$ は重解を持たない。

これが楕円曲線の定義——厳密には《有理数体 $\mathbb{Q}$ 上の》楕円曲線の定義だ。つまり、x, y は有理数体 $\mathbb{Q}$ の要素として考える。

たとえば、次の式は楕円曲線の方程式になる。

$$y^2 = x^3 - x \qquad \text{楕円曲線の方程式の例}$$

これは、方程式 $y^2 = x^3 + ax^2 + bx + c$ で、$(a, b, c) = (0, -1, 0)$ と置いたもの。右辺の $x^3 - x$ は、

$$x^3 - x = (x - 0)(x - 1)(x + 1)$$

と因数分解できる。三次方程式 $x^3 - x = 0$ の解は $x = 0, 1, -1$ の三個で重解にはならないので、楕円曲線の条件を満たしている。グラフを描こう。

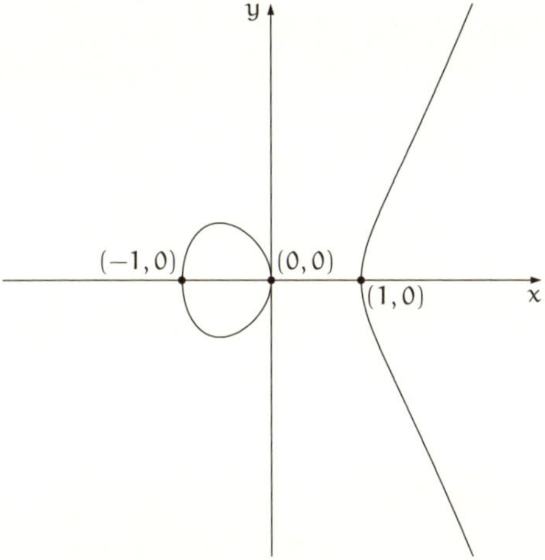

楕円曲線 $y^2 = x^3 - x$ のグラフ

◎ ◎ ◎

「この左側の丸いところが、楕円なんですか？」とテトラちゃんが訊いた。

「違う」とミルカさんが答えた。「《楕円曲線》に《楕円》という言葉が含まれているのは、歴史的な事情による。楕円曲線の形は楕円とは無関係だ」

10.4.2 有理数体から有限体へ

さて、楕円曲線 $y^2 = x^3 - x$ を代数的に研究しよう。

数学の分野について簡単に説明しておこうか。

- 代数《だいすう》は、方程式とその解、群・環・体などに関心がある。

- **幾何**《きか》は、点・線・平面・立体・交わる・接する、などに関心がある。
- **解析**《かいせき》は、極限・微分・導関数・積分などに関心がある。

もちろん、これらは相互に関連している。たとえば、方程式の《重解》は代数的概念だけれど、曲線が《接する》という幾何的概念や、《導関数》の値が0になるという解析的概念と関連がある。

幸いなことに、谷山・志村の定理の雰囲気を味わうだけなら、大きな武器はいらない。必要なものは**剰余**、**根気**、**想像力**だ。

私たちはさっき、楕円曲線 $y^2 = x^3 - x$ の姿をとらえるため、三次式 $x^3 - x$ を因数分解し、三次方程式 $x^3 - x = 0$ を解き、$(0,0), (1,0), (-1,0)$ という三個の有理点を得た。

有理数体 $\mathbb{Q}$ という体は一つ、つまり有限個だ。でも有理数体の要素数は無数にある。有理数は無数にあるという意味だ。

ここで、発想を逆転させよう。すなわち、有限個の要素を持つ、無数の体を考える。私たちはそんな体を知っている。有限体だ。有限体 $\mathbb{F}_p$ の要素数は p 個、つまり有限個。でも素数 p は無数にあるから $\mathbb{F}_p$ は無数にある。

さあ《有理数体 $\mathbb{Q}$ の世界》から《有限体 $\mathbb{F}_p$ の世界》へ空間移動《テレポート》するよ。

楕円曲線の方程式を満たす点 (x, y) を有限体 $\mathbb{F}_p$ の中から探す。

$$y^2 = x^3 - x \qquad (x, y \in \mathbb{F}_p)$$

言い換えれば、楕円曲線の方程式を、

$$y^2 \equiv x^3 - x \pmod{p}$$

という合同式とみなすのと同値だ。

有限体について簡単に復習する。有限体 $\mathbb{F}_p$ は、要素が p 個の集合で、加減乗除を mod p で行う体《たい》だ。

$$\mathbb{F}_p = \{0, 1, 2, \ldots, p-1\}$$

0 以外の要素での除算を保証するため、p は素数。有限体 $\mathbb{F}_p$ は、

$$
\begin{aligned}
\mathbb{F}_2 &= \{0,1\} \\
\mathbb{F}_3 &= \{0,1,2\} \\
\mathbb{F}_5 &= \{0,1,2,3,4\} \\
\mathbb{F}_7 &= \{0,1,2,3,4,5,6\} \\
\mathbb{F}_{11} &= \{0,1,2,3,4,5,6,7,8,9,10\} \\
&\vdots
\end{aligned}
$$

のように無数にある。体の数は無数だけれど、個々の体の要素数は有限個であることを忘れないでほしい。

◎　◎　◎

「どうして《有限個》が重要なんでしょうか」とテトラちゃんが言った。

「しらみつぶしができるからだ」とミルカさんが即答した。「有限体 $\mathbb{F}_p$ の要素は p 個しかない。だから、x と y に、p 個の要素を代入して調査できる。素数 p が小さければ、手計算でできる。楕円方程式を満たす点 (x,y) を一点一点探すんだ」

「根気がいるにゃ！」ユーリが叫んだ。

「そう」ミルカさんが頷く。「有限体 $\mathbb{F}_p$ は、有理数体 $\mathbb{Q}$ のミニチュア版。遊ぶには最適だ。では、しらみつぶしを始めよう」

10.4.3 有限体 $\mathbb{F}_2$

最も簡単な有限体 $\mathbb{F}_2 = \{0,1\}$ の演算表は次の通り。体だから、加法と乗法がある。普通に計算をしてから、2 で割った余り（剰余）を求める。

+	0	1
0	0	1
1	1	0

×	0	1
0	0	0
1	0	1

(x,y) として可能な組み合わせは、以下の 4 通り。

$$(x,y)=(0,0),(0,1),(1,0),(1,1)$$

この4通りをすべて、方程式 $y^2=x^3-x$ に代入して等号が成り立つかどうかを調べる。ただし、加減乗除の演算では、上記の演算表を使う。引き算は加法における逆元を加えればいいのだけれど、面倒だから、x を移項した以下の形で確かめることにしよう。

$$y^2+x=x^3 \qquad (x\text{ を左辺に移項して引き算をなくした})$$

たとえば、$(x,y)=(0,0)$ の場合、$y^2+x=x^3$ に代入すると、$0^2+0=0^3$ になる。演算表を使って計算すると、左辺は0に等しく、右辺も0に等しい。左辺と右辺が等しくなるので $\mathbb{F}_2$ 上の点 $(0,0)$ で $y^2=x^3-x$ は成り立つ。同じように4通りの (x,y) について確かめてみよう。

(x,y)	$y^2+x=x^3$	成り立つか？
$(0,0)$	$0^2+0=0^3$	成り立つ
$(1,0)$	$0^2+1=1^3$	成り立つ
$(0,1)$	$1^2+0=0^3$	成り立たない
$(1,1)$	$1^2+1=1^3$	成り立たない

これで、$\mathbb{F}_2$ 上、方程式 $y^2=x^3-x$ の解は、以下の2個であるとわかった。

$$(x,y)=(0,0),(1,0)$$

◎ ◎ ◎

「ミルカさま！ テレポートした後で、重解を持たない条件を……」

「ユーリ、あなたは賢い」とミルカさんが応じた。

「なるほど！」と僕は言った。ユーリはすごいな。

「何に気づいたんですか？」とテトラちゃんが困惑しながら言った。

「ユーリ」とミルカさんが促した。

「はい。テレポートする前——楕円曲線には、$x^3+ax^2+bx+c=0$ が《重解を持たない》という条件がありました。でも、テレポートした後——有限体の世界では、その条件を調べ直さなくていいのかにゃ……と」

「ユーリは正しい」とミルカさんが言った。「有限体で楕円曲線を考えるときには条件を調べ直すべき。ミニチュアの世界に落とすときに楕円曲線ではなくなっているかもしれないからだ」

ユーリは条件を見逃さない。本当に見逃さないなあ。

「実際のところ $\mathbb{F}_2$ の場合は？」と僕が訊く。

「$\mathbb{F}_2$ 上、$y^2 = x^3 - x$ は楕円曲線にならない。なぜなら、$x^3 - x$ は以下のように因数分解できるからだ。平方因子 $(x-1)^2$ が重解を生む」

$$x^3 - x = (x-0)(x-1)^2 \qquad \mathbb{F}_2 \text{ での因数分解}$$

「この因数分解は正しいんですか？」とテトラちゃん。

「正しい。有理数体上での因数分解を思い出そう——

$$x^3 - x = (x-0)(x-1)(x+1) \qquad \mathbb{Q} \text{ での因数分解}$$

$\mathbb{F}_2$ では、1 は 1 自身の加法における逆元だから《1 を加えること》と《1 を減じること》が同値になる。つまり、$x+1$ は $x-1$ に置き換えられる」

$$\begin{aligned}
x^3 - x &= (x-0)(x-1)(x+1) && \text{因数分解} \\
&= (x-0)(x-1)(x-1) && x+1 \text{ を } x-1 \text{ に置き換えた（} \mathbb{F}_2 \text{ にて）} \\
&= (x-0)(x-1)^2 && (x-1) \text{ をまとめた}
\end{aligned}$$

「……わかりました。いま考えている演算をどの体の上でやっているかが大切なのですね」テトラちゃんも納得したようだ。

10.4.4 有限体 $\mathbb{F}_3$

「今度は、有限体 $\mathbb{F}_3 = \{0,1,2\}$ の例を挙げる。演算表は次の通り。

+	0	1	2
0	0	1	2
1	1	2	0
2	2	0	1

×	0	1	2
0	0	0	0
1	0	1	2
2	0	2	1

9 通りの (x, y) について、$y^2 + x = x^3$ が成り立つかどうか確かめる」

(x, y)	$y^2 + x = x^3$	成り立つか？
$(0, 0)$	$0^2 + 0 = 0^3$	成り立つ
$(1, 0)$	$0^2 + 1 = 1^3$	成り立つ
$(2, 0)$	$0^2 + 2 = 2^3$	成り立つ
$(0, 1)$	$1^2 + 0 = 0^3$	成り立たない
$(1, 1)$	$1^2 + 1 = 1^3$	成り立たない
$(2, 1)$	$1^2 + 2 = 2^3$	成り立たない
$(0, 2)$	$2^2 + 0 = 0^3$	成り立たない
$(1, 2)$	$2^2 + 1 = 1^3$	成り立たない
$(2, 2)$	$2^2 + 2 = 2^3$	成り立たない

「これで、$\mathbb{F}_3$ 上、方程式 $y^2 = x^3 - x$ の解は、以下の 3 個であるとわかった」

$$(x, y) = (0, 0), (1, 0), (2, 0)$$

「ミルカさま、$\mathbb{F}_3$ では楕円曲線のままなんですか？」

「そう。方程式 $y^2 = x^3 - x$ の場合、有限体に落としたときに楕円曲線でなくなるのは $\mathbb{F}_2$ の場合だけ。説明は省略」

「有限体に落とす——ですか」と言葉が気になるテトラちゃんが訊いた。

「正しい用語は**還元**《かんげん》。有理数体上の楕円曲線を有限体上に移すことを還元という。素数 p で楕円曲線を還元しても重解が生まれないなら《p で**良い還元**を持つ》という。重解が生まれるなら《p で**悪い還元**を持つ》という。楕円曲線 $y^2 = x^3 - x$ は 2 で悪い還元を持つ。$\mathbb{F}_2$ で重解を持つからだ」

「《還元》ですか……化学用語みたいですね」とテトラちゃんが言った。

「悪い還元にも種類がある。p で還元したとき、重解が二重解の範囲にとどまるなら、その楕円曲線は《p で**乗法的還元**を持つ》といい、三重解になるなら《p で**加法的還元**を持つ》という」

「ややこしいにゃ」

「そして、どの素数で還元しても《良い還元》または《乗法的還元》しか持たないとき、その楕円曲線のことを**半安定**《semi-stable》な楕円曲線と呼ぶ」

「えっ！」声を上げたのは僕だ。「それって、ワイルズが証明した……」

「そう。ワイルズの定理《すべての半安定な楕円曲線は、モジュラーである》に出てきた《半安定》の定義がこれだ。半安定な楕円曲線とは、どの素数で還元しても重解はせいぜい二重解どまりの楕円曲線のことなんだ」

10.4.5 有限体 $\mathbb{F}_5$

有限体 $\mathbb{F}_5 = \{0, 1, 2, 3, 4\}$ の演算表は次の通り。

$+$	0	1	2	3	4
0	0	1	2	3	4
1	1	2	3	4	0
2	2	3	4	0	1
3	3	4	0	1	2
4	4	0	1	2	3

$\times$	0	1	2	3	4
0	0	0	0	0	0
1	0	1	2	3	4
2	0	2	4	1	3
3	0	3	1	4	2
4	0	4	3	2	1

今度は 25 通りの (x, y) について一つ一つ確かめる。

(x, y)	$y^2 + x = x^3$	成り立つか？
$(0, 0)$	$0^2 + 0 = 0^3$	成り立つ
$(1, 0)$	$0^2 + 1 = 1^3$	成り立つ
$(2, 0)$	$0^2 + 2 = 2^3$	成り立たない
$(3, 0)$	$0^2 + 3 = 3^3$	成り立たない
$(4, 0)$	$0^2 + 4 = 4^3$	成り立つ
$(0, 1)$	$1^2 + 0 = 0^3$	成り立たない
$(1, 1)$	$1^2 + 1 = 1^3$	成り立たない
$(2, 1)$	$1^2 + 2 = 2^3$	成り立つ
$(3, 1)$	$1^2 + 3 = 3^3$	成り立たない
$(4, 1)$	$1^2 + 4 = 4^3$	成り立たない
$(0, 2)$	$2^2 + 0 = 0^3$	成り立たない
$(1, 2)$	$2^2 + 1 = 1^3$	成り立たない
$(2, 2)$	$2^2 + 2 = 2^3$	成り立たない
$(3, 2)$	$2^2 + 3 = 3^3$	成り立つ
$(4, 2)$	$2^2 + 4 = 4^3$	成り立たない
$(0, 3)$	$3^2 + 0 = 0^3$	成り立たない
$(1, 3)$	$3^2 + 1 = 1^3$	成り立たない
$(2, 3)$	$3^2 + 2 = 2^3$	成り立たない
$(3, 3)$	$3^2 + 3 = 3^3$	成り立つ
$(4, 3)$	$3^2 + 4 = 4^3$	成り立たない
$(0, 4)$	$4^2 + 0 = 0^3$	成り立たない
$(1, 4)$	$4^2 + 1 = 1^3$	成り立たない
$(2, 4)$	$4^2 + 2 = 2^3$	成り立つ
$(3, 4)$	$4^2 + 3 = 3^3$	成り立たない
$(4, 4)$	$4^2 + 4 = 4^3$	成り立たない

これで、$\mathbb{F}_5$ 上、方程式 $y^2 = x^3 - x$ の解は、以下の 7 個であるとわかった。

$$(x, y) = (0, 0), (1, 0), (4, 0), (2, 1), (3, 2), (3, 3), (2, 4)$$

10.4.6 点の個数は？

「そろそろ、自分で計算したくなってきただろう。有限体 $\mathbb{F}_p$ 上、方程式 $y^2 = x^3 - x$ の解の個数を $s(p)$ と表すことにする。

$$s(p) = (\text{有限体 } \mathbb{F}_p \text{ 上、方程式 } y^2 = x^3 - x \text{ の解の個数})$$

すでに、s(2), s(3), s(5) については調べた。以下の表の残りを埋めてほしい。

$\mathbb{F}_p$	$\mathbb{F}_2$	$\mathbb{F}_3$	$\mathbb{F}_5$	$\mathbb{F}_7$	$\mathbb{F}_{11}$	$\mathbb{F}_{13}$	$\mathbb{F}_{17}$	$\mathbb{F}_{19}$	$\mathbb{F}_{23}$	$\cdots$
s(p)	2	3	7							

分担しようか。ユーリは $\mathbb{F}_7$ と $\mathbb{F}_{11}$。テトラは $\mathbb{F}_{13}$ と $\mathbb{F}_{17}$。それから、君が $\mathbb{F}_{19}$ と $\mathbb{F}_{23}$ だ」とミルカさんは僕に言った。

「ミルカさまは？」とユーリが言った。

「お昼寝。終わったら起こして」ミルカさんはそう言って目を閉じた。

しばらくの間、ミルカさんを除く三人は黙々と有限体の計算をした。楕円曲線 $y^2 = x^3 - x$ を満たす点が有限体 $\mathbb{F}_p$ の中に何個あるかを求めるのだ。

p が大きいほど手間がかかる。しかし、計算自体はそれほど大変ではない。僕は計算の合間に、ちらちらとミルカさんを見る。

ミルカさんは、椅子の背に軽くもたれて目を閉じている。よく見ると、静かに寝息を立てている。この黒髪才媛、ほんとに眠ってるよ……。

隣のテトラちゃんが僕をつついた。

「先輩。手がとまってますよ」

点の個数が求まった後、僕たちは担当の有限体を交換して検算をした。計算ミスは、僕が一個、テトラちゃんが三個、ユーリがゼロ個だった。

「ユーリちゃん、すごいですねえ……」とテトラちゃんが言った。

「にゃはは」

「では、女王様を起こすか」

10.4.7 プリズム

「数列 s(p) の表ができた」目を覚ましたミルカさんはすぐ続きを始めた。

$\mathbb{F}_p$	$\mathbb{F}_2$	$\mathbb{F}_3$	$\mathbb{F}_5$	$\mathbb{F}_7$	$\mathbb{F}_{11}$	$\mathbb{F}_{13}$	$\mathbb{F}_{17}$	$\mathbb{F}_{19}$	$\mathbb{F}_{23}$	$\cdots$
s(p)	2	3	7	7	11	7	15	19	23	$\cdots$

「私たちは楕円曲線の世界をちょっと歩いた。$y^2 = x^3 - x$ という楕円曲線を例にして、有限体 $\mathbb{F}_p$ で解の個数を数えた」

「$s(p)$ にはどんな意味があるんでしょうか」テトラちゃんが手を挙げた。

「素数っぽいにゃ」

「この数列 $s(p)$ は、楕円曲線 $y^2 = x^3 - x$ の一側面を表現している。無数の有限体を使って、さまざまな角度から楕円曲線を見ているのだ」

「プリズムみたいですね！」とテトラちゃんが言った。「太陽光をプリズムに通すと無数の色に分かれます。その色をすべて重ね合わせると元の光に戻ります。なんだかそれと似ていませんか。有理数体 $\mathbb{Q}$ が太陽光で、有限体 $\mathbb{F}_p$ が素数 p ごとの色を表していて……」

「その比喩は、なかなか悪くない」とミルカさんは言った。「……《楕円曲線の世界》はこのくらいにして、チョコムースを食べたら、今度は《保型形式の世界》へ移動しよう」

「チョコムース？」

「いま、ユーリが買いにいく」ミルカさんからお金を受け取ったユーリは、ポニーテールを揺らしてデザートコーナーに走った。

10.5　保型形式の世界

10.5.1　型を保つ

チョコムースを食べ終えると、ミルカさんは保型形式の話を始める。

「以下の関数 Φ《ファイ》(z) は非常に興味深い性質を持っている。

$$\Phi(z) = e^{2\pi i z} \prod_{k=1}^{\infty} \left(1 - e^{8k\pi i z}\right)^2 \left(1 - e^{16k\pi i z}\right)^2$$

ここで、パラメータの z は複素数を暗示して——ユーリ、どうした？」

「ミルカさま……この数式、さっぱり意味がわかりません」

「お兄ちゃんが簡単な解説をしてくれるよ」とミルカさんが僕を見た。

「ええと……」突然、僕に振るんだよなあ。「ねえ、ユーリ。こういう複雑な数式を見たときには、《全部わかんない》と思っちゃだめだよ」

「《全部わかんない》なんて思ってないよ、お兄ちゃん。——えーとねー、このΠ《鳥居》みたいな記号がわかんないんだな」

「Π《鳥居》じゃなくてΠ《パイ》だね。これは掛け算を表す記号だよ。下に $k=1$ と書いてあって、上に ∞ が書いてある。これは、変数 k を $1, 2, 3, \ldots$ と変えて、Π の右に書いてある因子をすべて掛ける、という意味。……わかった？」

「わかんない。具体的に教えてよ」とユーリは口をとがらす。

「ミルカさんが書いた $\Phi(z)$ を、Π を使わずに書いてみよう。無限積になる」

$$
\begin{aligned}
\Phi(z) &= e^{2\pi iz} \prod_{k=1}^{\infty} \left(1 - e^{8k\pi iz}\right)^2 \left(1 - e^{16k\pi iz}\right)^2 \\
&= e^{2\pi iz} \times \left(1 - e^{8\times 1\pi iz}\right)^2 \times \left(1 - e^{16\times 1\pi iz}\right)^2 \\
&\qquad\quad \times \left(1 - e^{8\times 2\pi iz}\right)^2 \times \left(1 - e^{16\times 2\pi iz}\right)^2 \\
&\qquad\quad \times \left(1 - e^{8\times 3\pi iz}\right)^2 \times \left(1 - e^{16\times 3\pi iz}\right)^2 \\
&\qquad\quad \times \cdots
\end{aligned}
$$

「Π の意味はわかったけど……複雑すぎるにゃ」とユーリが言った。

「だから！　シンプルに書くために Π を使うんじゃないか」と僕が言った。

「$\Phi(z)$ は**保型形式**《ほけいけいしき》の一種。特に**モジュラー形式**と呼ばれているものの仲間」とミルカさんが言った。「a, b, c, d は整数で、$ad - bc = 1$ を満たし、さらに c は 32 の倍数。また $z = u + vi$ で $v > 0$ という条件のもとで……次のような等式が成り立つことがわかっている」

$$
\Phi\left(\frac{az+b}{cz+d}\right) = (cz+d)^2\,\Phi(z)
$$

「ほけい……けいしき？」とユーリが復唱した。

「型を保つ。$\Phi\left(\frac{az+b}{cz+d}\right) = (cz+d)^2\,\Phi(z)$ という式は、《Φ を通して見れば z と $\frac{az+b}{cz+d}$ は同じ形に見える》と読み解くことができる。$z \to \frac{az+b}{cz+d}$ という変換が起きても、もとの型を保つので保型形式という。とはいっても、

$(cz+d)^2$ 程度のずれはある。$(cz+d)^2$ の指数の 2 は《**重さ**》といい、$\Phi(z)$ は《重さが 2 の保型形式》という。ここまで、いいかな」

「さっぱりイメージが……わきません」とテトラちゃんが頭を抱えた。

「ふうん……じゃ、簡単な例を挙げておこうか。《a, b, c, d は整数で、$ad-bc=1$ を満たし、さらに c は 32 の倍数》だから、たとえば $\begin{pmatrix} a & b \\ c & d \end{pmatrix} = \begin{pmatrix} 1 & 1 \\ 0 & 1 \end{pmatrix}$ を考えよう。すると……

$$\Phi\left(\frac{az+b}{cz+d}\right) = (cz+d)^2\,\Phi(z) \qquad \Phi(z)\text{ の等式}$$

$$\Phi\left(\frac{1z+1}{0z+1}\right) = (0z+1)^2\,\Phi(z) \qquad \begin{pmatrix} a & b \\ c & d \end{pmatrix} = \begin{pmatrix} 1 & 1 \\ 0 & 1 \end{pmatrix}\text{ を代入}$$

$$\Phi\,(z+1) = \Phi(z) \qquad \text{計算した}$$

つまり、$z+1$ と z は、Φ を通せば同一視できる。言い換えれば、実軸方向に周期 1 の関数になっているのだ」

「よくわからないですけれど……なるほどです」とテトラちゃん。

「……これ以上複雑になったら、頭、パンクだにゃ」とユーリ。

「まあいいよ。これからは $\Phi(z)$ を簡単にしていく」

ミルカさんは、微笑んでユーリの頭に手を置いた。

10.5.2　q 展開

「関数 $\Phi(z)$ の定義式をよく見よう」とミルカさんが話を進める。

$$\Phi(z) = e^{2\pi iz}\prod_{k=1}^{\infty}\left(1-e^{8k\pi iz}\right)^2\left(1-e^{16k\pi iz}\right)^2$$

「ここで、$e^{2\pi iz}$ という式が無数にちりばめられていることに気づくだろう。そこで、q を以下のように定義する。

$$q = e^{2\pi iz} \qquad (q\text{ の定義})$$

このとき、q を使って $\Phi(z)$ を表せる——これはテトラにやってもらおう」

「え、え……あたし、ですか？」テトラちゃんは（そっか、指数法則……）と言いながらしばらく考える。「こうでしょうか……」

$$\Phi(z) = q \prod_{k=1}^{\infty} \left(1 - q^{4k}\right)^2 \left(1 - q^{8k}\right)^2$$

「式変形は難しくありませんでした。使ったのは指数法則だけです」

$$\begin{cases} e^{2\pi i z} & = q \\ e^{8k\pi i z} & = \left(e^{2\pi i z}\right)^{4k} = q^{4k} \\ e^{16k\pi i z} & = \left(e^{2\pi i z}\right)^{8k} = q^{8k} \end{cases}$$

「よし」とミルカさんが言った。「このように、$q = e^{2\pi i z}$ を使って表すことを q **展開**と呼ぶ。ここから先は、q だけに注目する」

10.5.3 F(q) から数列 a(k) へ

「$\Phi(z)$ を忘れて q に注目するため、改めて F(q) と名前をつけよう」

$$\begin{aligned} F(q) &= q \prod_{k=1}^{\infty} \left(1 - q^{4k}\right)^2 \left(1 - q^{8k}\right)^2 \\ &= q \left(1 - q^4\right)^2 \left(1 - q^8\right)^2 \\ &\qquad \left(1 - q^8\right)^2 \left(1 - q^{16}\right)^2 \\ &\qquad \left(1 - q^{12}\right)^2 \left(1 - q^{24}\right)^2 \\ &\qquad \cdots \end{aligned}$$

「F(q) の全体は《積の形》をしている。いまから、この F(q) を《和の形》にしたい。ユーリ、積を和にすることを何という？」

「わかんな……あ、もしかして、展開ですか？」

「そう。F(q) を展開してもらおう。数式マニアのお兄ちゃんが適役だな」

「ちょっと待った。F(q) は無限積だよ……」と僕は言った。
「q^1 から q^{29} までの係数が正しければいい。30 次以上の項は無視。関数としての収束も無視。形式的冪級数として計算する」

◎ ◎ ◎

僕は、三人の女の子からじっと見られた状態で、数式の展開をする。これは緊張するな……。一瞬、計算の工夫を考えかけたが、力まかせで計算することにした。q^{29} まででいいのだから、30 次以上の項は計算途中で無視すればいいんだ。では、30 次以上の項は省略して Q_{30} と書く約束にしよう。

$$F(q) = q \prod_{k=1}^{\infty} \left(1 - q^{4k}\right)^2 \left(1 - q^{8k}\right)^2$$

$k = 1$ の場合の因子を $\prod$ の前に出す。

$$= q \left(1 - q^4\right)^2 \left(1 - q^8\right)^2 \prod_{k=2}^{\infty} \left(1 - q^{4k}\right)^2 \left(1 - q^{8k}\right)^2$$

二乗の部分を展開する。

$$= q \left(1 - 2q^4 + q^8\right) \left(1 - 2q^8 + q^{16}\right) \prod_{k=2}^{\infty} \left(1 - q^{4k}\right)^2 \left(1 - q^{8k}\right)^2$$

q をカッコの中に入れる。

$$= \left(q - 2q^5 + q^9\right) \left(1 - 2q^8 + q^{16}\right) \prod_{k=2}^{\infty} \left(1 - q^{4k}\right)^2 \left(1 - q^{8k}\right)^2$$

はじめの二因子を掛ける。

$$= \left(q - 2q^5 - q^9 + 4q^{13} - q^{17} - 2q^{21} + q^{25}\right) \times \prod_{k=2}^{\infty} \left(1 - q^{4k}\right)^2 \left(1 - q^{8k}\right)^2$$

ふう……。どんどん計算していこう。

$$\begin{aligned}
F(q) &= \left(q - 2q^5 - q^9 + 4q^{13} - q^{17} - 2q^{21} + q^{25}\right) \\
&\qquad \times \left(1 - q^8\right)^2 \left(1 - q^{16}\right)^2 \prod_{k=3}^{\infty} \left(1 - q^{4k}\right)^2 \left(1 - q^{8k}\right)^2 \\
&= \left(q - 2q^5 - 3q^9 + 8q^{13} - 8q^{21} + 8q^{25} - 8q^{29} + Q_{30}\right) \\
&\qquad \times \prod_{k=3}^{\infty} \left(1 - q^{4k}\right)^2 \left(1 - q^{8k}\right)^2 \\
&= \left(q - 2q^5 - 3q^9 + 6q^{13} + 4q^{17} - 2q^{21} - 9q^{25} - 6q^{29} + Q_{30}\right) \\
&\qquad \times \prod_{k=4}^{\infty} \left(1 - q^{4k}\right)^2 \left(1 - q^{8k}\right)^2 \\
&= \left(q - 2q^5 - 3q^9 + 6q^{13} + 2q^{17} + 2q^{21} - 3q^{25} - 18q^{29} + Q_{30}\right) \\
&\qquad \times \prod_{k=5}^{\infty} \left(1 - q^{4k}\right)^2 \left(1 - q^{8k}\right)^2 \\
&= \left(q - 2q^5 - 3q^9 + 6q^{13} + 2q^{17} + q^{25} - 12q^{29} + Q_{30}\right) \\
&\qquad \times \prod_{k=6}^{\infty} \left(1 - q^{4k}\right)^2 \left(1 - q^{8k}\right)^2 \\
&= \left(q - 2q^5 - 3q^9 + 6q^{13} + 2q^{17} - q^{25} - 8q^{29} + Q_{30}\right) \\
&\qquad \times \prod_{k=7}^{\infty} \left(1 - q^{4k}\right)^2 \left(1 - q^{8k}\right)^2
\end{aligned}$$

$\prod_{k=8}^{\infty} \left(1 - q^{4k}\right)^2 \left(1 - q^{8k}\right)^2$ は 30 次以上の項しか生まないから、$k = 8$ 以降は展開しなくていい。

$$\begin{aligned}F(q) &= \left(q - 2q^5 - 3q^9 + 6q^{13} + 2q^{17} - q^{25} - 8q^{29} + Q_{30}\right)\\ &\qquad \times \left(1 - q^{28}\right)^2 \left(1 - q^{56}\right)^2 \prod_{k=8}^{\infty} \left(1 - q^{4k}\right)^2 \left(1 - q^{8k}\right)^2\\ &= \left(q - 2q^5 - 3q^9 + 6q^{13} + 2q^{17} - q^{25} - 10q^{29} + Q_{30}\right)\\ &\qquad \times \prod_{k=8}^{\infty} \left(1 - q^{4k}\right)^2 \left(1 - q^{8k}\right)^2\end{aligned}$$

◎ ◎ ◎

「できた。これでいいかな」と僕は言った。

$$F(q) = q - 2q^5 - 3q^9 + 6q^{13} + 2q^{17} - q^{25} - 10q^{29} + \cdots$$

「よし」とミルカさんは頷いた。「q^k の係数を $a(k)$ と呼ぶことにしよう。$F(q)$ を数列 $a(k)$ の**母関数**《ぼかんすう》と見なすんだ。係数を明示的に書いて……

$$F(q) = 1q - 2q^5 - 3q^9 + 6q^{13} + 2q^{17} - 1q^{25} - 10q^{29} + \cdots$$

それを表にまとめる。

k	1	5	9	13	17	25	29	⋯
a(k)	1	−2	−3	6	2	−1	−10	⋯

$F(q)$ は、数列 $a(k)$ から復元できる。つまり、数列 $a(k)$ には、$F(q)$ についての情報が遺伝子のように含まれている――。さあ、いよいよ、楕円関数と保型形式の世界をつなぐ《谷山・志村の定理》について話そう」

10.6 谷山・志村の定理

10.6.1 二つの世界

谷山・志村の定理について話そう。私たちは今日、二つの世界を駆け抜けてきた。《楕円曲線の世界》では、楕円曲線 $y^2 = x^3 - x$ から数列 $s(p)$ を作った。《保型形式の世界》では、保型形式 $\Phi(z)$ から $F(q)$ を作り、そこから数列 $a(k)$ を作った。谷山・志村の定理は、この二つの世界が対応するという主張だ。

楕円曲線の例　　　　　　　　　　　　　　保型形式の例

$$y^2 = x^3 - x \quad \to \quad s(p) \quad (\,?\,) \quad a(k) \quad \leftarrow \quad q\prod_{k=1}^{\infty}\left(1-q^{4k}\right)^2\left(1-q^{8k}\right)^2$$

二つの数列 $s(p)$ と $a(k)$ は以下の表にまとめた。

$\mathbb{F}_p$	$\mathbb{F}_2$	$\mathbb{F}_3$	$\mathbb{F}_5$	$\mathbb{F}_7$	$\mathbb{F}_{11}$	$\mathbb{F}_{13}$	$\mathbb{F}_{17}$	$\mathbb{F}_{19}$	$\mathbb{F}_{23}$	$\cdots$
$s(p)$	2	3	7	7	11	7	15	19	23	$\cdots$

k	1	5	9	13	17	25	29	$\cdots$
$a(k)$	1	-2	-3	6	2	-1	-10	$\cdots$

素数に注目して一つの表にすれば、二つの世界がつながる。

問題 10-2（楕円曲線と保型形式に橋を架ける）

数列 $s(p)$ と、数列 $a(p)$ との関係を見出せ。

p	2	3	5	7	11	13	17	19	23	$\cdots$
$s(p)$	2	3	7	7	11	7	15	19	23	$\cdots$
$a(p)$	0	0	-2	0	0	6	2	0	0	$\cdots$

「あれ？　わかっちゃいました」とユーリが言った。

「ミルカさん、あたしもわかりました」とテトラちゃんが言った。

もちろん、僕もすぐにわかった。$s(p)$ は、楕円関数からの数列。$a(p)$ は、保型形式からの数列。なのに……なぜこんなにシンプルな関係があるんだ？

僕は楕円曲線と保型形式で遊べるという事実にも驚いた。有限体や q 展開の計算など、自分の手を動かして試すことができるとは……。もっとも、ミルカさんが切り出してくれたからできたことかもしれないけれど。

「何してるの？」とミルカさんが言った。「早く答えなさい、ユーリ」

「は、はい。数列 $s(p)$ と数列 $a(p)$ との間には、$s(p)+a(p)=p$ という関係があります。でも……すごーく不思議！」

解答 10-2（楕円曲線と保型形式に橋を架ける）

数列 $s(p)$ と数列 $a(p)$ との間には、

$$s(p)+a(p)=p$$

という関係がある。

楕円曲線と保型形式（旅の地図）

楕円曲線の世界		保型形式の世界
$\mathbb{Q}$ 上の $y^2=x^3-x$		$q\prod_{k=1}^{\infty}\left(1-q^{4k}\right)^2\left(1-q^{8k}\right)^2$
$\downarrow$		$\downarrow$
$\mathbb{F}_p$ 上の $y^2=x^3-x$		$\sum_{k=1}^{\infty}a(k)q^k$
$\downarrow$		$\downarrow$
$\mathbb{F}_p$ 上の解の数 $s(p)$ $\rightarrow$	$\boxed{s(p)+a(p)=p}$	$\leftarrow$ q^p の係数 $a(p)$

「楕円曲線と保型形式は、まったく違う由来を持っている」とミルカさんが言った。「それなのに、深いところで関連がある。私たちは一つの例を通してそれに触れた。楕円曲線と保型形式の間に一本の橋を架けた。このような対応が、すべての楕円曲線について存在する——これが谷山・志村の定理だ。楕円曲線と保型形式という二つの世界に、谷山・志村の定理は橋を架ける。——そして、二つの世界をつなぐ橋は、**ゼータ**でできている」

「ゼータ？」と僕が反応した。

「それは、またいつか話そう。いまはフライ曲線の話をしたい」

10.6.2　フライ曲線

フライは《フェルマーの最終定理が成り立たない》と仮定すると、ある楕円曲線が構成できることに気づいた。この楕円曲線を**フライ曲線**という。

フェルマーの最終定理が成り立たないとすると、どの二つをとっても《互いに素》な自然数 a, b, c と、3 以上の素数 p が存在して以下の式を満たす。

$$a^p + b^p = c^p$$

フライ曲線は、この自然数 a, b を使って構成する。

$$y^2 = x(x + a^p)(x - b^p) \qquad \text{(フライ曲線)}$$

10.6.3　半安定

「これから、フライ曲線が半安定であることを確かめよう。以下では、還元で使う素数を ℓ で表すことにする。これはフライ曲線 $y^2 = x(x+a^p)(x-b^p)$ に出てくる p と混乱しないためだ。さて、楕円曲線が《半安定》であるとは、素数 ℓ で楕円曲線を還元したときに《良い還元》か《乗法的還元》になるということだ。言い換えると、楕円曲線の方程式 $y^2 = x^3 + ax^2 + bx + c$ を有限体 $\mathbb{F}_\ell$ 上で考えたときに、$x^3 + ax^2 + bx + c = 0$ が重解を持たない（良い還元）か、重解は持つが二重解どまり（乗法的還元）のいずれかになるということ――つまりは三重解を持たないということだ」

ここでミルカさんは三秒ほど間を置く。

「フライ曲線は素数 ℓ で還元したとき三重解を持たない。なぜなら、素数 ℓ で還元したとき三重解を持つということは、三つの解 $x = 0, -a^p, b^p$ が素数 ℓ を法として合同になることだ。素数 ℓ を法としたとき、0 は ℓ の倍数を意味する。ということは、$-a^p, b^p$ の二数が共に ℓ の倍数になる必要がある。しかし、$a \perp b$ であるから、a と b に共通の素因数はない。つまり $-a^p, b^p$ の二数が共に ℓ の倍数になることはない。したがって、フライ曲線は重解を持ってもたかだか二重解。すなわち、フライ曲線は半安定となる。

ワイルズは《半安定な楕円曲線はモジュラーである》という定理を証明した。楕円曲線が**モジュラー**であるというのは、その楕円曲線が、モジュラー形式という保型形式の一種に対応が付けられるという意味。いわば《ワイルズの定理》は半安定な楕円曲線と保型形式とを結ぶ橋。これを使って、半安定なフライ曲線は保型形式と対応付けられる。保型形式にはレベルと呼ばれる数が定義でき、**セール**と**リベット**により、フライ曲線は《重さが 2 でレベルが 2 になる保型形式》に対応付けられた。ところが、保型形式の理論によれば《重さが 2 でレベルが 2 の保型形式は存在しない》ということが証明されている。ここで矛盾が生じる。

まとめると、こういうこと。フェルマーの最終定理が成り立たないことを仮定すればフライ曲線が作れる。これは《楕円曲線の世界》の話。フライ曲線という切符を握りしめ、ワイルズの定理という橋を渡って《保型形式の世界》へ移動する。そこにはフライ曲線に対応する保型形式が存在するはずだった。でも、そこで待ち受けていたのは《そのような保型形式は存在しない》という事実だった。これはすなわち、最初の仮定――《フェルマーの最終定理が成り立たない》が誤っていたからだ」

テトラちゃんがそっと手を挙げて言った。

「変な質問かもしれませんけれど……どうして《重さが 2 でレベルが 2 の保型形式は存在しない》んでしょうか」とテトラちゃんが訊いた。

「テトラ。あなたの疑問はとても正しい」とミルカさんは言った。「でも……そこから先はすぐには説明できない。ここから先、アリアドネの糸《迷路をたどる糸》をたぐっていくなら、楕円曲線や保型形式をはじめとする、数学の森へと分け入ることができる。——いつか、一緒に行きましょうね」

ミルカさんは、僕たちに向けて両腕を大きく広げた。

まるで、天使の翼のように。

◎ ◎ ◎

「恐れ入りますが、もう閉店です」カフェの従業員が僕たちのテーブルにやってきた。気づけば、店内には僕たち四人だけ。メモがテーブルに散乱している。

「そろそろ、帰ろうか」と僕が言った。

「ミルカさん、ありがとうございました」テトラちゃんがお辞儀をした。

「おもしろかったです。ミルカさま」とユーリが言った。

「ほんとにすごかった」と僕も賛同した。

「ふうん……そう？」ミルカさんはすっと目をそらした。

「次にミルカさまに会えるのは打ち上げのときですね……楽しみだにゃ！」

「来週の土曜」と僕が言った。

「期末試験の打ち上げの前には、期末試験というものがあるんですよぅ！」

テトラちゃんが両手を挙げて言った。

10.7 打ち上げ

10.7.1 自宅

期末試験も終わり、打ち上げの土曜日、夕刻。みんなが集まってきた。

「失礼します」とミルカさん。

「はい、いらっしゃい」と母が言った。

ミルカさんは、じっと母の顔を見る。

「あら……何か？」

「息子さんと、耳の形がそっくりですね」

「お、おおおおお邪魔します」テトラちゃんが緊張しつつ到着。

「コートはそちらのハンガーに掛けてね」と母が言った。

「大勢で押しかけてすんません」とエィエィ。
「エィエィさんのピアノ、楽しみなのよ」母は嬉しそうだ。

「ちーっす」とユーリ。
「ボーイフレンド連れてきぃひんかったんか？」とエィエィがからかう。
「必要ありませんから」

「はいはい、みなさん。リビングに集合！　ピザが届きましたよ！」
母が仕切っている。いつ、ピザに決まったんだ？
「ジュースは行き渡ったかしら。じゃあ、乾杯！」乾杯の音頭まで母さんとは。「……期末試験、どうでした？」
「ねえ、母さん……母さん！」
女の子たちとのおしゃべりに夢中だし。なんだかなあ……。

10.7.2 ゼータ・バリエーション

「ほなら、始めよか」エィエィがすっとピアノに向かう。
一音。
そしてまた一音。
エィエィは、たっぷりと間を置き、あちこちのキーをゆっくり叩く。
試し弾きをしているのだと思った。
でも違った。
鍵盤を左右に動く手がだんだん速くなる。ランダムに思えた音符の間が、別の音で埋められていく。ばらばらな音の集まりの中に、小さなパターンが生まれ始める。そして無数のパターンが絡《から》み始め、より大きなパターンを生み出していく。
そして、離散から連続へ！
気がつくと、僕は大海原に投げ出されていた。波、波、波、繰り返す波。エィエィがたたき出す音はうねってあふれ、僕を押し流す。奔流にもまれ、方向感覚を完全に失う瞬間——。

僕は静寂の浜辺に立ち、夜空を見上げていた。そこには、波の一つ一つ、細かな渦巻きに呼応するように、無数の星が輝く。そう、規則性がありそうな、なさそうな……。

《星を数える人と星座を描く人、お兄ちゃんはどっち？》

……と、われに返ると、エィエィの演奏はいつのまにか終わっていた。

沈黙。

三秒の後、手が痛くなるほどの拍手。

僕の家のピアノでも、こんな音が出せるのか！

「すごい……すごいです！ 何という曲ですか」とテトラちゃんが訊いた。

「ミルカたん作曲、ゼータ・バリエーション」とエィエィ。

「ゼータ変奏曲《variation》……ですか？」とテトラちゃんが言った。

「そう」とミルカさんが言った。「数学にあまねく広がるゼータにならって、ゼータ変奏曲。リーマンのゼータ関数だけがゼータじゃない。たくさんのゼータが絡みつつ存在する」

「そういえば、谷山・志村の定理で、二つの世界をつないでいるのは《ゼータ》だとおっしゃっていましたよね」とテトラちゃんが言った。

「そう。……簡単に話しておこう。楕円曲線 E に対して良い還元になる素数を使って関数 $L_E(s)$ を定義する。

$$L_E(s) = \prod_{\text{良い還元になる素数 } p} \frac{1}{1 - \frac{a(p)}{p^s} + \frac{p}{p^{2s}}}$$

この積を以下のような形式的級数で表現する。

$$L_F(s) = \sum_{k=1}^{\infty} \frac{a(k)}{k^s}$$

この数列 $a(k)$ を使って、以下のような q 展開の形を作る。

$$F(q) = \sum_{k=1}^{\infty} a(k)q^k$$

そうすると、$F(q)$ は、重さが2の保型形式になる。$L_E(s)$ は楕円曲線という代数的な対象につながるゼータ。$L_F(s)$ は保型形式という解析的な対象につながるゼータ。すべての楕円曲線には、**ゼータ**を介してつながる保型形式が存在する。これが、谷山・志村の定理だ。

代数的ゼータ ＝ 解析的ゼータ

$$\prod_{\text{良い還元になる素数 } p} \frac{1}{1 - \frac{a(p)}{p^s} + \frac{p}{p^{2s}}} = \sum_{\text{自然数 } k} \frac{a(k)}{k^s}$$

一方、オイラー積とリーマンのゼータ関数を見よう。こちらでは《素数を巡る積》と《自然数を巡る和》が等しい。ほら、似ているね。

オイラー積 ＝ リーマンのゼータ関数

$$\prod_{\text{素数 } p} \frac{1}{1 - \frac{1}{p^s}} = \sum_{\text{自然数 } k} \frac{1}{k^s}$$

「似ているといえば似ていますが……両方を《ゼータ》というのは、すさまじく《おおらかな同一視》ですね」とテトラちゃんが言った。

「ねえ、ユーリちゃん」母がささやく。「こんな難しい話、わかるの？」

「いえ、わからないです」

「数学って、何かの役に立つのかしら……」と母がため息をついた。

「何の役に立つかはわかりませんけど——ユーリ、数学、好きですよ！」

◎　◎　◎

「最後の１ピースもらっていいかな」と僕はピザに手を伸ばす。

「あ！」とユーリが言った。

「ん？ 食べたい？ ——じゃ、いいよ」

「うれしいにゃ」

「そういえば、ミルカさんの原始ピタゴラス数の解法はおもしろかった」

「ミルカさまの解法？ お兄ちゃん、それどんな問題？」

僕はユーリに、《原始ピタゴラス数は無数にあるか》という問題の説明をし、僕とミルカさんの解法を手短に解説した。

10.7.3 生産的孤独

「ライト、少し落としてくれへんかな」エィエィはそう言って、バッハを静かなジャズふうに弾き始めた。ひたすら BGM 係をつとめるつもりらしい。リラックスした雰囲気が部屋に漂う。

「どうしてワイルズさんは——」とテトラちゃんが言い出した。「たった一人で証明を完成させようと思ったんでしょうか。七年間もの間、書斎にこもって。すごい孤独ですよね。みんなで協力すれば早く証明できるのに」

「自分の夢を、一人で実現させたいと思ったんだろう」とミルカさんは言った。「でも、ワイルズですら、すべてを一人でやったわけではない。数学は積み重ねの学問だ。どんな天才も、ゼロからすべての数学を作ったわけではない。他の人の無数の証明の上に立っている」

「孤独か……」と僕は言った。「ユーリはよく《一緒に考えるの好き》と言うけど、アイディアって、個人の頭脳から生まれるものだよね。話し合って《一緒に考える》状態が生まれるとしても」

あれ、ユーリはどこかな……見回すと、部屋の隅で何か書いている。

「出産と同じね」とお茶を持ってきた母が言った。「愛する旦那さまはいる。お医者さんもいる。でも《産む》のは母になる人だけ。代わることは誰にもできない。子にとって、母はたった一人なのよ」

「孤独な人は手紙を書く」とミルカさんが言った。「孤独な数学者は論文を書く。未来の誰かに伝えるために、論文という名の手紙を書く」

「書けば、孤独ではなくなります」とテトラちゃんがぽつりと言った。「すぐには受け止めてもらえなくても、言葉にすることは大切ですよね……」

「確かに、サミュエルが出版しなかったら、フェルマーの最終定理は僕たちに伝わらなかったかもしれないな」

「歴史って、奇跡の積み重ねですよ」とテトラちゃん。

10.7.4　ユーリのひらめき

「お兄ちゃん、お兄ちゃん！」黙っていたユーリが急に叫んだ。「まずね、平方数をずらっと並べておくんだよ」

「ユーリ、いったい何の話？」

おほん、と咳払いをしてユーリは話し始めた。

「さっきの問題《原始ピタゴラス数は無数にあるか》の話。平方数をずらっと並べておいて、隣と引き算する」

1　4　9　16　25　36　平方数

3　5　7　9　11　引き算

「そうすると、引き算の結果には、奇数が並ぶよね」

「《階差数列》っていうんだよ」と僕は言った。

「ユーリ、あなたは賢い」とミルカさんが言った。

ミルカさんは何を感心しているんだ？

「にゃはっ。ミルカさまにはもう読まれてしまったにゃ。引き算のところ——かいさすうれつ？——にはすべての奇数が出てくるから、奇数の平方数も出てくるよね。たとえば、さっき書いた数列でも、9っていう奇数の平方数が出てきてた。$3^2 = 9$ だから 9 は平方数だよね。つまりさ、平方数に奇数の平方数を足したら、次の平方数になるってことじゃん。これって無数の原始ピタゴラス数を生むんじゃないの？」

1　4　9　$\underline{16}$　$\underline{25}$　36　…

3　5　7　$\underline{9}$　11　…

$$
\begin{aligned}
9 &= 25 - 16 && \text{階差数列の意味から} \\
3^2 &= 5^2 - 4^2 && \text{平方の形で表現する} \\
3^2 + 4^2 &= 5^2 && \text{両辺に } 4^2 \text{ を加える}
\end{aligned}
$$

「ね、ここでは原始ピタゴラス数 $(3,4,5)$ が見つかった。……でも、これって偶然見つかったわけじゃないよ。階差数列のところにはすべての奇数の平方数が出てくる。つまり、こんなふうになっている (a,b,c) が無数に見つかることになるよね。ここから先、何を言えばいいかわからないけれど……」

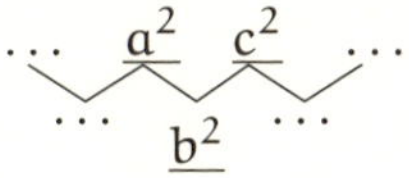

そうか、ユーリのやり方なら、無数に存在する奇数の平方数から、無数の原始ピタゴラス数を構成できるんだ。

「定式化は弱い」とミルカさんが言った。「それに《互いに素》を示していない。けれども、大事な考え方はユーリがすべて述べている」

「ミルカさま……続きお願いしていいですか？」とユーリが言った。

「バトンは、お兄ちゃんに渡そう」とミルカさんが言った。

「はいはい」と僕は応じて、説明を始めた。

◎　◎　◎

これから、原始ピタゴラス数が無数にあることを示す。

まず、平方数の列を用意する。

$$\ldots, (2k)^2, (2k+1)^2, \ldots$$

階差数列は、$(2k+1)^2 - (2k)^2$ を計算して求められる。

$$
\begin{aligned}
(2k+1)^2 - (2k)^2 &= (4k^2 + 4k + 1) - (2k)^2 && (2k+1)^2 \text{ を展開した} \\
&= (4k^2 + 4k + 1) - 4k^2 && (2k)^2 \text{ を展開した} \\
&= 4k + 1 && \text{計算して } 4k^2 \text{ が消えた}
\end{aligned}
$$

つまり、こういうことだ。

$\cdots \quad (2k)^2 \quad (2k+1)^2 \quad \cdots$

$\cdots \quad 4k+1 \quad \cdots$

いま得られた $4k+1$ という式は、k に適当な数を入れれば、奇数の平方数になる。$4k+1=(2j-1)^2$ つまり $b=2j-1$ として具体的に考えよう。

$$
\begin{aligned}
4k+1 &= (2j-1)^2 && \text{奇数の平方数として表現} \\
&= 4j^2 - 4j + 1 && \text{展開した} \\
&= 4j(j-1) + 1 && 4j \text{ でくくった}
\end{aligned}
$$

つまり、$k=j(j-1)$ とすれば $4k+1$ は平方数になる。$j=2$ なら $k=2$ で、そのとき $4k+1=9=3^2$ になる。つまり、$j=2$ で $(a,b,c)=(4,3,5)$ というピタゴラス数を得た。

$j=3$ のとき、$k=6$ となり、$(a,b,c)=(12,5,13)$ となる。

$j=4$ のとき、$k=12$ となり、$(a,b,c)=(24,7,25)$ となる。

j を増やしていくと、ピタゴラス数を無数に作ることができる。

あとは、作られたピタゴラス数が原始ピタゴラス数になることを示せばいい。このため、(a,b,c) のどの二つも《互いに素》であることを証明する。

$c \perp a$ は、$c=a+1$ から明らか。……だよね。だって c と a の二数が共通の素因数 p を持っていたら、$c-a$ は p の倍数になるはずだ。でも $c-a$ は 1 に等しい。だから、c と a は《互いに素》になる。

$b \perp c$ を証明する。b と c の最大公約数を g として、$b=gB, c=gC$ と置く。

$$
\begin{aligned}
a^2 + b^2 &= c^2 && a, b, c \text{ はピタゴラス数なので} \\
a^2 &= c^2 - b^2 && b^2 \text{ を移項した} \\
a^2 &= (gC)^2 - (gB)^2 && b = gB, c = gC \text{ を代入した} \\
a^2 &= g^2C^2 - g^2B^2 && \text{計算した} \\
a^2 &= g^2\left(C^2 - B^2\right) && g^2 \text{ でくくった}
\end{aligned}
$$

最後の式 $a^2 = g^2\left(C^2 - B^2\right)$ から、a^2 は g^2 の倍数。つまり a は g の倍数になる。ところで、$c = gC$ だから、c も g の倍数である。つまり、g は a と c の公約数になる。一方、$c \perp a$ なのだから a と c の公約数 g は 1 に等しくなる。

b と c の最大公約数 g が 1 に等しいのだから、$b \perp c$ がいえた。同じようにして $a \perp b$ もいえる。

以上で、無数の原始ピタゴラス数が作れることを示せた。

◎　◎　◎

「先輩！ これって、辺の差が 1 の直角三角形ですよ。あたし、手がかりじゃないかなあって思ってたんですよね……」

「確かに」僕は、探し方が偏っているだけだと思っていた……。

「賢い子、大好きよ」とミルカさんが言った。「ユーリ、ちょっとおいで」

「はい……？」とユーリが言った。

「待った」と僕がユーリを止めた。

10.7.5 偶然じゃなくて

エィエィのピアノを聞いて、たくさんおしゃべりをして、ユーリの証明を聞いて……。アルコールなしでも雰囲気に酔っちゃうな。僕はひとり、廊下に出て《酔い》をさます。

ふう……。壁によりかかって、そのままずるずると座り込む。しかし、ユーリにはやられたなあ。《原始ピタゴラス数の一般形》や《t でパラメトライズする方法》を先生ぶって教えた。でも、ユーリは自分で考えて、自分なりの証明を見つけ出した。しかも、それは、テトラちゃんが示唆していた道だった。僕はテトラちゃんの邪魔をしてたのか。《教師失格》とミルカさんにも言われたことがあったっけ。まずい。落ち込んできたぞ……。

テトラちゃんが部屋から出てきた。

「どうしたんですか、先輩。気分でも悪いんですか？」

心配そうな顔で、僕の前にしゃがむ。テトラちゃんの甘い香り。

「いや、ちょっと一人で反省会」

「……？　そういえば、先輩。あの《エムの謎》解けました？」

イニシャルＭの謎。テトラちゃんのアクセサリ。

「降参。愛の分だけずれてる——だっけ」

「i の偏角分ずれているんですよ」とテトラちゃんは楽しそうに言った。「あのアクセサリ、Ｍじゃないんです。Ｍ《エム》を 90° 左に回した $\sum$《シグマ》のつもりなんです。数学大好きテトラとしては $\sum$ がほしかったんですけどね。Ｍで代用です」

「さすがに、シグマのアクセサリはどこにも売ってないと思うよ」

「ギリシアなら売ってるかもしれませんね」

「じゃ、誰かさんのイニシャルじゃないのか……」imaginary boyfriend?

「誰かさんって……あ、ミルカさんのＭとか？」

「あ、いや……。そういえば……図書室でのかくれんぼのとき、僕は何も言えなかったけど——」

テトラちゃんは、僕の言いかけた言葉に顔を赤らめ、両手を広げてばたばた振った。ストップ、の印。僕は口をつぐむ。

「先輩……。出会いは偶然ってよく言いますよね。でも……先輩に出会えたのは偶然じゃなくて——奇跡なんですよ！」

テトラちゃんは真っ赤になってそう言うと、飛ぶようにリビングに戻った。

10.7.6　きよしこの夜

「最後は、みんなで定番の曲を歌いましょうよ！」と母が言った。

曲は──《きよしこの夜《よる》》。

もうすぐ閉じようとしている今年──いろんなことがあった。数学の歴史に比べたら、僕の一年など、ささやかなものだけれど、僕に──僕たちにとっては、かけがえのない一年だ。

曲が終わる。拍手！　みんな、頬を紅潮させている。

「さ、それじゃ……みんなで、あとかたづけターイム！」と母が言った。「お姫様たちは、うちの騎士《ナイト》に送らせるからご安心を！」僕の肩を叩く。

「母さん……なぜそんなに突っ走る？」と僕が言った。

「君とそっくりだ」とミルカさんが言った。

10.8 アンドロメダでも、数学してる

すべてがかたづき、僕たちはぞろぞろ駅に向かう。もうすっかり暗い。残念ながら夜空に星は見えない。みんな、白い息を吐いている。

「ユーリちゃんの別証明、すごかったね」とテトラちゃんが言った。

「テトラさんにほめらりちゃった」

「うん、あれは僕も見逃していた」

「お兄ちゃん……頭、なでさせてやってもいいぞ」

僕は、ユーリの栗色の髪をなでさせていただいた。

「フェルマーの最終定理に別証明はないんですか」テトラちゃんが言う。

「初等的な証明はない」いちばん前を歩いていたミルカさんが振り向いた。「……というのが数学者の意見。それはきっと正しい。でも、もっとシンプルな証明が作れるような、新しい数学がこれから見つかるかもしれない」

　　《負の数》を見つけたように？

　　《複素数》を見つけたように？

「そんなこと、起きるんでしょうか」とテトラちゃん。

「ピタゴラスの定理の逆を使えば、直角を作ることができる。これは当時の最先端のテクノロジー。でもいまや小学校で学ぶ。二次方程式の解法、複素数、行列、微積分……かつてはそのすべてが最先端だった。でも現在は中

学・高校で学ぶ。としたら《フェルマーの最終定理の証明》を学校で学ぶときが来るかもしれない」

「なるほど……」テトラちゃんが頷いた。

「私たちは現在にしか生きられない」とミルカさんは続けた。寒さのためか、頬が赤い。「しかし、歴史という時間軸上に散らばっている無数の数学が《いま》という一点に射影されている。私たちはそれを学べる」

射影——？　僕は、ひとり立ち止まる。ミルカさんのその一言で、僕は、過去から未来までを貫く光の矢を見た。

《ほんとうの姿》——天の川に浮かぶ星が《細かい》だなんてとんでもない。僕たちの目に見えるくらいの星は、実はとてつもなく巨大だ。星が《集まっている》だなんてとんでもない。実は何光年も離れているじゃないか。

細かく見えるのも、集まって見えるのも、射影のマジックだ。僕たちは、自分の網膜に射影された、遠い過去からの星の影を見ているのだ。地球から離れた星の住人が空を見上げれば、まったく異なる星座を目にするだろう。

でも——数学はどうだろう。もしも数えるという概念が遠い星の住人にあるなら、素数という概念もあるのではないか。割り切れるということに特別の意味を感じ取るのではないか。互いに素という概念もおそらくあるだろう。合同を使って無限を折りたたもうとするのではないか。

フェルマーの最終定理は、数学に最大の貢献をした問題だ。たくさんの数学者とたくさんの数学を生み出した。

次の方程式は $n \geqq 3$ で自然数解を持たない。

$$x^n + y^n = z^n$$

フェルマーの最終定理は、他の星からもよく見えるひときわ明るい星だ。

ダビデの星が東方の賢者を導いたように、フェルマーの最終定理は、数学を志す者を導く道しるべとなった。ワイルズ自身も、フェルマーの最終定理に出会って数学を志した。ワイルズ少年、十歳のころ。

空間的距離は本質ではない。時間的距離も本質ではない。

いくら離れていてもいい。いくら隔たっていてもいい。

宇宙と歴史を貫く共通のコトバ——数学。

「アンドロメダでも、数学してる」と僕は言った。

先を歩いていたみんなが振り向いた。
「お兄ちゃん、何言ってるの？」とユーリが言った。
「アンドロメダでも、数学してるのが見えたんだよ」と僕は言う。
「そこにも図書室はありましたか」とテトラちゃんが微笑んだ。
「住む星を法として、私たちに合同な宇宙人はいたかな」とミルカさんが言った。

僕たちは、数学に出会った。僕たちは、数学を介して出会った。
できることも、できないこともある。わかることも、わからないこともある。でも、それでいいのだ。——数学を楽しもう。時空を越えた仲間と共に、星を数え、星座を描こう！

「あ！」テトラちゃんが上を指さす。
「ふうん……」ミルカさんが微笑んで夜空を仰ぐ。
「ナイスタイミングやな」エィエィが口笛を吹く。
「お兄ちゃん——！」ユーリが叫んだ。

僕は、空を見上げる。

ああ、天も——
天もまた、数学を楽しんでいる。

無数の正六角形の結晶が、舞い降りてきた。

「お兄ちゃん——雪だ！」

〔数学を生き生きと把《とら》えるためには〕
勉強したことを自分なりの方法で再編成して見、
更に新しいことを考える。少くとも考えようと努力すること、
即ち一口に云って“研究”と呼ばれることが最も役に立つ。
——谷山豊 [27]

エピローグ

かがやく銀河。
あたたかい手。
ほのかにゆれる声。
光の加減で金色に変わる、栗色の髪……。

「先生？」
「えっ？」
「先生！ ——だめですよ、職員室で居眠りしてちゃ」少女の声。
「……寝てなんかいないよ」

「$x^2+y^2=1$ の円周上には無数の有理点」少女は詩を諳《そら》んじる。
「正解。二問目は？」
「$x^2+y^2=3$ の円周上にはゼロ個の有理点」
「正解」

「円って、奥が深いんですね」少女はくふふふっ、と笑う。
「そうだね。無限が絡《から》むと《ほんとうの姿》をとらえるのは難しい。ほら、フェルマーの最終定理が証明されたって噂が 20 世紀の終わりにあったよね。あれも無限が絡んでいたから……」
「噂って……実際に証明されたっすよ」けげんそうな声。
「あれ？ 反例が見つかったって話、知らないの？」少女にカードを渡す。
「反例……ですと？」

フェルマーの最終定理の反例(?)

$$951413^7 + 853562^7 = 1005025^7$$

$$\begin{aligned} &7056406135759420556613798029086379852067 17 \\ &+33009998641837592320114035208228854321420 8 \\ &= 10357405999943179788625201549909265284209 25 \end{aligned}$$

「うそくさいなあ……951413, 853562, 1005025 の一の位で検算します」

$$\begin{aligned} 951413^7 &\equiv 3^7 \equiv 2187 \equiv 7 && \pmod{10} \\ 853562^7 &\equiv 2^7 \equiv 128 \equiv 8 && \pmod{10} \\ 1005025^7 &\equiv 5^7 \equiv 78125 \equiv 5 && \pmod{10} \end{aligned}$$

「むむ。$7 + 8 \equiv 5 \pmod{10}$ だから、確かに、

$$951413^7 + 853562^7 \equiv 1005025^7 \pmod{10}$$

にはなってる……」

しばらくして、少女は笑い出す。

「先生！ 951413 は円周率 3.14159 の数字の逆並び！ ひどい冗談」

「気づいたか……」

$$951413^7 + 853562^7 = \underline{10357}4059999431797886252015499092652842092\underline{5}$$

$$1005025^7 = \underline{10357}0972646185896809923228223511352539062\underline{5}$$

「これ、わざわざ探したんすか」

「まあね」

「ところで先生、壁に貼ってあるこれって星座……？」
「違うよ。これは楕円曲線 $y^2 = x^3 - x$ を 23 で還元したときの点」

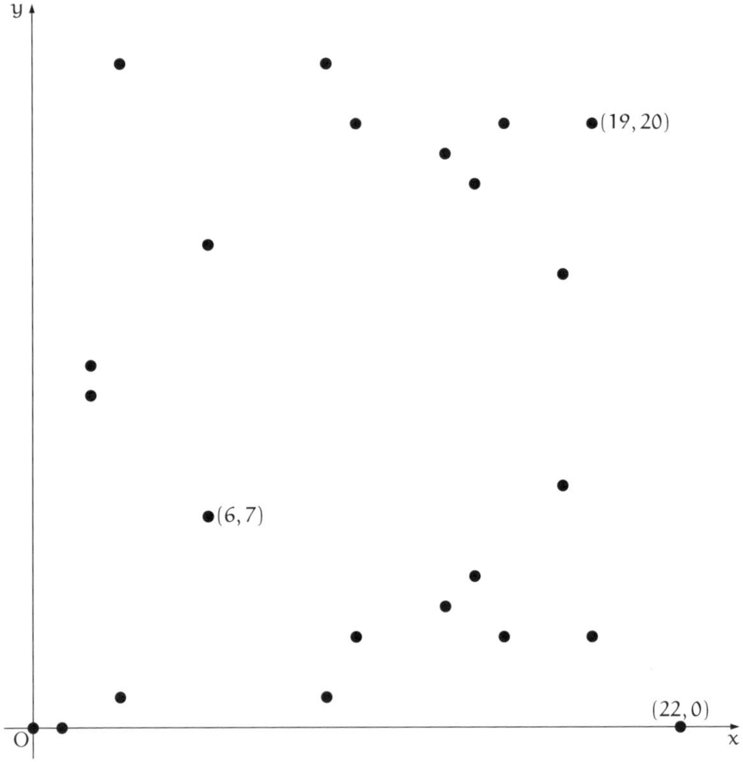

$\mathbb{F}_{23}$ **における** $y^2 = x^3 - x$ **上の点**

「何か、規則性があるの……かな？」
少女は何がおかしいのか、くふふふっとまた笑う。
「自分の手で描いてみたらどうかな。パターンが見つかるかもしれないよ」
「やってみよっかな……じゃ、先生、また明日ね！」
「うん。帰り、車に気をつけて」
「はいはーい。……あ、今晩、雪になるとの情報入手！」

「ありがとう」
「では、さらばですっ」少女は、指をぴぴぴぴっと振る。

雪か――。
僕は雪を思い、星を思い、無限を思い――そして、彼女たちのことを思う。

実際，私はためらうことなく言明したいと思う．
この書物には明らかに新しい事物の数々がおさめられているが，
それぱかりではなく泉もまたあらわになっていて，
そこからなお多くの際立った発見が汲まれるのである，と．
――オイラー [24]

あとがき

やれやれ、もっとうまくデッサンできるように、
勉強しておくべきだったと思います。
うまく仕上げようとするには、
なんて大変な努力と辛抱が必要なんでしょう。
——エッシャー（坂根厳夫訳）

結城浩です。

『数学ガール／フェルマーの最終定理』をお届けします。

本書は、オイラー生誕 300 年記念として 2007 年に出版された前作『数学ガール』の続編にあたります。登場人物は、前作の「僕」、ミルカさん、テトラちゃんに加えて従妹《いとこ》のユーリ。彼ら四人を中心として、数学と青春の物語が展開していきます。

前作は、たくさんの数式を含んだ内容にもかかわらず、非常に多くの読者からご愛読いただきました。実際、私自身も、出版社さんも驚くほどの反響がありました。みなさんの応援のおかげで、このように続編を上梓することができました。あらためて感謝します。ありがとうございます。

本書を書いている間、登場人物の喜びや驚きを、私もずっと感じていました。数学って、すごい。みなさんにもそのことを感じていただければ幸福です。

本書は、前作同様、$\LaTeX 2_\varepsilon$ と Euler フォント (AMS Euler) を使って組版しました。 組版では、奥村晴彦先生の『$\LaTeX 2_\varepsilon$ 美文書作成入門』に助けられました。感謝します。図版はすべて、大熊一弘さん（tDB さん）が開発した、初等数学プリント作成マクロ emath を利用しました。感謝します。

原稿を読み、貴重なコメントを送ってくださった以下の方々に感謝します。

ayko さん、 五十嵐龍也さん、 石宇哲也さん、 上原隆平さん、 金矢八十男さん（ガスコン研究所）、川嶋稔哉さん、 篠原俊一さん、 相馬理美さん、 竹内昌平さん、 田崎晴明さん、 花田啓明さん、 前原正英さん、 松岡浩平さん、 三宅喜義さん、 村田賢太（mrkn）さん、 矢野勉さん、 山口健史さん、 吉田有子さん。

読者さんたち、私の Web サイトに集う友人たち、いつも私のために祈ってくれているクリスチャンの友人たちに感謝します。

本書が完成するまで辛抱強く支えてくれた野沢喜美男編集長に感謝します。また、前作『数学ガール』を愛読くださっている無数の読者さんに感謝します。みなさんが送ってくださる感想は涙が出るほどうれしいです。

最愛の妻と二人の息子に感謝します。特に、原稿を読んでコメントしてくれた長男に感謝します。

すばらしい問題を残してくれたフェルマーと、すばらしい解決を成し遂げてくれたワイルズと、すべての数学者に本書を捧げます。

本書を読んでくださり、ありがとうございます。またいつか、どこかでお会いできるといいですね。

結城　浩

2008 年、一冊の本に宇宙のかけらを収める不思議議を思いながら

http://www.hyuki.com/girl/

参考文献と読書案内

書庫の鍵をあげよう
足りなければ図書館に行くといい
おまえが知りたいと思う答の半分は本の中にある
(半分だけ…？ 残りの半分の答は？)
それはまだ 誰も知らない
——坂田靖子『バジル氏の優雅な生活』

読み物

[1] 結城浩,『数学ガール』, ソフトバンククリエイティブ, ISBN978-4-7973-4137-9, 2007 年.

「僕」、ミルカさん、それにテトラちゃんの三人の出会いと活躍を描いた読み物です。高校生三人組が放課後の図書室で、教室で、喫茶店で、学校の数学とはひとあじ違う数学に挑戦します。

[2] Simon Singh, 青木薫訳,『フェルマーの最終定理——ピュタゴラスに始まり、ワイルズが証明するまで』, 新潮社, ISBN4-10-539301-4, 2000 年.

フェルマーの最終定理が生まれ、ワイルズがそれを証明するまでをドラマティックに描いた読み物です。特に、ワイルズがいったん発表した証明に不備が見つかり、それを克服するくだりは圧巻です。文庫版が新潮文庫から出版されています。

[3] 高木貞治,『近世数学史談』, 岩波書店, ISBN4-00-339391-0, 1995 年.

ガウス、コーシー、ディリクレ、ガロア、アーベルなど多くの数学者の生涯と業績をおもしろく記した読み物です。

高校生向け

[4] 松田修＋津山工業高等専門学校数学クラブ『11 からはじまる数学——k-パスカル三角形, k-フィボナッチ数列, 超黄金数』, 東京図書, ISBN978-4-489-02027-8, 2008 年.

四人の高専生の「数学クラブ」で行われた研究活動をまとめた本です。いわば、実世界の数学ボーイ、数学ガールたちの行った、パスカル三角形やフィボナッチ数列に関する研究ですね。数学の研究を自分なりに始めてみたい、楽しみたいと思う高校生および教師への大きなヒントと励ましになるでしょう。〔参考：第 7 章末尾の引用〕

[5] 芹沢正三,『素数入門——計算しながら理解できる』, 講談社, ISBN4-06-257386-5, 2002 年. （正誤表 http://shop.kodansha.jp/bc/books/bluebacks/images/seigo.pdf）

初等整数論の具体的な問題が多数書かれており、自分で計算や論証を楽しみながら読むことができる良書です。〔参考：第 7 章の群・環・体の記述〕

[6] 黒川信重,『オイラー、リーマン、ラマヌジャン』, 岩波書店, ISBN4-00-007466-0, 2006 年.

オイラー、リーマン、ラマヌジャンという三人をモチーフに、ゼータの世界の不思議さが語られている本です。〔参考：第 10 章のプリズムの比喩、代数的ゼータと解析的ゼータ〕

[7] 小林昭七,『なっとくするオイラーとフェルマー』, 講談社, ISBN4-06-154537-X, 2003 年.

数論のおもしろい話題を集めた本です。〔参考：第 8 章の FLT(4) の証明〕

[8] 足立恒雄,『フェルマーの大定理が解けた！——オイラーからワイルズの証明まで』, 講談社, ISBN4-06-257074-2, 1995 年.

フェルマーの最終定理を、楕円曲線という観点でまとめた読み物です。数式もたくさん出てきますが、数式を飛ばしても大きな流れが

つかめるように工夫されています。〔参考：第 2 章の単位円とピタゴラス数の関係〕

[9] 足立恒雄, 『フェルマーの大定理——整数論の源流』, 筑摩書房（ちくま学芸文庫）, ISBN4-480-09012-6, 2006 年.

数学者の人物像、歴史的背景、数学的内容と、多次元的にフェルマーの最終定理を描いている本です。数学の記述の度合いが絶妙で、数学的な内容に興味のある読者にも読み応えのある内容になっています。〔参考：第 10 章のフェルマーの最終定理の歴史〕

[10] 足立恒雄, 『フェルマーを読む』, 日本評論社, ISBN4-535-78153-2, 1986 年.

ディオファントスの『算術』にフェルマーが書き込んだ 48 項の書き込みを解説した本です。〔参考：第 10 章の『算術』の解説〕

[11] 志賀浩二, 『数学が育っていく物語（第 2 週）——解析性　実数から複素数へ』, 岩波書店, ISBN4-00-007912-3, 1994 年.

先生と生徒の対話を交えながら、数学を語っていく本です。数学者の人となりについても触れられており、静かでゆったりした気持ちになれる数学書です。〔参考：第 5 章の複素数〕

[12] 矢野健太郎＋高橋正明, 『改訂版 複素数（モノグラフ 9）』, 科学新興新社, ISBN4-89428-166-X, 1990 年.

高校生向けの参考書です。モノグラフシリーズは、特定のトピックに興味を持った高校生が、より深く学ぶのに適しています。〔参考：第 5 章の複素数の積〕

[13] 福田邦彦＋石井俊全, 『数学を決める論証力』, 東京出版, ISBN4-88742-048-X, 2001 年.

証明を構成する力を養う参考書です。背理法、数学的帰納法などの有名な証明法はもちろんのこと、受験生が陥りやすい証明の誤りを解説しています。〔参考：第 4 章の $\sqrt{2}$ が無理数であることの別証明〕

[14] 栗田哲也＋福田邦彦, 『マスター・オブ・整数』, 東京出版, ISBN4-88742-017-X, 1998 年.

素因数分解、最大公約数、オイラー関数、互いに素、ピタゴラス数など、整数に関する話題を解説する参考書です。〔参考：第 4 章の $\sqrt{2}$ が無理数であることの別証明、第 5 章の格子点の問題〕

[15] 吉田武,『虚数の情緒——中学生からの全方位独学法』, 東海大学出版会, ISBN4-486-01485-5, 2000 年.

数学と物理を中心に、基礎から手を動かすのをいとわずに積極的に学んでいくという大著です。圧倒されるようなおもしろさがあります。

大学生向け

[16] 『岩波数学入門辞典』, 岩波書店, ISBN4-00-080209-7, 2005 年.

数学の用語をわかりやすく解説した辞典です。

[17] 高木貞治,『初等整数論講義 第 2 版』, 共立出版, ISBN4-320-01001-9, 1971 年.

古典的な整数論の本です。

[18] 加藤和也,『解決！フェルマーの最終定理——現代数論の軌跡』, 日本評論社, ISBN4-535-78223-7, 1995 年.

フェルマーの最終定理の証明と、それに関連した数学を解説した本です。月刊誌『数学セミナー』での連載をまとめたもので、高度な数学が、多彩な比喩と昔話を使って語られ、イメージ豊かに数学をとらえることができます。

[19] 藤崎源二郎＋森田康夫＋山本芳彦,『数論への出発 増補版』, 日本評論社, ISBN4-535-78362-4, 2004 年.

初等整数論からフェルマーの最終定理まで、コンパクトにまとまっている参考書です。〔参考：第 10 章〕

[20] Ronald L. Graham, Donald E. Knuth, Oren Patashnik, 有澤誠＋安村通晃＋萩野達也＋石畑清訳,『コンピュータの数学』, 共立出版, ISBN4-320-02668-3, 1993 年.

和を求めることをテーマにした離散数学の本です。〔参考：第 3 章

の素数指数表現、a ⊥ b という表現〕

[21] David Gries, Fred B. Schneider, 『コンピュータのための数学——論理的アプローチ』, 日本評論社, ISBN4-535-78301-2, 2001 年.

思考の道具として論理を身につけることを目標にした離散数学の本です。

[22] Philip J. Davis, Reuben Hersh, 柴垣和三雄 + 清水邦夫 + 田中裕訳, 『数学的経験』, 森北出版, ISBN4-627-05210-3, 1986 年.

数学というもののトピックを多角的に集めた読み物です。話題が広範囲すぎて読みにくい部分もあるのですが、考えさせられる内容を含んでいます。

[23] Joseph H. Silverman, John Tate, 足立恒雄他訳, 『楕円曲線論入門』, シュプリンガー・フェアラーク東京, ISBN4-431-70683-6, 1995 年.

数論的な側面に焦点をあてた楕円曲線の入門書です。

[24] Leonhard Euler, 高瀬正仁訳, 『オイラーの解析幾何』, 海鳴社, ISBN4-87525-227-7, 2005 年.

レオンハルト・オイラー自身が書いた幾何の本です。座標、曲線、関数について、オイラー自身の文章で味わうことができます。たくさんの具体例が登場し、オイラーがいかに具体的な例を重視していたかがよくわかります。

大学院生・専門家向け

[25] 加藤和也 + 黒川信重 + 斎藤毅, 『数論 I——Fermat の夢と類体論』, 岩波書店, ISBN4-00-005527-5, 2005 年.

数論の教科書です。数の不思議さ、素朴な驚きを体験しつつ本格的な数学を学べるように工夫されています。本書執筆の際に大きな助けとなりました。〔参考：第 2–4 章、第 7 章、第 10 章の構成〕

[26] 黒川信重 + 栗原将人 + 斎藤毅, 『数論 II——岩澤理論と保型形式』, 岩波書店, ISBN4-00-005528-3, 2005 年.

上記『数論 I』の続きです。〔参考：第 2–4 章、第 7 章、第 10 章の構成〕

[27] 谷山豊, 『谷山豊全集［増補版］』, 日本評論社, ISBN4-535-78209-1, 1994 年.

谷山・志村の定理を生み出した谷山豊の全集です。谷山豊の論文、評論、随筆、書簡などを収めており、後に《谷山・志村の定理》として定式化される谷山の問題も収録されています。

[28] Andrew Wiles, "Modular Elliptic Curves and Fermat's Last Theorem", *The Annals of Mathematics*, 2nd Ser., Vol. 141, No. 3 (May, 1995), pp. 443–551.

フェルマーの最終定理を証明したワイルズの論文です。109 ページ、5 つの章にわたる論文です。たとえフェルマーが同じ証明を持っていたとしても、これだけの分量では余白に書けませんね。

Web サイト

[29] `http://itsoc.org/review/05pl1.pdf`, Gerhard Frey, "The Way to the Proof of Fermat's Last Theorem".

フライ曲線を発想した Gerhard Frey による、フェルマーの最終定理解決の歴史です。〔参考：第 10 章の構成〕

[30] `http://www.hyuki.com/girl/`, 結城浩,『数学ガール』.

数学と少女が出てくる読み物を集めているページです。『数学ガール』の最新情報はここにあります。

「好きで読んでる本のほうが難しいって、変なの」
「好きで読む本はいつも、自分の理解の最前線だからね」
——『数学ガール／フェルマーの最終定理』 [30]

索引

第 2 章（p.60）でミルカさんは「《原始ピタゴラス数が無数にある》と《単位円周上に有理点が無数にある》は同値」と述べています。「《原始ピタゴラス数が無数にある》ならば《単位円周上に有理点が無数にある》」は自明ですが、逆の「《単位円周上に有理点が無数にある》ならば《原始ピタゴラス数が無数にある》」には、多少の議論が必要になります。

第 8 章で「僕」は素粒子よりも小さな粒子という意味でクォークという語を使っていますが、現在クォークは素粒子の一種です。また将来、クォークが内部構造を持つとわかればクォークを構成する粒子のほうが新たに素粒子と呼ばれます。

●結城浩の著作

『C 言語プログラミングのエッセンス』，ソフトバンク，1993（新版：1996）
『C 言語プログラミングレッスン　入門編』，ソフトバンク，1994（改訂第 2 版：1998）
『C 言語プログラミングレッスン　文法編』，ソフトバンク，1995
『Perl で作る CGI 入門　基礎編』，ソフトバンクパブリッシング，1998
『Perl で作る CGI 入門　応用編』，ソフトバンクパブリッシング，1998
『Java 言語プログラミングレッスン（上）（下）』，ソフトバンクパブリッシング，1999
（改訂版：2003）
『Perl 言語プログラミングレッスン　入門編』，ソフトバンクパブリッシング，2001
『Java 言語で学ぶデザインパターン入門』，ソフトバンクパブリッシング，2001
（増補改訂版：2004）
『Java 言語で学ぶデザインパターン入門　マルチスレッド編』，
ソフトバンクパブリッシング，2002
『結城浩の Perl クイズ』，ソフトバンクパブリッシング，2002
『暗号技術入門』，ソフトバンクパブリッシング，2003
『結城浩の Wiki 入門』，インプレス，2004
『プログラマの数学』，ソフトバンクパブリッシング，2005
『改訂第 2 版 Java 言語プログラミングレッスン（上）（下）』，
ソフトバンククリエイティブ，2005
『増補改訂版 Java 言語で学ぶデザインパターン入門　マルチスレッド編』，
ソフトバンククリエイティブ，2006
『新版 C 言語プログラミングレッスン　入門編』，ソフトバンククリエイティブ，2006
『新版 C 言語プログラミングレッスン　文法編』，ソフトバンククリエイティブ，2006
『新版 Perl 言語プログラミングレッスン　入門編』，ソフトバンククリエイティブ，2006
『Java 言語で学ぶリファクタリング入門』，ソフトバンククリエイティブ，2007
『数学ガール』，ソフトバンククリエイティブ，2007
『新版暗号技術入門』，ソフトバンククリエイティブ，2008
『数学ガール／ゲーデルの不完全性定理』，ソフトバンククリエイティブ，2009
『数学ガール／乱択アルゴリズム』，ソフトバンククリエイティブ，2011
『数学ガール／ガロア理論』，ソフトバンククリエイティブ，2012
『Java 言語プログラミングレッスン第 3 版（上）（下）』，ソフトバンククリエイティブ，
2012
『数学文章作法　基礎編』，筑摩書房，2013
『数学ガールの秘密ノート／式とグラフ』，ソフトバンククリエイティブ，2013
『数学ガールの誕生』，ソフトバンククリエイティブ，2013
『数学ガールの秘密ノート／整数で遊ぼう』，SB クリエイティブ，2013
『数学ガールの秘密ノート／丸い三角関数』，SB クリエイティブ，2014
『数学ガールの秘密ノート／数列の広場』，SB クリエイティブ，2014

『数学文章作法　推敲編』，筑摩書房，2014
『数学ガールの秘密ノート／微分を追いかけて』，SB クリエイティブ，2015
『暗号技術入門　第 3 版』，SB クリエイティブ，2015
『数学ガールの秘密ノート／ベクトルの真実』，SB クリエイティブ，2015
『数学ガールの秘密ノート／場合の数』，SB クリエイティブ，2016
『数学ガールの秘密ノート／やさしい統計』，SB クリエイティブ，2016
『数学ガールの秘密ノート／積分を見つめて』，SB クリエイティブ，2017
『プログラマの数学　第 2 版』，SB クリエイティブ，2018
『数学ガール／ポアンカレ予想』，SB クリエイティブ，2018
『数学ガールの秘密ノート／行列が描くもの』，SB クリエイティブ，2018
『C 言語プログラミングレッスン　入門編　第 3 版』，SB クリエイティブ，2019

本書をお読みいただいたご意見、ご感想を以下の QR コード、URL よりお寄せください。

https://isbn.sbcr.jp/45261/

数学《すうがく》ガール／フェルマーの最終《さいしゅう》定理《ていり》

2008 年 8 月 3 日　初版発行
2025 年 7 月 23 日　第 21 刷発行

著　者：結城《ゆうき》　浩《ひろし》

発行者：出井 貴完

発行所：SBクリエイティブ株式会社
〒105-0001　東京都港区虎ノ門 2-2-1
https://www.sbcr.jp/

印　刷：株式会社リーブルテック

装　丁：米谷テツヤ

カバー・本文イラスト：たなか鮎子

落丁本，乱丁本は小社営業部にてお取り替え致します。
定価はカバーに記載されています。

Printed in Japan　ISBN978-4-7973-4526-1